普通高等教育电气工程与自动化（应用型）“十二五”规划教材

电子技术实验与课程设计

主　编　李震梅　房永钢
副主编　谷笑娜
参　编　白　明　王艳萍　张　丹
主　审　王瑞兰

机 械 工 业 出 版 社

本书是按照高等学校电子技术实验和课程设计的教学要求，结合作者多年的实践性教学环节的改革成果和经验编写的。全书共分五章，包括：模拟电子技术基础实验、模拟电子技术基础课程设计、数字电子技术基础实验、数字电子技术基础课程设计和电子技术综合设计。实验分成基础型、设计型、综合型、研究型四个层次，把 Multisim 及 Max+plusII 等先进的 EDA 技术引入到实验及课程设计中，做到了软、硬件的有机结合，旨在提高学生的实践能力、系统设计能力和创新能力。

本书可作为普通本科层次电气、电子信息、通信和计算机等电类各专业电子技术实验和课程设计的教材或教学参考书，也可作为工程技术人员的参考用书。

图书在版编目（CIP）数据

电子技术实验与课程设计/李震梅，房永钢主编．—北京：机械工业出版社，2011.2（2025.1 重印）

普通高等教育电气工程与自动化（应用型）“十二五”规划教材

ISBN 978-7-111-32600-7

Ⅰ.①电…　Ⅱ.①李…②房…　Ⅲ.①电子技术-实验-高等学校-教材②电子技术-课程设计-高等学校-教材　Ⅳ.①TN-33

中国版本图书馆 CIP 数据核字（2010）第 235365 号

机械工业出版社（北京市百万庄大街 22 号　邮政编码 100037）
策划编辑：王雅新　责任编辑：王雅新　卢若薇
版式设计：霍永明　责任校对：任秀丽
封面设计：张　静　责任印制：李　昂
北京捷迅佳彩印刷有限公司印刷
2025 年 1 月第 1 版 · 第 10 次印刷
184mm×260mm · 12.75 印张 · 310 千字
标准书号：ISBN 978-7-111-32600-7
定价：37.50 元

电话服务	网络服务
客服电话：010-88361066	机　工　官　网：www.cmpbook.com
010-88379833	机　工　官　博：weibo.com/cmp1952
010-68326294	金　　书　　网：www.golden-book.com
封底无防伪标均为盗版	机工教育服务网：www.cmpedu.com

前　言

本书是根据当前电子技术发展的趋势和21世纪对人才能力培养的需要，针对普通高等学校本科学生的具体情况，按照电子技术实验和课程设计的教学要求，结合作者多年的实践性教学环节的改革成果和经验，本着“精选内容，注重应用，启发创新”的原则编写的。在编写时，主要考虑了以下几点：

1）根据学生掌握知识的规律，循序渐进，由浅入深，按照基础型、设计型、综合型、研究型的“阶梯式”实验教学内容，设计了不同难度、不同训练目标的系列实验。对于基础试验，其内容主要包括实验目的、实验设备与器件、预习要求 、实验内容及实验步骤等；对于设计型试验，主要是提出实验目的、设计要求及实验要求等，让学生独立完成电路设计、元器件的选择、电路的安装和调试、拟定实验步骤和测试方法；对于综合型、研究型实验，其内容主要包括实验目的、设计指标 、预习要求 、实验设备与器件 、实验原理 、实验内容及实验步骤等，这样做有利于因材施教和提高学生的动手能力，强化学生的实践意识。实验中所用仪器设备均是通用的，便于各校根据实际情况进行选择，适应性强。

2）课程设计内容充实新颖、选题广、实用性强，具有综合性、趣味性、先进性，突出反映了中大规模集成电路的应用。从小型课题到较大系统课题，从简单到复杂，既有模拟电路课程设计、数字电路课程设计，又有结合模拟电路、数字电路及EDA技术的电子技术综合课程设计，每项课题都提供设计指标、电路的工作原理、单元电路设计与仿真、整机电路与仿真、电路的安装与调试。

3）把Multisim及Max + plusII等先进的EDA技术引入到实验及课程设计中，做到了软件、硬件的有机结合，提高了学生的实践能力、系统设计能力和创新能力。

4）为了增强对不同专业的适应性，教材中包含了多个典型的综合应用课题以供选用，同时，某些课题提供了多种设计方法，如数字钟的设计包括经典设计方法、基于Multisim设计方法和基于VHDL语言的设计方法。这些设计方法各有特点，不同专业可以根据设计要求进行选择。

参加本书编写的教师多年从事电子技术课程体系、课程内容的教学改革与实践，具有丰富的电子技术课程的教学和实践经验。山东理工大学李震梅教授组织了本书的编写，制定了详细的编写提纲，并负责了全书的统稿。全书共五章，其中第1章由谷笑娜和房永钢编写，第2章由谷笑娜、张丹编写，第3章由白明和李震梅编写，第4章由李震梅和王艳萍编写，第5章由李震梅和房永钢编写，附录由白明编写。

本书由王瑞兰教授主审，她提出了许多建设性意见和建议；本书的编写还得到了山东理工大学电工电子教研室全体老师的大力支持，编者在这里一并向他们表示感谢。在编写过程中参阅或引用了部分参考资料，对这些作者，我们也表示衷心的感谢。

限于编者的水平，本书中不妥和错误之处在所难免，望读者及同行老师们给予批评指正。

编　者

目　录

第1章　模拟电子技术基础实验

1.1　基础型实验

1.1.1　常用电子仪器的使用

1. 实验目的

1）学会万用表的使用方法。

2）学会用示波器测试电压波形、幅度、频率的基本方法。

3）学会正确调节信号发生器频率、幅度的方法。

4）学会交流毫伏表的使用方法等。

2. 实验设备与器件

1）DS—5000 系列数字示波器。

2）TH—SG10 数字合成信号发生器。

3）FLUKE—15B 数字万用表。

4）智能真有效值交流数字毫伏表。

3. 预习要求

在电子技术实验中，经常使用的电子仪器有示波器、信号发生器、万用表、交流毫伏表等，在实验台上，与电子电路相互连接，可以完成对电子电路的各种测试。在实验中要对各种电子仪器进行综合使用，可按照信号的流向，以连线简捷、调节顺手、观察和读数方便的原则合理布局。接线时注意各仪器的公共接地端应连接在一起，称为共地。

4. 实验内容及实验步骤

（1）数字万用表的使用

FLUKE—15B（福禄克）数字万用表可以用来测量交直流电压和电流、电阻、电容、二极管正向压降等。使用时要注意黑表笔接“COM”。数字万用表接线示意图如图 1-1-1 所示。

万用表有手动和自动量程两个选择。在自动量程模式内，万用表会为检测到的输入选择最佳量程。你可以手动选择按“RANGE”来自动改变量程。要退出手动量程选择只要按住“RANGE”2s 即可。

★在实验台上直流稳压电源区分别测量一下 +5V、-5V、+12V、-12V 和 0~35V 三组电源的电压值。

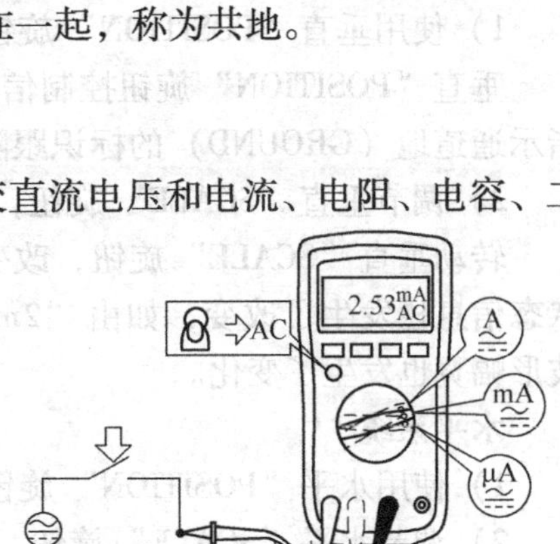

图 1-1-1　数字万用表接线示意图

（2）TH—SG10 数字合成信号发生器

TH—SG10 数字合成信号发生器如图 1-1-2 所示，本仪器具有输出函数信号、调频、FSK、PSK、频率扫描等信号的功能，输出波形有正弦波、方波和 TTL 波。

频率范围为 10mHz ~ 10MHz，分辨率为 1μHz，频率误差小于等于 $\pm 5\times10^{-5}$Hz。

幅度范围为 2mV ~ 20V（P-P）（高阻）、1mV ~ 10V（P-P）（50Ω），最高分辨率为 2μV（P-P）（高阻）、1μV（P-P）（50Ω）。其中 V（P-P）表示电压的峰-峰值。

图 1-1-2 TH—SG10 数字合成信号发生器

例如，设置输出“20mV（P-P），10kHz”正弦信号的步骤如下：

1）打开电源。

2）按下“频率”按键→由右侧数码键盘分别输入“1、0”→按单位按键“调制/kHz”，此时，屏幕显示“10kHz”；

3）按“幅度”按键→由右侧数码键盘分别输入“2、0”→按单位按键“偏移/mV”，此时，屏幕显示“20mV（P-P）”；

4）按“波形”键，选择输出正弦波，此时，屏幕显示为正弦波形符号。

★改变频率和幅度进行几组数据的设置练习，最后调出“$f=1$kHz，50mV（P-P）”的正弦波信号。

注意：信号发生器输出幅度为电压的峰-峰值，而不是有效值，两者的换算关系读者可以思考一下。

（3）DS—5000 系列数字示波器

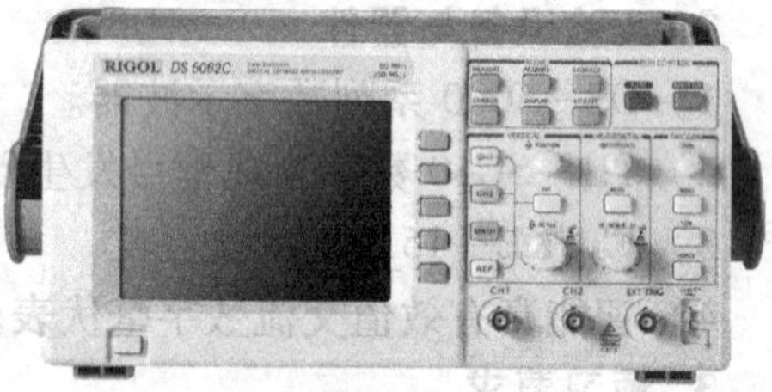
图 1-1-3 DS—5000 系列数字示波器

DS—5000 系列数字示波器如图 1-1-3 所示，示波器的液晶显示屏上所显示的是被测电压随时间变化的波形，即被测电压的瞬时值与时间在直角坐标系中的函数图像。

DS—5000 系列数字示波器有两个信号输入通道：“CH1 和 CH2”，还有一个外触发通道“EXT TRIC”。

垂直系统

1）使用垂直“POSITION”旋钮使得波形上下位置在窗口居中显示。

垂直“POSITION”旋钮控制信号的垂直显示位置。当转动垂直“POSITION”旋钮时，指示通道地（GROUND）的标识跟随波形而上下移动。

2）调节垂直“SCALE”旋钮，改变垂直设置。

转动垂直“SCALE”旋钮，改变“Volt/div（伏/格）”垂直挡位，液晶显示屏幕下方的状态信息栏发生了改变，如由“2mV/格”变为“5mV/格”等，同时，液晶屏幕上显示的波形幅宽也发生了变化。

水平系统

1）使用水平“POSITION”旋钮使得波形左右位置在窗口居中显示。

2）调节水平“SCALE”旋钮，改变波形周期个数的设置。

转动水平“SCALE”旋钮，改变“s/div（秒/格）”水平挡位，液晶显示屏幕下方的状态信息栏发生了改变，如由“10μs/格”变为“10ns/格”等，同时，液晶屏幕上显示的波形的周期个数也发生了变化。一般显示 3 ~ 5 个周期比较合适。

触发系统

触发系统由一个旋钮“LEVEL”和三个按钮“MENU、50%、FORCE”组成。转动旋钮“LEVEL”，可以改变触发电平设置。按“MENU”按钮可以调出触发菜单以改变触发设置等。

波形信号的自动设置

DS—5000 系列数字示波器具有自动设置的功能。根据输入的信号，可以自动调整电压倍率、时基以及触发方式至最好形态显示。

使用自动设置显示波形的操作步骤如下：

1）打开电源。

2）将被测信号连接到信号输入通道 CH1 或 CH2。

3）按下“AUTO”按钮。

示波器将自动设置垂直、水平和触发控制。如需要，可以手工调整这些控制使波形显示达到最佳。

DS—5000 系列数字示波器可以进行电压的峰-峰值、瞬时值、周期、带宽等多种量的测量，详细情况可参考该仪器的用户使用手册。

★请用信号发生器调出“$f=1\text{kHz}$，50mV（P-P）”的正弦波信号，然后送到示波器 CH1 通道，观察记录显示的波形并计算其频率和幅度大小。

（4）智能真有效值交流数字毫伏表

该表是数码显示，有自动转换量程的功能，打开电源后把被测电压接入输入端，显示屏将自动显示出输入交流电压的有效值。

交流数字毫伏表只能用来测量其工作频率范围之内的周期交流信号的有效值。

★请用信号发生器调出“$f=1\text{kHz}$，50mV（P-P）”的正弦波信号，然后再利用交流数字毫伏表测量该信号的有效值。

5. 实验报告

实验报告应包括以下内容：

1）整理测试数据，画出用示波器观察到的实验波形。

2）简述用示波器测量正弦波的值和用交流毫伏表测量正弦波的值有何不同。

3）简述使用示波器自动显示被测波形的基本步骤。

4）简述使用信号发生器设置输出正弦波信号的基本步骤。

5）简述使用交流毫伏表的注意事项。

1.1.2 单级放大电路

1. 实验目的

1）熟悉电子元器件和模拟电路实验装置。

2）掌握放大电路静态工作点的调试方法及其对放大电路性能的影响。

3）学习测量放大电路的静态工作点、放大倍数 A_u、输入电阻 R_i、输出电阻 R_o 的方法，了解共发射极放大电路特性。

4）学习放大电路的动态性能。

2. 实验设备与器件

1）数字示波器。

2）数字万用表。

3）信号发生器。

4）模拟电路实验装置。

5）直流电源，3DG6 晶体管×1，电阻、电容若干。

3. 预习要求

1）单级放大电路的工作原理。

2）放大电路动态及静态值的计算。

4. 实验内容及实验步骤

单级放大电路如图 1-1-4 所示。

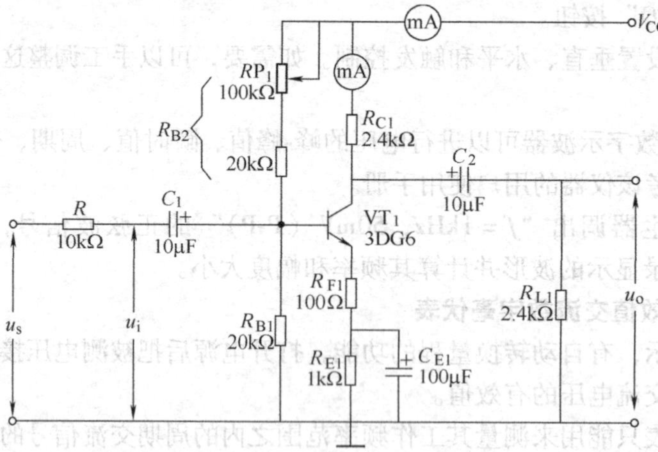

图 1-1-4　单级放大电路

（1）静态调试

1）用万用表判断晶体管好坏。

2）设置放大电路的静态工作点。检查电路连接无误后接通 +12V 电源（u_i 和 u_s 不接），调节电位器 RP_1 使 $U_E = 2.2V$，测量 U_{BEQ}、U_{CEQ} 和 R_{B2} 的值，并填入表 1-1-1。

表 1-1-1　静态工作点测量结果（1）

U_{BEQ}/V	U_{CEQ}/V	R_{B2}/kΩ

3）改变电位器 RP_1 的值，使 $U_E = 2.2V$，记录 I_C 值，测量晶体管 VT_1 的基极电压 U_B、基极电阻 R_{B2} 和 R_{B1} 的值并填入表 1-1-2，计算晶体管 VT_1 的基极电流 I_B 和共射电流放大倍数 β。

$$I_B = \frac{V_{CC} - U_B}{R_{B2}} - \frac{U_B}{R_{B1}},\quad \beta = \frac{I_C}{I_B}$$

注意：测量电阻值时一定要断开外电路及电源。

表 1-1-2 中的电流 I_B 和放大倍数 β 是根据测量数据计算出来的。

表 1-1-2　静态工作点测量结果（2）

I_C/mA	U_B/V	R_{B2}/kΩ	R_{B1}/kΩ	I_B/mA	β

（2）动态调试

1）调节信号发生器，输出一个频率为 $f=1\text{kHz}$、峰-峰值为 50mV 的正弦波，接到放大电路输入端 u_i，观察输入 u_i 和输出 u_o 波形，并比较它们的相位，将 u_i 和 u_o 的值填入表 1-1-3 中。

2）保持 u_i 频率为 $f=1\text{kHz}$ 不变，逐渐增大 u_i 的幅度，用示波器观察 u_o 波形变化，测量 u_o 不失真时的最大值，填入表 1-1-3。

表 1-1-3　动态调试结果（1）

实测值		实测计算值	理论计算值
u_i/mV	u_o/V	A_u	A_u
50mV(P-P)			

注意：u_i 和 u_o 的波形可以用示波器观察，也可以用“智能真有效值数字毫伏表”测量其有效值，表 1-1-3 中需要注明是峰-峰值（V(P-P)）还是有效值（V_{RMS}）。

3）保持 u_i 的峰-峰值为 50mV，$f=1\text{kHz}$，放大电路接入负载 R_{L1}，在改变 R_{L1} 数值的情况下测量，并将结果填入表 1-1-4。

表 1-1-4　动态调试结果（2）

给定参数		实测值		实测计算值	理论计算值
R_{C1}	R_{L1}	u_i/V(P-P)	u_o/V (P-P)	A_u	A_u
2.4kΩ	2.4kΩ				
2.4kΩ	10kΩ				

4）保持 u_i 的峰-峰值为 50mV，$f=1\text{kHz}$，增大和减小 RP_1 上的电阻 R_{RP1}，用示波器观察 u_o 波形变化，用万用表（直流）分别测量 U_B、U_C 和 U_E，将结果填入表 1-1-5。

表 1-1-5　动态调试结果（3）

R_{RP1}	U_B/V	U_C/V	U_E/V	u_o 是否失真？何种失真？
最大值				
合适值(即静态工作点附近的值)				
最小值				

注意：如果输出波形的失真不明显，可以增大或者减小 u_i 的幅值重测。

5）测量放大电路的输入电阻。在输入端串接一个 10kΩ 的电阻，如图 1-1-5 所示。测量 U_s 和 U_i，将输入电阻计算出来，填入表 1-1-6。

6）测量放大电路的输出电阻。在输出端接入一个可调电位器作为负载，如图 1-1-6 所示，调节 $R_L=2.4\text{k}\Omega$，使得放大器输出不失真，测量放大电路带负载 R_L 和空载时的输出电压 u_o，将输出电阻计算出来，填入表 1-1-6。

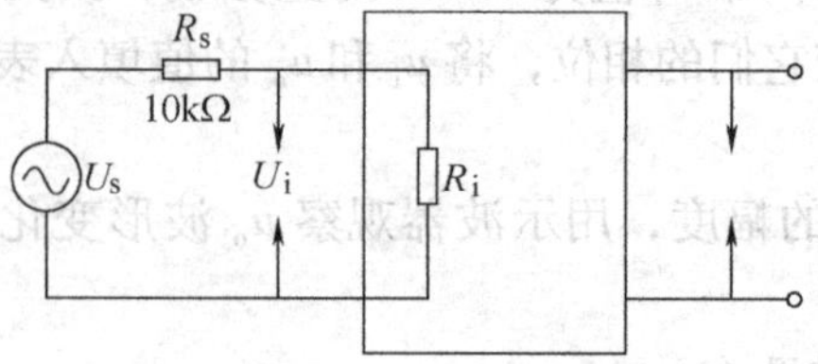

图 1-1-5　输入电阻测量

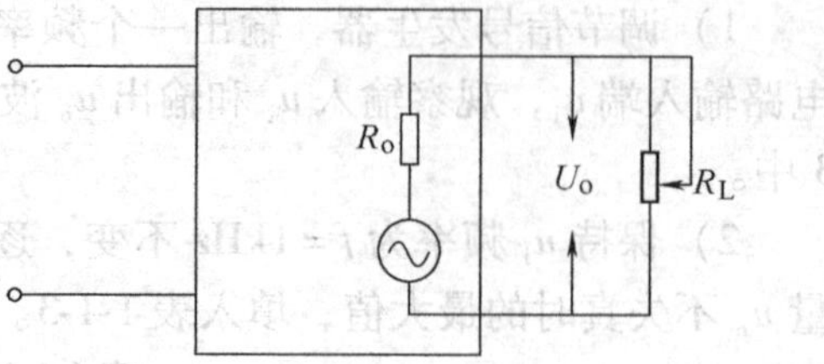

图 1-1-6　输出电阻测量

表 1-1-6　测量输入电阻与输出电阻

测量输入电阻				测量输出电阻			
实测值		测量值	理论值	实测值		测量值	理论值
U_s/mV	U_i/mV	R_i/kΩ	R_i/kΩ	U_o/V $R_L=\infty$	U_o/V $R_L=2.4$kΩ	R_o/kΩ	R_o/kΩ

5. 实验报告

实验报告应包括以下内容：

1）完成测量数据，画出实验波形。

2）写出用测量数据计算输入电阻和输出电阻的公式，并计算出输入电阻和输出电阻。

3）总结实验过程中存在的问题及解决的方法。

1.1.3　射极跟随器

1. 实验目的

1）掌握射极跟随器的特点。

2）进一步学习放大电路各项参数的测试方法。

2. 实验设备与器件

1）数字示波器。

2）交流毫伏表。

3）信号发生器。

4）直流电压表。

5）模拟电路实验装置。

6）直流电源，3DG6 晶体管×1，电阻、电容若干。

3. 预习要求

1）射极跟随器的特点。

2）射极跟随器动态及静态值的计算。

4. 实验内容及实验步骤

射极跟随器实验电路如图 1-1-7 所示。

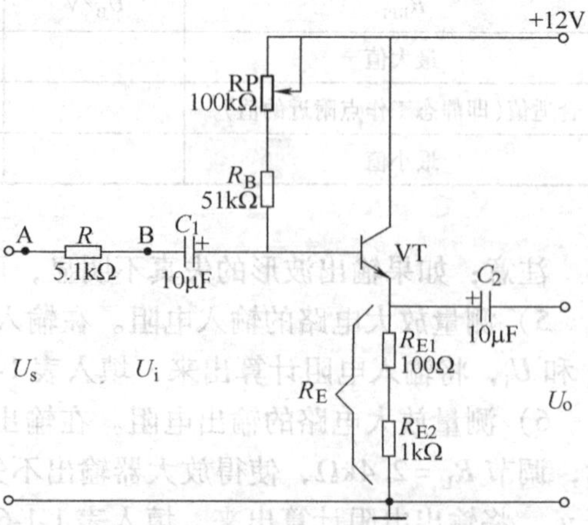

图 1-1-7　射极跟随器实验电路

（1）静态工作点的调整

按图 1-1-7 连接电路，接通 +12V 电源，在 B 点加入 $f=1\text{kHz}$ 正弦信号 U_i（U_i 大于 100mV），输出端用示波器监视，反复调整 RP 及信号源的输出幅度，使在示波器的屏幕上得到一个最大不失真输出波形。

然后置 $U_i=0$，用直流电压表测量晶体管各电极对地电位，将测得数据记入表 1-1-7。

表 1-1-7　静态工作点测量结果

U_E/V	U_B/V	U_C/V	$I_E=\dfrac{U_E}{R_E}$/mA

在下面整个测试过程中应保持 RP 值不变（即 I_E 不变）。

（2）测量电压放大倍数 A_u

接入负载 $R_L=2\text{k}\Omega$，在 B 点加 $f=1\text{kHz}$ 正弦信号 U_i，调节输入信号幅度，用示波器观察输出波形 U_o，在输出最大不失真情况下，用交流毫伏表测 U_i、U_L 值。记入表 1-1-8。

（3）测量输出电阻 R_o

断开负载 R_L，在 B 点加 $f=1\text{kHz}$ 正弦信号 U_i（幅度通常取 100mV，下同），用示波器监视输出波形，测空载输出电压 U_o。接上负载 $R_L=2\text{k}\Omega$，测出有负载时输出电压 U_L，记入表 1-1-9。

表 1-1-8　电压放大倍数测量结果

U_i/V	U_L/V	$A_u=\dfrac{U_L}{U_i}$

表 1-1-9　输出电阻测量结果

U_o/V	U_L/V	$R_o=\left(\dfrac{U_o}{U_L}-1\right)R_L$/kΩ

（4）测量输入电阻 R_i

在 A 点加 $f=1\text{kHz}$ 的正弦信号 U_s，使得 U_i 在 100mV 以上，用示波器监视输出波形，用交流毫伏表分别测出 A、B 点对地的电位 U_s、U_i，记入表 1-1-10。

表 1-1-10　输入电阻测量结果

U_s/V	U_i/V	$R_i=\dfrac{U_i}{U_s-U_i}R$/kΩ

5. 实验报告

实验报告应包括以下内容：

1）分析射极跟随器的性能和特点。

2）整理数据并列表进行比较。

3）画出输出波形。

1.1.4　差动放大器

1. 实验目的

1）加深对差动放大器性能及特点的理解。

2）学会对差动放大器的电压放大倍数、共模抑制比的测量方法。

2. 实验设备与器件

1）数字示波器。

2）交流毫伏表。

3）直流电压表。

4）信号发生器。

5）模拟电路实验装置。

6）直流电源，3DG6 晶体管×3，电阻、电容若干。

3. 预习要求

1）差动放大器的工作原理。

2）估算典型差动放大器和具有恒流源的差动放大器的静态工作点及差模电压放大倍数。

4. 实验内容及实验步骤

差动放大器实验电路如图 1-1-8 所示。

（1）典型差动放大器性能测试

实验电路如图 1-1-8 所示，开关 S 拨向左边构成典型差动放大器。

1）测量静态工作点。将放大器输入端 A、B 与地短接，接通 ±12V 直流电源，用直流电压表测量输出电压 U_o，调节调零电位器 RP，使 $U_o=0$。

零点调好以后，用直流电压表测量 VT_1、VT_2 管各电极电位及发射极电阻 R_E 两端电压 U_{RE}，记入表 1-1-11。

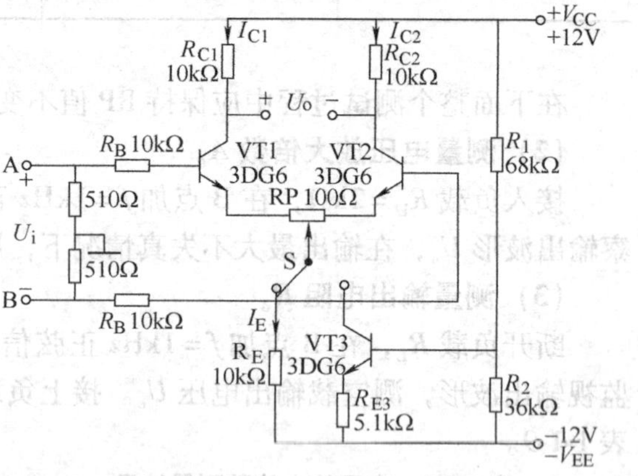

图 1-1-8 差动放大器实验电路

表 1-1-11 静态工作点测量结果

	U_{C1}/V	U_{B1}/V	U_{E1}/V	U_{C2}/V	U_{B2}/V	U_{E2}/V	U_{RE}/V
测量值							
计算值	I_C/mA		I_B/mA		U_{CE}/V		

2）测量差模电压放大倍数。断开短路线，将信号发生器的输出通过平衡输入变压器接放大器的输入端 A、B（在本实验电路中，将信号发生器的输出端接放大器输入端 A，信号源输出地接放大器输入 B），构成双端输入方式，调节信号频率 $f=1\text{kHz}$ 的正弦信号，先使输出信号大小为零，用示波器监视输出端电压（VT_1 或 VT_2 集电极与地之间的电压）。

逐渐增大输入电压 U_i（约 100mV），在输出波形无失真的情况下，用交流毫伏表测 U_i、U_{C1}、U_{C2}，并用示波器观察 U_i、U_{C1}、U_{C2}之间的相位关系及 U_{RE}随 U_i 改变而变化的情况。

利用 $A_{d1}=\dfrac{U_{C1}}{U_i}$、$A_{d2}=\dfrac{U_{C2}}{U_i}$及 $A_d=\dfrac{|U_{C1}|+|U_{C2}|}{U_i}$分别计算双端输入、单端输出时的差模电压增益 A_{d1}和 A_{d2}及双端输入、双端输出的差模电压增益 A_d。

3）测量共模电压放大倍数。将放大器 A、B 短接，（去掉平衡输入变压器），信号源的输出端与放大器 A、B 相接，信号源的地与电路的地相接。构成共模输入方式，调节信号发生器，使输入信号 $U_i=1\text{V}$，$f=1\text{kHz}$。在输出电压无失真的情况下，测量 U_{C1}、U_{C2}。用双踪

示波器观察 U_i、U_{C1}、U_{C2}之间的相位关系及 U_{RE}随 U_i 变化而变化的情况。

利用 $A_{c1}=\frac{U_{C1}}{U_i}$、$A_{c2}=\frac{U_{C2}}{U_i}$及 $A_c=\frac{|U_{C1}|-|U_{C2}|}{U_i}$分别计算双端输入、单端输出时的共模电压增益 A_{c1}和 A_{c2}及双端输入、双端输出时的共模电压增益 A_c。

（2）具有恒流源的差动放大电路性能测试

将图 1-1-8 电路中的开关 S 拨向右边，构成具有恒流源的差动放大电路。重复（1）中的各项内容。

5. 实验报告

实验报告应包括以下内容：

1）整理实验数据，列表比较实验结果和理论计算值，分析误差原因：

①静态工作点和差模电压放大倍数；

②典型差动放大电路单端输出时的共模抑制比 CMRR 实验值与理论值比较；

③典型差动放大电路单端输出 CMRR 的实测值与具有恒流源的差动放大器 CMRR 实测值比较。

2）比较 U_i、U_{c1}和 U_{c2}之间的相位关系。

1.1.5　负反馈放大电路

1. 实验目的

1）研究负反馈对放大电路性能的影响。

2）研究放大器中引入负反馈电路的类型。

2. 实验设备与器件

1）数字示波器。

2）数字万用表。

3）信号发生器。

4）模拟电路实验装置。

5）3DG6 晶体管 ×2，电阻、电容若干。

3. 预习要求

1）复习教材中有关负反馈放大电路的内容。

2）按实验电路估算放大电路的静态工作点（$\beta_1=\beta_2=100$）。

3）如按深度负反馈估算，则闭环电压放大倍数 A_{uf} = ？和测量值是否一致？为什么？

4）负反馈对放大电路性能的影响。

5）用电路分析软件（EWB、Multisim）仿真负反馈对放大电路性能的影响。

4. 实验内容及实验步骤

两级放大电路如图 1-1-9 所示。

（1）测量开环状态下基本放大电路的性能

1）测量静态工作点。按图 1-1-9 连接实验电路，两只晶体管的型号是 3DG6，将 R_L 开路，使电路为两级放大电路，取 $U_i=0$，分别测量第一级、第二级的静态工作点，记入表 1-1-12。

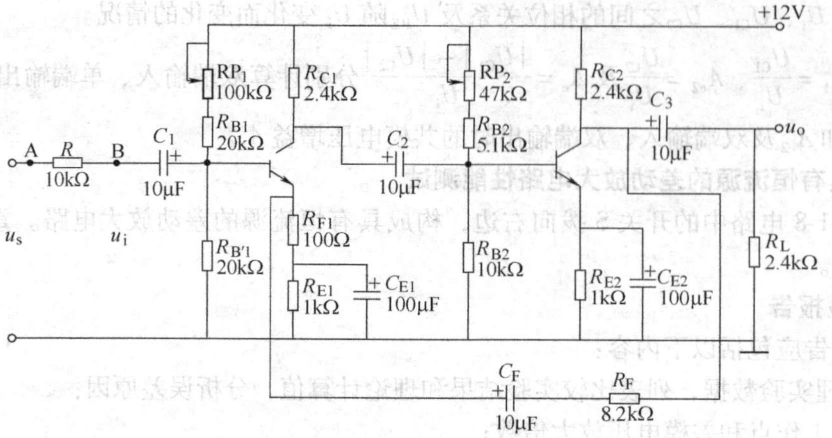

图 1-1-9　两级放大电路

表 1-1-12　测量静态工作点测量结果

	U_B/V	U_E/V	U_C/V	I_C/mA
第一级		2.2		
第二级		1.9		

2）测量中频电压放大倍数 A_u。在放大器输入端 B 点输入频率为 1kHz、电压峰-峰值为 50mV 的正弦信号，用示波器观察放大电路输出电压 u_o 的波形。在 u_o 波形不失真的情况下，测量输出电压 u_o，算出基本放大器的电压放大倍数。

3）测量输出电阻 R_o。保持输入电压峰-峰值 50mV 不变，断开负载电阻 R_L，测量空载时的输出电压 U'_o。利用公式 $R_o=\left(\dfrac{U_o'}{U_o}-1\right)R_L$，求出输出电阻 R_o。

4）测量输入电阻 R_i。在放大电路与输入信号之间串接一固定电阻 R（10kΩ），电路的 A 点输入频率为 1kHz 的正弦信号，调节“幅度”调节旋钮，使得 $U_{iP\text{-}P}=50\text{mV}$，再测出 A 点的输入电压 $U_{sP\text{-}P}$，利用公式 $R_i=\dfrac{U_i}{U_s-U_i}R_s$ 计算出输入电阻 R_i。

5）测量通频带。接上 R_L，在放大电路输入端 B 点输入电压峰-峰值为 50mV、1kHz 的正弦信号，测出输出电压 U_L（U_L 波形不失真）然后增加和减小输入信号的频率（保持 $U_{iP\text{-}P}=50\text{mV}$），找出上、下限频率 f_H 和 f_L，利用 $f_{BW}=f_H-f_L$ 得到通频带。

（2）测量闭环状态下基本放大电路的性能

1）负反馈的引入及参数的测量。如果要增加电路的输入电阻和减小电路的输出电阻，应引入何种类型的反馈？

2）以下均按 1）引入的反馈类型，$R_F=2\text{k}\Omega$，重复（1）中的各项测试内容和方法，得到负反馈放大电路的 A_{uf}、R_{of}、R_{if} 和通频带宽 f_{BW}。

（3）观察负反馈对非线性失真的改善

1）实验电路开环，在输入端加入 $f=1\text{kHz}$ 的正弦信号，输出端接示波器。逐渐增大输入信号的幅度，使输出波形出现失真，记下此时的波形和输出电压的幅度。

2）再将实验电路闭环，增大输入信号幅度，使输出电压幅度的大小与 1）相同，比较有负反馈时，输出波形的变化。

5. 实验报告

实验报告应包括以下内容：

1）将基本放大器和负反馈放大电路动态参数的实测值和理论估算值列表进行比较。

2）根据实验结果，总结电压串联负反馈对放大电路性能的影响。

1.1.6　集成运算放大器的应用

1. 实验目的

1）掌握运用集成运算放大器组成比例、求和电路的特点和性能。

2）学会上述电路的测试和分析方法。

2. 实验设备与器件

1）数字万用表。

2）信号发生器。

3）双踪示波器。

4）模拟电路实验装置。

5）LM324 集成电路、IN4007 晶体二极管、电阻器若干。

3. 预习要求

1）实验电路的分析方法。

2）LM324 的引脚排列及功能。

3）实验电路的理论计算值。

4）用电路分析软件（EWB、Multisim）仿真实验电路。

4. 实验内容及实验步骤

（1）电压跟随器

电压跟随器实验电路如图 1-1-10 所示，LM324 引脚图如图 1-1-11 所示，按表 1-1-13 内容实验并测量记录。

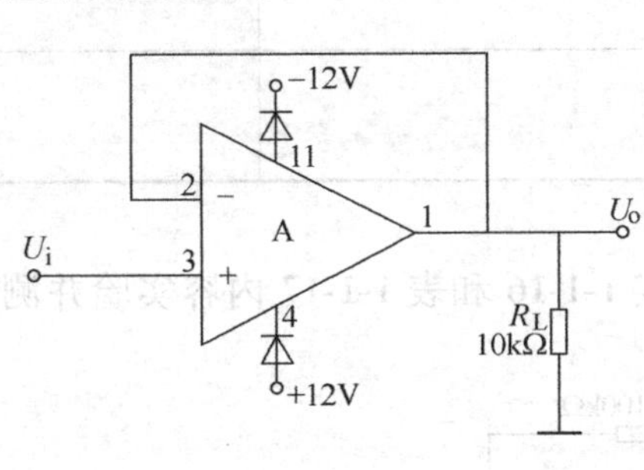

图 1-1-10　电压跟随器实验电路

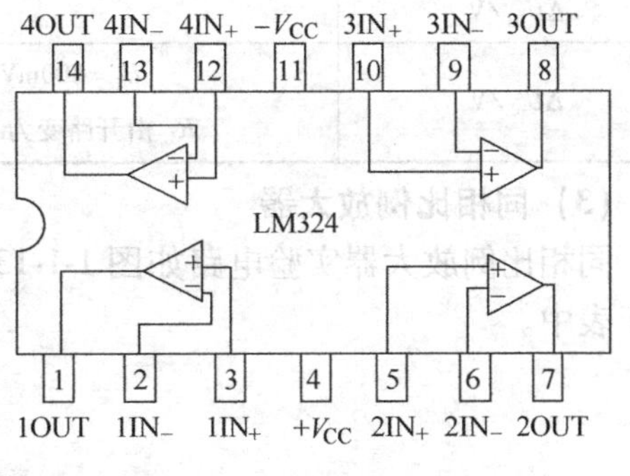

图 1-1-11　LM324 引脚图

表 1-1-13　电压跟随器测量结果

U_i/V		0	0.5	1	1.5	2
U_o/V	$R_L=\infty$					
	$R_L=10\text{k}\Omega$					

(2) 反相比例放大器

反相比例放大器实验电路如图 1-1-12 所示。

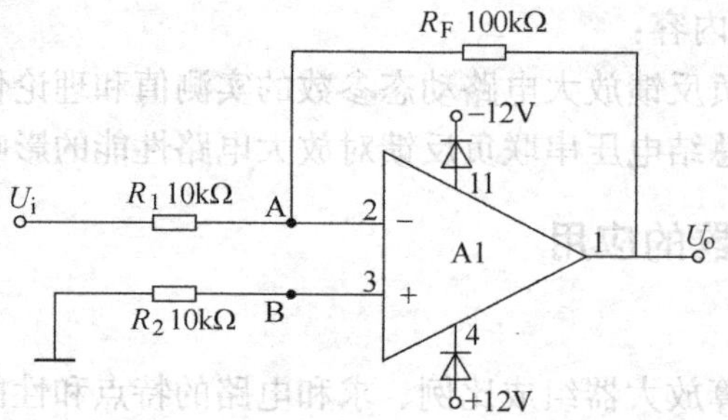

图 1-1-12　反相比例放大器实验电路

1）按表 1-1-14 内容实验并测量记录于表中。

表 1-1-14　反相比例放大器测量结果（1）

直流输入电压 U_i/mV		100	300	1000
输出电压 U_o	理论估算值/mV			
	实测值/mV			
	误差/mV			

2）按表 1-1-15 要求实验并测量记录于表中。

表 1-1-15　反相比例放大器测量结果（2）

	测试条件	理论估算值	实测值
ΔU_o/V	R_L 开路，直流输入信号 U_i 由 0 变为 800mV		
ΔU_{AB}/V			
ΔU_{R2}/V			
ΔU_{R1}/V			
ΔU_{oL}/V	U_i = 800mV R_L 由开路变为 5kΩ		

(3) 同相比例放大器

同相比例放大器实验电路如图 1-1-13 所示，按表 1-1-16 和表 1-1-17 内容实验并测量记录于表中。

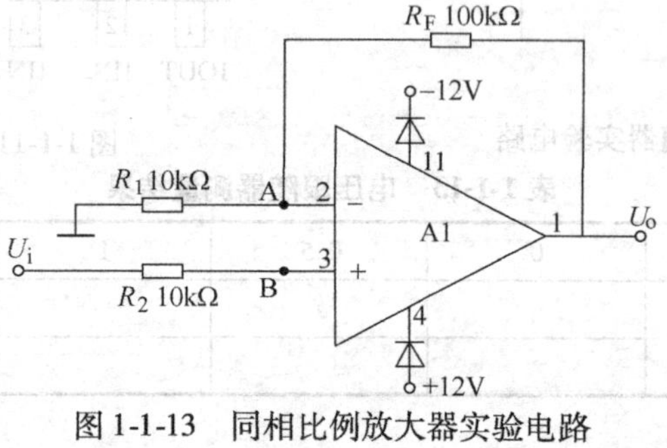

图 1-1-13　同相比例放大器实验电路

表 1-1-16　同相比例放大器测量结果（1）

直流输入电压 U_i/mV		100	300	1000
输出电压 U_o	理论估算值/mV			
	实测值/mV			
	误差/mV			

表 1-1-17　同相比例放大器测量结果（2）

	测试条件	理论估算值	实测值
ΔU_o/V	R_L 开路，直流输入信号 U_i 由 0 变为 800mV		
ΔU_{AB}/V			
ΔU_{R2}/V			
ΔU_{R1}/V			
ΔU_{oL}/V	U_i = 800mV　R_L 由开路变为 5kΩ		

（4）反相求和放大电路

反相求和放大电路如图 1-1-14 所示。

按表 1-1-18 内容进行实验测量，并与预习的理论计算值比较。

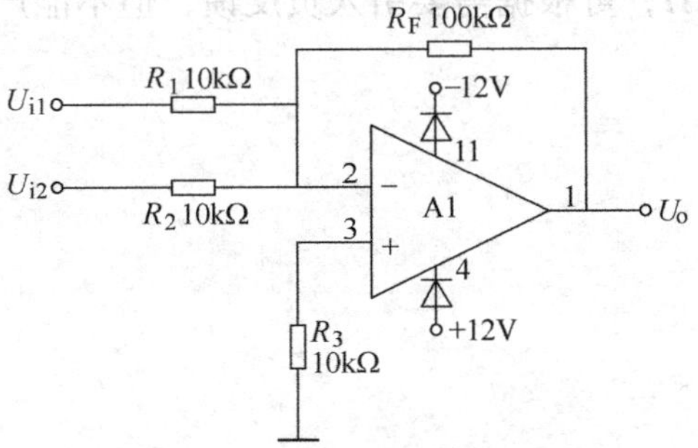

图 1-1-14　反相求和放大电路

表 1-1-18　反相求和放大电路测量结果

U_{i1}/V	0.3	0.1
U_{i2}/V	0.2	0.2
U_o/V		

（5）双端输入求和放大电路

双端输入求和放大电路如图 1-1-15 所示，按表 1-1-19 要求实验并测量记录。

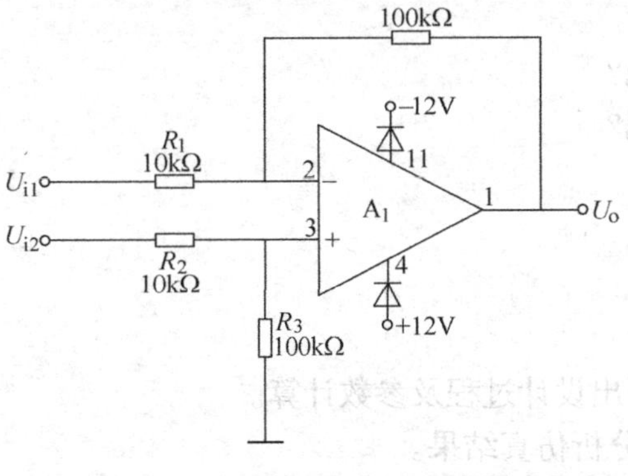

图 1-1-15　双端输入求和放大电路

表 1-1-19　双端输入求和放大电路测量结果

U_{i1}/V	0.3	0.1
U_{i2}/V	0.2	0.2
U_o/V		

5. 实验报告

实验报告应包括以下内容：

1）总结本实验中运算电路的特点及性能。

2）分析理论计算与实验结果误差的原因。

1.2 设计型实验

1.2.1 多级放大电路的设计及调试

1. 实验目的

1）研究多级放大电路的设计及调试方法。

2）掌握电压放大倍数 A_u、输入电阻 R_i、输出电阻 R_o 的测量方法。

2. 设计要求

1）电压放大倍数 $A_u = 900 \sim 1600$。

2）输入电阻 $R_i \geqslant 30\text{k}\Omega$，输出电阻 $R_o \leqslant 2\text{k}\Omega$。

3）输出最大不失真电压 $U_{P-P} = 8 \sim 10\text{V}$。

4）频率范围 100Hz ~ 100kHz。

5）给定条件：电源电压 12V，负载电阻 4.7kΩ，可根据需要引入负反馈，但不能产生自激振荡。

3. 实验设备与器件

1）示波器。

2）信号发生器。

3）万用表。

4）模拟电路实验装置。

4. 实验要求

1）设计电路、计算理论值，查阅手册选择元器件。

2）用电路分析软件（EWB、Multisim）仿真分析所设计的电路。

3）正确接线，测量各项技术指标。

5. 思考题

1）如果要求提高电路的输入电阻，如何实现？

2）如果要求减小电路的输出电阻，如何实现？

6. 实验报告

实验报告应包括以下内容：

1）实验目的。

2）实验使用的仪器。

3）实验电路的设计。画出所设计的电路，写出设计过程及参数计算。

4）用 EWB 或 Multisim 对电路进行仿真，并分析仿真结果。

5）实验内容。写出实验步骤及方法，记录必要的数据（实验原始数据）。

6）进行数据分析，画出相应的曲线。对实验结果进行讨论，写出结论性的内容。

7）列出元器件明细表。

1.2.2　运算电路的设计

1. 实验目的

1）掌握运算放大器的正确使用方法。

2）掌握反相、同相、加减法电路的设计和实验方法。

2. 设计要求

1）实现模拟运算：$U_o = 2U_{i1} - 3U_{i2} - 4U_{i3}$。

2）给定条件：电源电压 12V，LM741 集成运算放大器。

3. 实验设备与器件

1）示波器。

2）信号发生器。

3）万用表。

4）模拟电路实验装置。

4. 实验要求

1）选定电路设计方案，至少采用两种方案，进行理论计算。

2）用电路分析软件（EWB、Multisim）仿真分析所设计的电路。

3）正确接线，至少选择三组信号输入，测量输出电压见表 1-2-1，与理论值相比较，分析误差原因。

表 1-2-1　设计电路的测量结果

U_{i1}/V			
U_{i2}/V			
U_{i3}/V			
U_o/V			

5. 思考题

1）除了选定电路设计方案外，还有何种方案可实现上述要求？

2）集成运算放大器的调零对输出结果的精度有何影响？

3）如要求输入电阻较高，应采用何种电路？

6. 实验报告

实验报告应包括以下内容：

1）实验目的。

2）实验使用的仪器。

3）实验电路的设计。画出所设计的电路，写出设计过程及参数计算。

4）用 EWB 或 Multisim 对电路进行仿真，并分析仿真结果。

5）实验内容。写出实验步骤及方法，记录必要的数据（实验原始数据）。

6）进行数据分析，画出相应的曲线。对实验结果进行讨论，写出结论性的内容。

7）列出元器件明细表。

1.2.3 有源 RC 滤波器的设计及应用

1. 实验目的

1）掌握电路的幅频特性测量方法。

2）学会 RC 滤波器及运算放大电路的传递函数分析及设计。

3）掌握低通、高通滤波器的概念。

2. 设计要求

1）截止频率为 1kHz，通带增益为 10 的一阶、二阶低通滤波器。

2）给定条件：LM324 集成运算放大器、电源等。

3. 实验设备与器件

1）示波器。

2）信号发生器。

3）万用表。

4）模拟电路实验装置。

4. 实验要求

1）设计电路、选择元器件并计算理论值。

2）用电路分析软件（EWB、Multisim）设计并仿真。

3）连接电路，分别测量并绘制幅频特性曲线。

5. 思考题

1）举例说明如何设计指定截止频率的一阶、二阶高通滤波器。

2）试阐述如何设计指定通带截止频率、阻带截止频率、通带允许的最大波动、阻带允许的最小衰减的低通滤波器。你了解几种设计方法？

3）试阐述如何设计带通滤波器、带阻滤波器。

6. 实验报告

实验报告应包括以下内容：

1）实验目的。

2）实验使用的仪器。

3）实验电路的设计。画出所设计的电路，写出设计过程及参数计算。

4）用 EWB 或 Multisim 对电路进行仿真，并分析仿真结果。

5）实验内容。写出实验步骤及方法，记录必要的数据（实验原始数据）。

6）进行数据分析，画出相应的曲线。对实验结果进行讨论，写出结论性的内容。

7）列出元器件明细表。

1.2.4 集成稳压电源的应用

1. 实验目的

1）掌握集成稳压电源的实验方法。

2）掌握用变压器、整流二极管、滤波电容和集成稳压器来设计直流稳压电源。

3）掌握直流稳压电源的主要性能参数及测试方法。

2. 设计要求

1）设计一个双路直流稳压电源。

2）输出电压 $U_o = \pm 12V$，最大输出电流 $I_{omax} = 1A$。

3）输出纹波电压 $\Delta U_{oP-P} \leqslant 5mV$，稳压系数 $S \leqslant 5 \times 10^{-3}$。

4）加输出限流保护电路；最大输出电流不超过 1A。

5）用 EWB 或 Multisim 对所设计的电路进行仿真，并分析仿真结果。

3. 实验设备与器件

1）示波器。

2）信号发生器。

3）万用表。

4）模拟电路实验装置。

4. 实验要求

1）设计电路，选择变压器、二极管型号和电容的标称值、耐压值以及电容型号、三端集成稳压器，设计限流保护电路。

2）用电路分析软件（EWB、Multisim）设计并仿真。

3）连接电路，分别测量稳压系数、输出电压等各项技术指标。

5. 思考题

1）桥式整流电容滤波电路的输出电压 U_o 是否随负载的变化而变化？为什么？

2）在测 ΔU_o 时，是否可以用指针式万用表进行测量？为什么？

3）在整流滤波电路中若有一个二极管损坏，将会出现什么现象？

4）在本实验中如果输出最大电流扩展到 2A，如何改进电路？

6. 实验报告

实验报告应包括以下内容：

1）实验目的。

2）实验使用的仪器。

3）实验电路的设计。画出所设计的电路，写出设计过程及参数计算。

4）用 EWB 或 Multisim 对电路进行仿真，并分析仿真结果。

5）实验内容。写出实验步骤及方法，记录必要的数据（实验原始数据）。

6）进行数据分析，画出相应的曲线。对实验结果进行讨论，写出结论性的内容。

7）列出元器件明细表。

1.3　综合型、研究型实验

1.3.1　波形发生及功率放大电路

1. 实验目的

1）进一步理解 OTL 功率放大器的工作原理。

2）学会 OTL 电路的调试及主要性能指标的测试方法。

3）理解 RC 桥式正弦波振荡器的工作原理。

4）学习波形发生器的调整和主要性能指标的测试方法。

5）设计一个正弦波振荡器、功率放大器，将其组成一模拟音响电路。

2. 设计指标

正弦波振荡器部分：

1）输出信号的频率可调，调节范围定在160Hz～20kHz均可。

2）输出信号的幅值可调，调节范围可自定。

3）输出阻抗均为100Ω。

功率放大器部分：

1）输出功率0.1～5W均可。

2）负载电阻 $R_L=8\Omega$。

3）失真度 $THD\leqslant5\%$。

4）效率 $\eta\geqslant50\%$。

3. 预习要求

1）复习有关OTL电路工作原理部分内容。

2）交越失真产生的原因是什么？怎样消除交越失真？

3）正弦波振荡器的工作原理，如何满足幅度和相位平衡条件，如何计算输出波形的频率。

4）用电路分析软件（EWB、Multisim）仿真分析电路。

4. 实验设备与器件

1）直流电源。

2）直流电压表。

3）信号发生器。

4）直流毫安表。

5）双踪示波器。

6）LM324集成电路。

7）交流毫伏表。

8）模拟电路实验装置。

9）3DG6（9011）、3DG12（9013）、3CG12（9012）晶体管，IN4007晶体二极管，8Ω扬声器，电阻器，电容器若干。

5. 实验原理

电路组成框图如图1-3-1所示，由信号发生器、功率放大器、扬声器组成。信号发生器可作为功率放大器的信号源，功率放大器输出足够的功率去驱动扬声器。

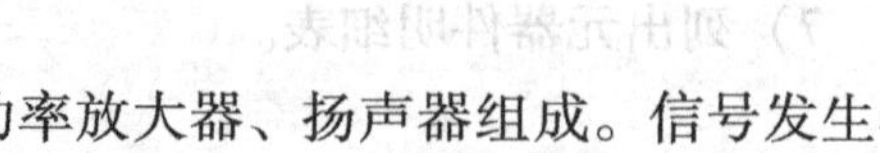

图1-3-1　电路组成框图

(1) 信号发生器

信号发生器设计主要由负反馈、选频网络、放大电路、限幅电路组成。例如，选频网络采用RC串并联电路；放大电路可以采用分立元器件组成，也可以选择集成运算放大器；负反馈采用串联电压负反馈；限幅电路可以采用二极管或电阻，也可以采用集成运算放大器组成的比例运算电路。

RC桥式正弦波振荡器如图1-3-2所示，RC串联臂的阻抗用 Z_1 表示，RC并联臂的阻抗

用 Z_2 表示。$R_1=R_2=R$。$C_1=C_2=C$ 其频率响应如下：

$$Z_1=R+[1/(\mathrm{j}\omega C)] \qquad Z_2=R//[1/(\mathrm{j}\omega C)]=\frac{R}{1+\mathrm{j}\omega RC}$$

$$\dot{F}=\frac{Z_2}{Z_1+Z_2}=\frac{1}{3+\mathrm{j}\left(\omega RC-\dfrac{1}{\omega RC}\right)}$$

当 $f_0=\dfrac{1}{2\pi RC}$时，$\dot{F}$ 的幅值最大，$|\dot{F}|_{\max}=\dfrac{1}{3}$

为满足起振条件 $|\dot{A}\dot{F}|>1$，所以 $A_f>3$。加入 R_3R_4 支路，构成串联电压负反馈 $A_f=1+\dfrac{R_3}{R_4}>3$。

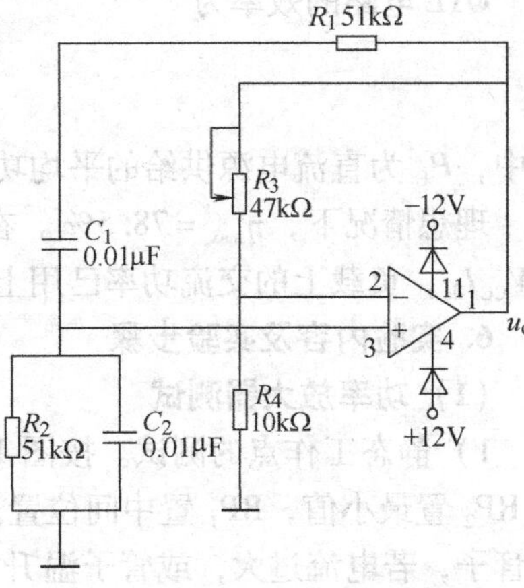

图 1-3-2　RC 桥式正弦波振荡器

（2）OTL 功率放大器

OTL 功率放大器如图 1-3-3 所示。其中由晶体管 VT_1 组成推动级（也称前置放大级），VT_2、VT_3 是一对参数对称的 NPN 和 PNP 型晶体管，它们组成互补推挽 OTL 电路。由于每一个管子都接成射极输出器形式，因此具有输出电阻低、负载能力强等优点。VT_1 工作于甲类状态，它的集电极电流 I_{C1} 由电位器 RP_1 进行调节。I_{C1} 的一部分流经电位器 RP_2 及二极管 VD，给 VT_2、VT_3 提供偏压。调节 RP_2，可以使 VT_2、VT_3 得到合适的静态电流而工作于甲乙类状态，以消除交越失真。静态时要求输出端中点 A 的电位 $U_A=V_{CC}/2$，可以通过调节 RP_1 来实现。又由于 RP_1 的一端接在 A 点，因此在电路中引入交、直流电压并联负反馈，一方面能够稳定电路的静态工作点，同时也改善了非线性失真。

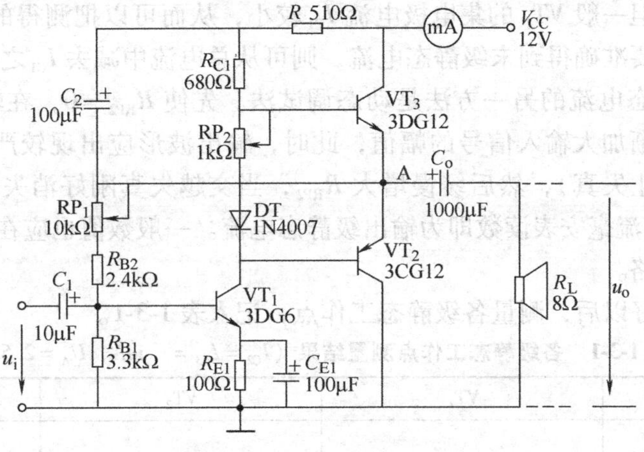

图 1-3-3　OTL 功率放大器

当输入正弦交流信号 u_i 时，经 VT_1 放大、倒相后同时作用于 VT_2、VT_3 的基极，u_i 的负半周使 VT_2 导通（VT_3 截止），有电流通过负载 R_L，同时向电容 C_o 充电；在 u_i 的正半周，VT_3 导通（VT_2 截止），则已充好电的电容器 C_o 起着电源的作用，通过负载 R_L 放电，这样在 R_L 上就得到完整的正弦波。C_2 和 R 构成自举电路，用于提高输出电压正半周的幅度，以得到大的动态范围。

OTL 电路的最大不失真输出功率 P_{om}：

理想情况下，$P_{om}=\frac{1}{8}\frac{V_{CC}^2}{R_L}$，实验中可通过测量 R_L 两端的电压有效值，来求得实际的 $P_{om}=\frac{U_o^2}{R_L}$。

OTL 电路的效率为

$$\eta=\frac{P_{om}}{P_E}100\%$$

式中，P_E 为直流电源供给的平均功率。

理想情况下，$\eta_{max}=78.5\%$。在实验中，可测量电源供给的平均电流 I_{dc}，从而求得 $P_E=V_{CC}I_{dc}$，负载上的交流功率已用上述方法求出，因而也就可以计算实际效率了。

6. 实验内容及实验步骤

（1）功率放大器测试

1）静态工作点的测试。按图 1-3-3 连接实验电路，电源进线中串入直流毫安表，电位器 RP_2 置最小值，RP_1 置中间位置。接通 +12V 电源，观察毫安表指示，同时用手触摸输出级管子，若电流过大，或管子温升显著，应立即断开电源检查原因（如 RP_2 开路，电路自激，或输出管性能不好等）。如无异常现象，可开始调试。

①调节输出端中点电位 U_A：调节电位器 RP_1，用直流电压表测量 A 点电位，使 $U_A=V_{CC}/2$。

②调整输出级静态电流及测试各级静态工作点：调节 R_{RP2}，使 VT_2、VT_3 的 $I_{C2}=I_{C3}=5\sim10mA$。从减小交越失真角度而言，应适当加大输出级静态电流，但该电流过大，会使效率降低，所以一般以 5～10mA 左右为宜。由于毫安表是串在电源进线中，因此测得的是整个放大器的电流，但一般 VT_1 的集电极电流 I_{C1} 较小，从而可以把测得的总电流近似当作末级的静态电流。如要准确得到末级静态电流，则可从总电流中减去 I_{C1} 之值。

调整输出级静态电流的另一方法是动态调试法。先使 $R_{RP2}=0$，在输入端接入 $f=1kHz$ 的正弦信号 u_i。逐渐加大输入信号的幅值，此时，输出波形应出现较严重的交越失真（注意：没有饱和和截止失真），然后缓慢增大 R_{RP2}，当交越失真刚好消失时，停止调节 R_{RP2}，恢复 $u_i=0$，此时直流毫安表读数即为输出级静态电流。一般数值也应在 5～10mA 左右，如过大，则要检查电路。

输出级电流调好以后，测量各级静态工作点，记入表 1-3-1。

表 1-3-1　各级静态工作点测量结果（$I_{C2}=I_{C3}=$　mA，$U_A=2.5V$）

	VT_1	VT_2	VT_3
U_B/V			
U_C/V			
U_E/V			

注意：

①在调整 RP_2 时，一是要注意旋转方向，不要调得过大，更不能开路，以免损坏输出管。

②输出管静态电流调好后，如无特殊情况，不得随意旋动 RP_2 的位置。

2）最大输出功率 P_{om} 和效率 η 的测试：

①测量 P_{om}：输入端接 $f=1\text{kHz}$ 的正弦信号 u_i，输出端用示波器观察输出电压 u_o 波形。逐渐增大 u_i，用示波器观察输出电压 u_o 波形，用交流毫伏表测出负载 R_L 上的电压 U_{om} 记入表 1-3-2。

表 1-3-2　最大输出功率测量结果

输入电压有效值 U_i/V	输出电压有效值 U_o/V	输出功率 P_o/W	输出电压 u_o 波形

②测量 η：逐渐增大 u_i，用示波器观察输出电压 u_o 波形，当输出电压为最大不失真输出时，用交流毫伏表测出负载 R_L 上的电压 U_o，并求出 P_{om}。

读出直流毫安表中的电流值，此电流即为直流电源供给的平均电流 I_{dc}（有一定误差），由此可近似求得 $P_E=V_{CC}I_{dc}$，再根据上面测得的 P_{om}，即可求出 $\eta=\frac{P_{om}}{P_E}$。数据记入表 1-3-3。

表 1-3-3　效率测量结果

最大不失真输出时，输入电压有效值 U_i/V	最大不失真输出时，输出电压有效值 U_o/V	输出功率 P_{om}/W	直流电源供给的平均电流 I_{dc}	效率 η（%）

3）研究自举电路的作用。

①测量有自举电路、且 $P_o=P_{omax}$ 时的电压增益 $A_u=\frac{U_{om}}{U_i}$。

②将 C_2 开路，R 短路（无自举），再测量 $P_o=P_{omax}$ 的 A_u。

用示波器观察①、②两种情况下的输出电压波形，并将以上两项测量结果进行比较，分析研究自举电路的作用。

4）噪声电压的测试。测量时将输入端短路（$u_i=0$），观察输出噪声波形，并用交流毫伏表测量输出电压，即为噪声电压 U_N，本电路若 $U_N<15\text{mV}$，即满足要求。

（2）波形发生器（可以用自己设计的电路，也可任挑以下一个电路）**测量过程**

1）波形发生器可参考图 1-3-2 所示电路，LM324 引脚图如图 1-3-4 所示。接通 ±12V 电源，调节可变电阻 R_3，使输出波形从无到有，从正弦波到出现失真。描绘 u_o 的波形，记下临界起振、正弦波输出及失真情况下的 R_3 值，分析 R_3 的大小对起振条件及输出波形的影响。测量结果记入表 1-3-4。（此部分也可用试验图 1-3-6 所示的稳幅或限幅电路来测试）

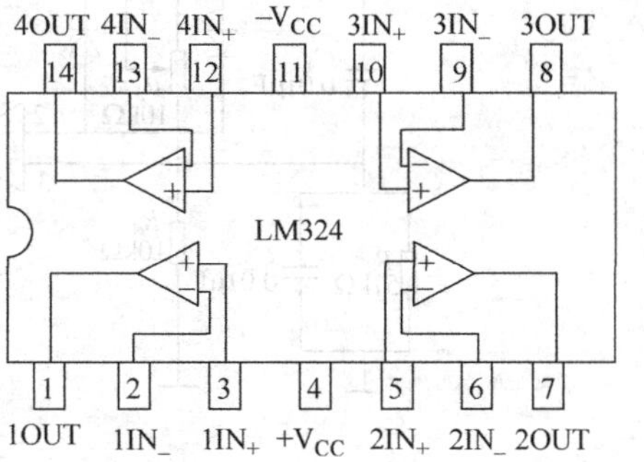

图 1-3-4　LM324 引脚图

表 1-3-4 波形发生器测量结果（1）

R_3	输出电压有效值 U_o/V	输出电压 u_o 波形	备 注
			输出无波形
			输出有波形
			输出波形失真

2）调节可变电阻 R_3，使输出电压 u_o 幅值最大且不失真，用交流毫伏表分别测量输出电压 U_o、反馈电压 U_+ 和 U_-，分析研究振荡的幅值条件。

用示波器测量振荡频率 f_0，然后在选频网络的两个电阻 R_1、R_2 上并联同一阻值电阻，电路如图 1-3-5 所示，观察记录振荡频率的变化情况，并与理论值进行比较。测量结果记入表 1-3-5。

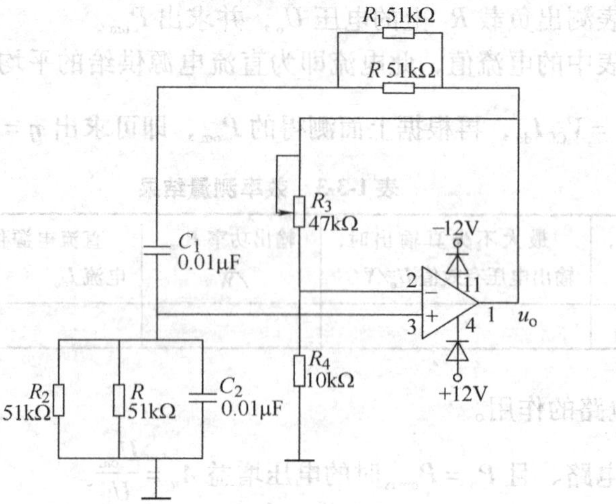

图 1-3-5 波形发生器测量电路（1）

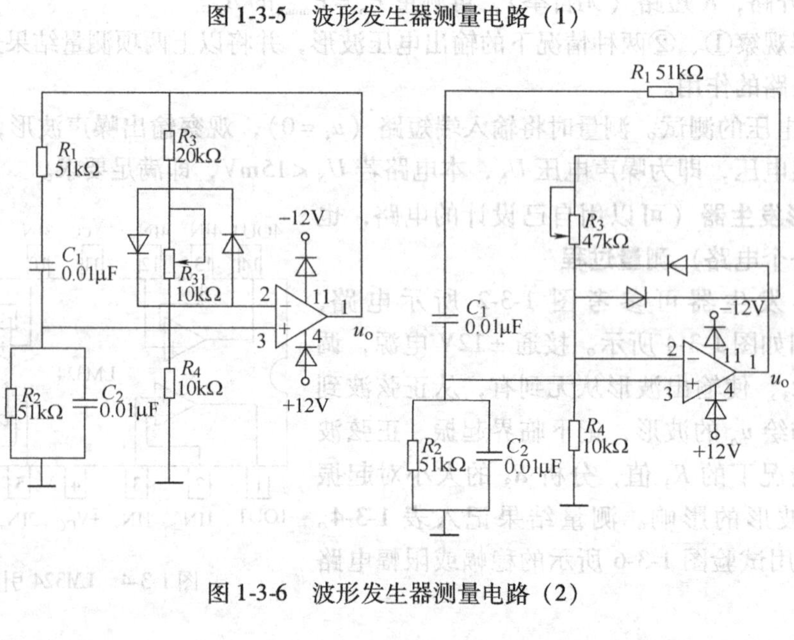

图 1-3-6 波形发生器测量电路（2）

表 1-3-5　波形发生器测量结果（2）

R_1、R_2/kΩ	C/μF	理论振荡频率f_0/Hz	实测振荡频率f_0/Hz

3）连接电路如图 1-3-7 所示，求 u_o 的频率和幅值；用示波器观测输出波形，并画出输出波形。调整可调可变电阻 R_3，观察输出波形幅度的变化范围。测量结果记入表 1-3-6。

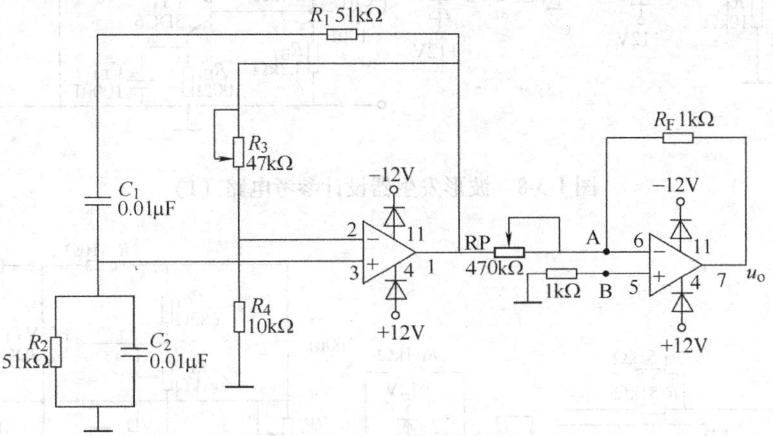

图 1-3-7　波形发生器测量电路（3）

表 1-3-6　波形发生器测量结果（3）

R_3/kΩ	u_o 的频率/Hz	u_o 的幅值/V	输 出 波 形

4）当 u_o 的输出电压是 100mV 时，测 R_3 的阻值，同时测出反相比例运算电路的放大倍数。

（3）连接整机电路，观察输出 u_o 的波形

画出并连接整机电路，所采用的电路可以自行设计，也可以参考下面的电路，写出调试过程。参考电路如图 1-3-8、图 1-3-9、图 1-3-10 所示。

7. 实验报告

实验报告应包括以下内容：

1）实验目的。

2）实验使用的仪器。

3）实验电路的设计。画出所设计的电路，写出设计过程及参数计算。

4）用 EWB 或 Multisim 对电路进行仿真，并分析仿真结果。

5）实验内容。写出实验步骤及方法，记录必要的数据（实验原始数据）。

6）进行数据分析，画出相应的曲线。对实验结果进行讨论，写出结论性的内容。

7）列出元器件明细表。

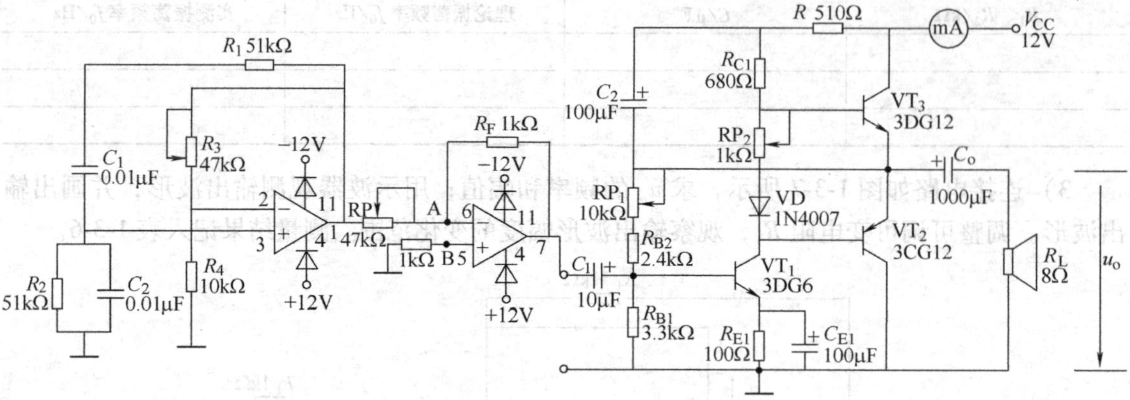

图 1-3-8　波形发生器设计参考电路（1）

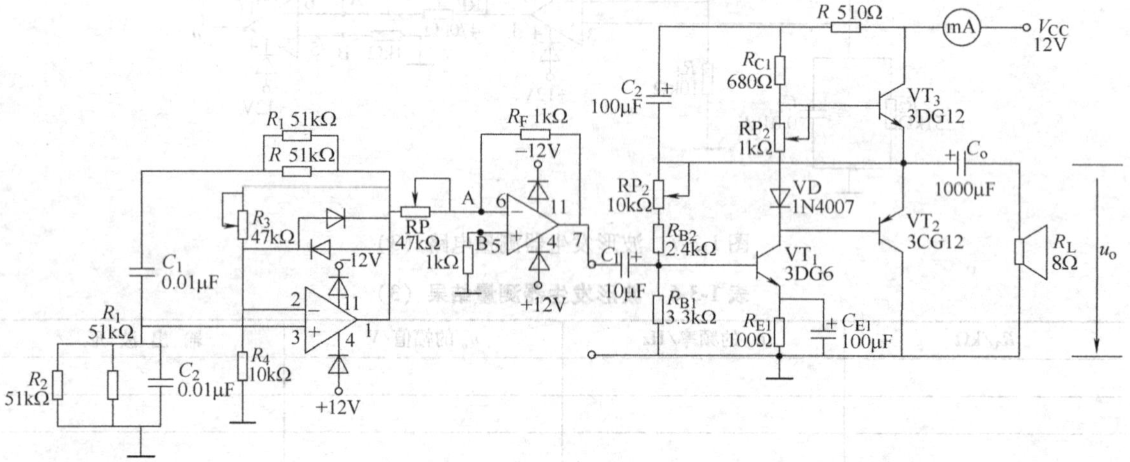

图 1-3-9　波形发生器设计参考电路（2）

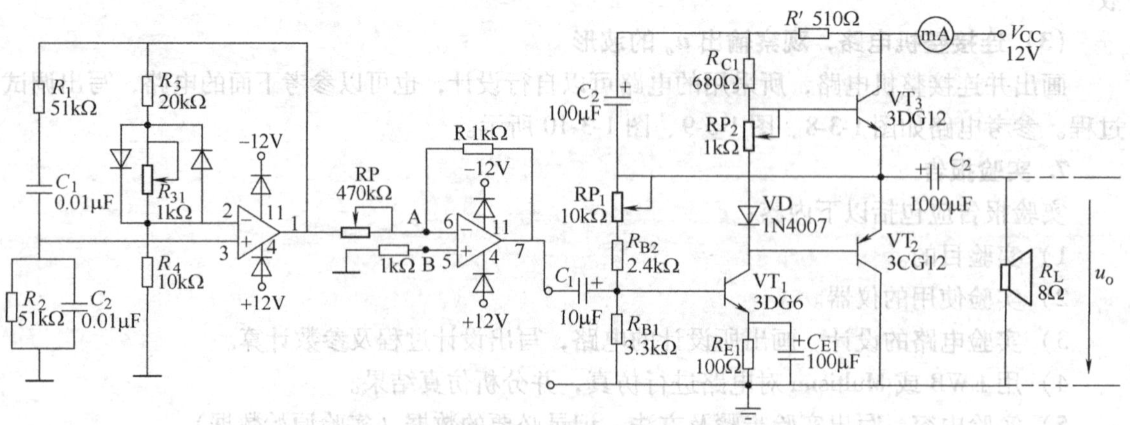

图 1-3-10　波形发生器设计参考电路（3）

1.3.2　温度监测及控制电路

1. 实验目的

1）学习由双臂电桥和差动输入集成运算放大器组成的桥式放大电路。

2）掌握滞回比较器的性能和调试方法。

3）学会系统测量和调试。

2. 设计指标

1）检测电路采用热敏电阻 R_t（NTC）作为测温元件。

2）用 100Ω/2W 的电阻元件作为加热装置。

3）设计温度检测电路和温度控制电路。

4）具有自动指示“加热”与“停止”功能。

3. 预习要求

1）阅读教材中有关集成运算放大器应用部分的章节。

2）集成运算放大器构成的差动放大器等电路的性能和特点。

3）滞回比较器的工作原理。

4）用电路分析软件（EWB、Multisim）分析电路。

4. 实验设备与器件

1）直流电源。

2）信号发生器。

3）双踪示波器。

4）模拟电路实验装置。

5）热敏电阻（NTC），运算放大器 μA741×2，晶体管，电阻、电容若干。

5. 实验原理

温度监测及控制实验电路如图 1-3-11 所示，它是由负温度系数电阻特性的热敏电阻（NTC 元件）R_t 为一臂组成测温电桥，其输出经测量放大器放大后由滞回比较器输出“加热”与“停止”信号，经晶体管放大后控制加热器“加热”与“停止”。改变滞回比较器的比较电压 U_R 即改变控温的范围，而控温的精度则由滞回比较器的滞回宽度确定。

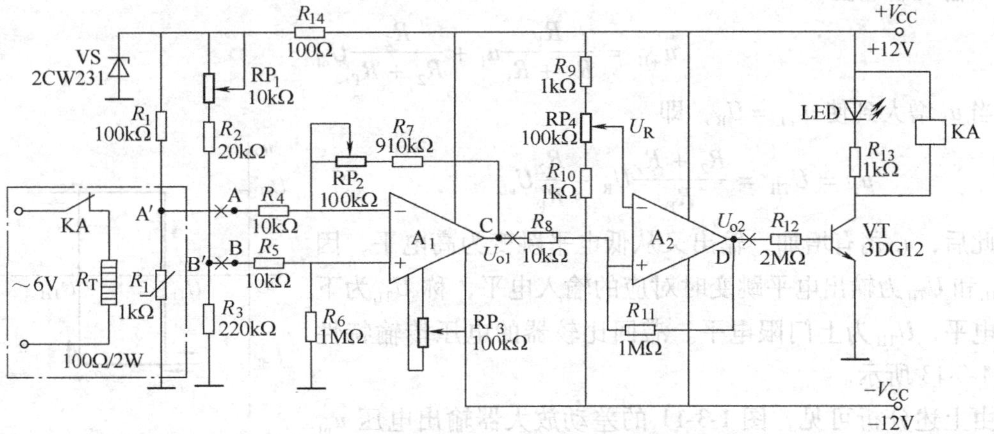

图 1-3-11　温度监测及控制实验电路

（1）测温电桥

由 R_1、R_2、R_3、RP_1 及 R_t 组成测温电桥，其中 R_t 是温度传感器。其呈现出的阻值与温度成线性变化关系且具有负温度系数，而温度系数又与流过它的工作电流有关。为了稳定 R_t 的工作电流，达到稳定其温度系数的目的，设置了稳压管 VS。RP_1 可决定测温电桥的平衡。

（2）差动放大电路

由 A_1 及外围电路组成的差动放大电路，将测温电桥输出电压 ΔU 按比例放大。其输出电压

$$U_{o1}=-\left(\frac{R_7+R_{RP2}}{R_4}\right)U_A+\left(\frac{R_4+R_7+R_{RP2}}{R_4}\right)\left(\frac{R_6}{R_5+R_6}\right)U_B$$

当 $R_4=R_5$，$(R_7+R_{RP2})=R_6$ 时

$$U_{o1}=\frac{R_7+R_{RP2}}{R_4}(U_B-U_A)$$

RP_3 用于差动放大器调零。

（3）滞回比较器

差动放大器的输出电压 U_{o1} 输入由 A_2 组成的滞回比较器。

滞回比较器如图 1-3-12 所示，设比较器输出高电平为 U_{oH}，输出低电平为 U_{oL}，参考电压 U_R 加在反相输入端。

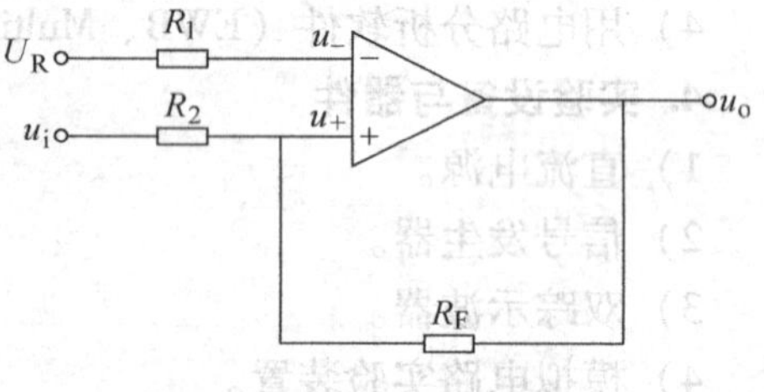

图 1-3-12 滞回比较器

当输出为高电平 U_{oH}时，运放同相输入端电位

$$u_{+H}=\frac{R_F}{R_2+R_F}u_i+\frac{R_2}{R_2+R_F}U_{oH}$$

当 u_i 减小到使 $u_{+H}=U_R$，即

$$u_i=U_{TL}=\frac{R_2+R_F}{R_F}U_R+\frac{R_2}{R_F}U_{oH}$$

此后，u_i 稍有减小，输出就从高电平跳变为低电平。当输出为低电平 U_{oL}时，运算放大器同相输入端电位

$$u_{+H}=\frac{R_F}{R_2+R_F}u_i+\frac{R_2}{R_2+R_F}U_{oL}$$

当 u_i 增大到使 $u_{+L}=U_R$，即

$$u_i=U_{TH}=\frac{R_2+R_F}{R_F}U_R-\frac{R_2}{R_F}U_{oL}$$

此后，u_i 稍有增加，输出又从低电平跳变为高电平，因此 U_{TL}和 U_{TH}为输出电平跳变时对应的输入电平，称 U_{TL}为下门限电平，U_{TH}为上门限电平。滞回比较器的电压传输特性如图 1-3-13 所示。

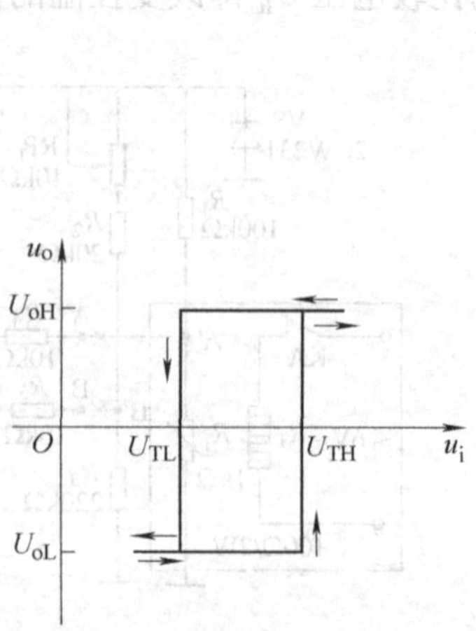

图 1-3-13 电压传输特性

由上述分析可见，图 1-3-11 的差动放大器输出电压 u_{o1} 经分压后，在 A_2 组成的滞回比较器与反相输入端的参考电

压U_R相比较。当同相输入端的电压信号大于反相输入端的电压时，A_2 输出正饱和电压，晶体管 VT 饱和导通。通过发光二极管 LED 的发光情况，可见负载的工作状态为加热。反之，为同相输入信号小于反相输入端电压时，A_2 输出负饱和电压，晶体管 VT 截止，LED 熄灭，负载的工作状态为停止。调节 RP_4 可改变参考电平，也同时调节了上下门限电平，从而达到设定温度的目的。

6. 实验内容及实验步骤

（1）差动放大器测试

差动放大器实验电路如图 1-3-14 所示。

1）运算放大器调零。将 A、B 两端对地短路，调节 RP_3 使 $U_{o1}=0$。

2）去掉 A、B 端对地短路线。从 A、B 端分别加入不同的两个直流电平。

当电路中 $R_7+R_{RP2}=R_6$，$R_4=R_5$ 时，其输出电压

$$U_{o1}=\frac{R_7+R_{RP2}}{R_4}(U_B-U_A)$$

在测试时，要注意加入的输入电压不能太大，以免放大器输出进入饱和区。

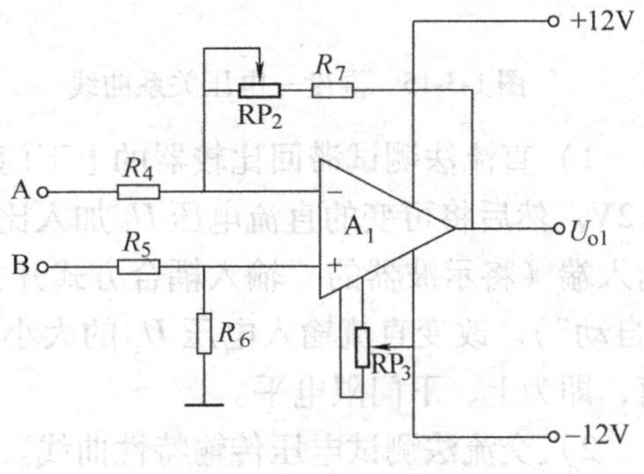

图 1-3-14　差动放大器实验电路

3）将 B 点对地短路，把频率为 100Hz、有效值为 10mV 的正弦波 u_i 加入 A 点。用示波器观察输出波形。在输出波形不失真的情况下，用交流毫伏表测出 u_i 和 u_{o1} 的电压。算得此差动放大器的电压放大倍数。

（2）桥式测温放大电路

将差动放大器的 A、B 端与测温电桥的 A′、B′端相连，构成一个桥式测温放大电路。

1）在室温下使电桥平衡。在实验室室温条件下，调节 RP_1，使差动放大器输出 $U_{o1}=0$（注意：前面实验中调好的 RP_3 不能再动）。

2）温度系数 K(V/C)。由于测温需升温槽，为使实验简易，可虚设温度 T 及输出电压 u_{o1}，温度系数 K 也定为一个常数，具体参数由读者自行填入表格 1-3-7 内，从表 1-3-7 中可得到 $K=\Delta U/\Delta T$。

表 1-3-7　桥式测温放大电路测量结果

温度 T/℃	室温/℃				
输出电压 U_{o1}/V	0				

3）桥式测温放大器的温度—电压关系曲线。根据前面测温放大器的温度系数 K，可画出测温放大器的温度—电压关系曲线，实验时要标注相关的温度和电压的值，如图 1-3-15 所示。从图中可求得在其他温度时放大器实际应输出的电压值，也可得到在当前室温时，U_{o1} 的实际对应值 U_s。

4）重调 RP_1，使测温放大器在当前室温下输出 U_s。即调 RP_1，使 $U_{o1}=U_s$。

（3）滞回比较器

滞回比较器实验电路如图 1-3-16 所示。

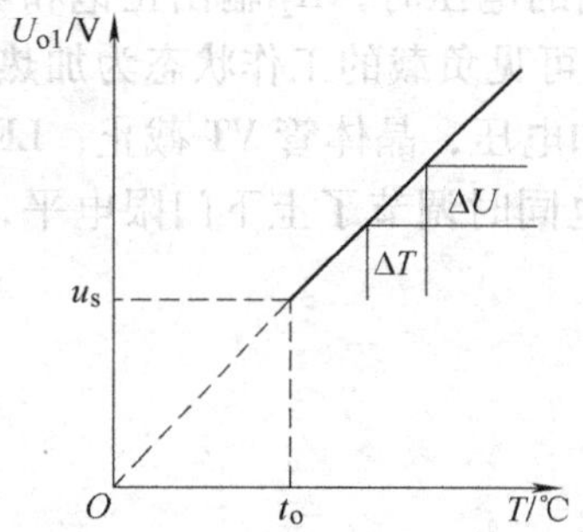

图 1-3-15　温度—电压关系曲线

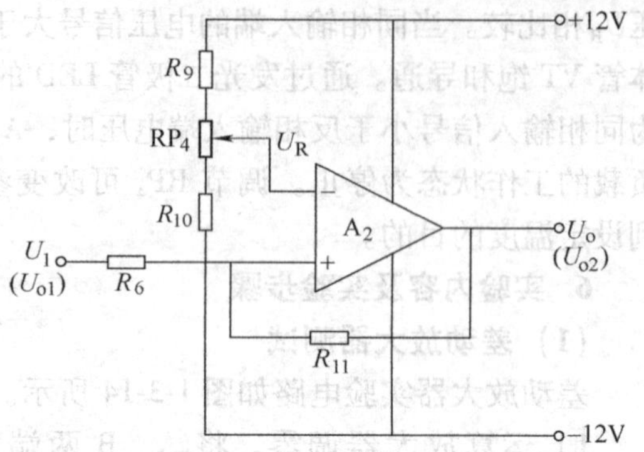

图 1-3-16　滞回比较器实验电路

1）直流法测试滞回比较器的上下门限电平。首先确定参考电平 U_R 值。调 RP_4，使 $U_R=2V$。然后将可变的直流电压 U_i 加入比较器的输入端。比较器的输出电压 U_o 送入示波器 Y 输入端（将示波器的“输入耦合方式开关”置于“DC”，X 轴“扫描触发方式开关”置于“自动”）。改变直流输入电压 U_i 的大小，从示波器屏幕上观察到当 U_o 跳变时所对应的 U_i 值，即为上、下门限电平。

2）交流法测试电压传输特性曲线。将频率为 100Hz，幅度 3V 的正弦信号加入比较器输入端，同时送入示波器的 X 轴输入端，作为 X 轴扫描信号。比较器的输出信号送入示波器的 Y 轴输入端。微调正弦信号的大小，可从示波器显示屏上看到完整的电压传输特性曲线。

（4）温度检测控制电路整机工作状况

1）按图 1-3-11 连接各级电路。（注意：可调元件 RP_1、RP_2、RP_3 不能随意变动。如有变动，必须重新进行前面内容。）

2）根据所需检测报警或控制的温度 T，从测温放大器温度—电压关系曲线中确定对应的 u_{o1} 值。

3）调节 RP_4 使参考电压 $U'_R=U_R=U_{o1}$。

4）用加热器升温，观察温升情况，直至报警电路动作报警（在实验电路中当 LED 发光时作为报警），记下动作时对应的温度值 t_1 和 U_{o11} 的值。

5）用自然降温法使热敏电阻降温，记下电路解除时所对应的温度值 t_2 和 U_{o12} 的值。

6）改变控制温度 T，重做 2）、3）、4）、5）内容。把测试结果记入表 1-3-8。

根据 t_1 和 t_2 值，可得到检测灵敏度 $t_0=(t_2-t_1)$。

注：设计中的加热装置可用一个 100Ω/2W 的电阻 RT 模拟，将此电阻靠近 R_t 即可。

表 1-3-8　温度检测控制电路整机测试结果

设定温度 T/℃									
设定电压	从曲线上查得 U_{o1}/V								
	U_R/V								
动作温度	T_1/℃								
	T_2/℃								
动作电压	U_{o11}/V								
	U_{o12}/V								

7. 实验报告

实验报告应包括以下内容：

1）实验目的。

2）实验使用的仪器。

3）用 EWB 或 Multisim 对电路进行仿真，并分析仿真结果。

4）实验内容。整理实验数据，画出有关曲线、数据表格、实验线路、安装调试以及实验结果。

5）进行数据分析，画出相应的曲线。对实验结果进行讨论，写出结论性的内容。

6）实验中的故障排除情况及体会。

7）列出元器件明细表。

1.3.3　直流稳压电源

1. 实验目的

1）掌握单相半波和单相桥式整流电路的工作原理、交流与直流电压关系及其测试方法。

2）观察了解电容滤波电路。

3）熟悉直流稳压电源的工作原理及有关参数的调试等。

2. 预习要求

1）复习有关单相桥式整流电路的工作原理。

2）复习电容滤波电路的工作原理。

3）复习串联稳压电路的工作原理。

4）根据实验电路参数估算 U_o 的可调范围及 $U_o=9V$ 时 VT_1、VT_2 的静态工作点（假设调整管的饱和压降 $U_{CE1S}\approx 1V$）。

5）说明图 1-3-18 中 U_2、U_1、U_o 及 $\overline{U}_o$ 的物理意义。

6）用电路分析软件（EWB、Multisim）分析图 1-3-18 所示电路。

3. 实验设备与器件

1）直流电源。

2）直流电压表。

3）信号发生器。

4）直流毫安表。

5）双踪示波器。

6）交流毫伏表。

7）模拟电路实验装置。

8）3DG6、3DG12（9013）晶体管，1N4007 晶体二极管、稳压管 1N4735，电阻、电容若干。

4. 实验原理

直流稳压电源的组成框图及各部分波形如图 1-3-17 所示。直流稳压电源由电源变压器、整流电路、滤波电路和稳压电路四部分组成。

电网供给的交流电压 U_1（220V，50Hz）经电源变压器降压后，得到符合电路需要的交

流电压 U_2，然后由整流电路变换成方向不变、大小随时间变化的脉动电压，再用滤波器滤去其交流分量，就可得到比较平直的直流电压。但这样的直流输出电压，还会随交流电网电压的波动或负载的变动而变化。在对直流供电要求较高的场合，还需要使用稳压电路，以保证输出直流电压更加稳定。

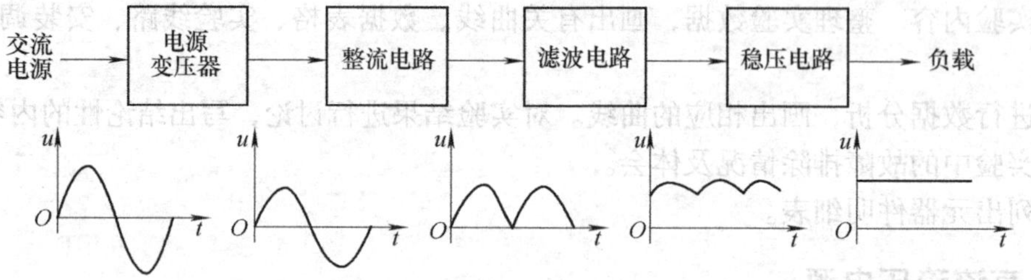

图 1-3-17　直流稳压电源的组成框图及工作波形

图 1-3-18 是由分立元件组成的串联型稳压电源实验电路。其整流部分采用 1N4007 组成单相桥式整流电路，滤波采用电容滤波电路，稳压部分为串联型稳压电路，它由调整器件（晶体管 VT_1），比较放大器 VT_2 和 R_7，取样电路 R_1、R_2、RP，基准电路 R_3、VD_Z 和过电流保护电路 VT_3 及电阻 R_4、R_5、R_6 组成。整个稳压电路是一个具有电压串联负反馈的闭环系统，其稳压过程为：当电网电压波动或负载变动引起输出直流电压发生变化时，取样电路取出输出电压的一部分送入比较放大器，并与基准电压进行比较，产生的误差信号经 VT_2 放大后送至调整管 VT_1 的基极，使调整管改变其管压降，以补偿输出电压的变化，从而达到稳定输出电压的目的。

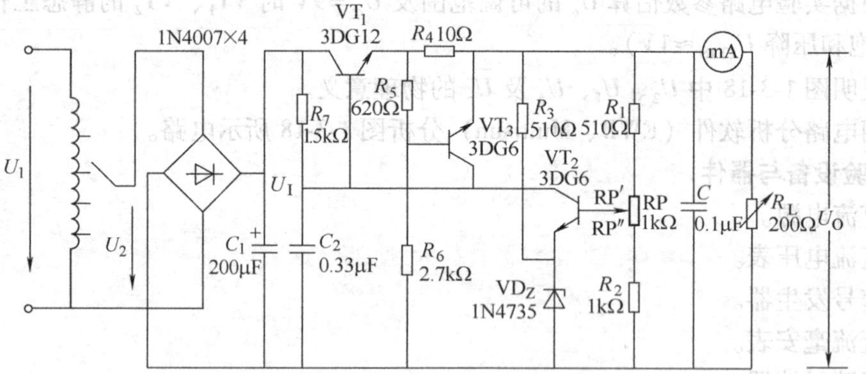

图 1-3-18　串联型稳压电源实验电路

由于在稳压电路中，调整管与负载串联，因此流过它的电流与负载电流一样大。当输出电流过大或发生短路时，调整管会因电流过大或电压过高而损坏，所以需要对调整管加以保护。在图 1-3-18 电路中，由 VT_3、R_4、R_5、R_6 组成限流型保护电路。

稳压电源的主要性能指标如下：

1）输出电压 U_o 和输出电压调节范围

$$U_o = \frac{R_1 + R_{RP} + R_2}{R_2 + R_{RP''}}(U_Z + U_{BE2})$$

调节 RP 可以改变输出电压 U_O。

2）输出电阻 R_O。输出电阻 R_O 定义为稳压电路输入电压 U_I 一定时，输出电压的变化量与输出电流变化量之比

$$R_O = \left.\frac{\Delta U_O}{\Delta I_O}\right|_{U_I=\text{常数}}$$

3）稳压系数 S 定义为当负载不变时，输出电压的相对变化量与输入电压的相对变化量之比。

$$S = \left.\frac{\Delta U_O/U_O}{\Delta U_I/U_I}\right|_{R_L=\text{常数}}$$

4）纹波电压。输出纹波电压是指在额定负载条件下，输出电压中所含交流分量的有效值（或峰值）。

5. 实验内容及实验步骤

（1）单相半波整流电路和桥式整流电路

单相半波整流电路和桥式整流电路分别如图 1-3-19 和图 1-3-20 所示。

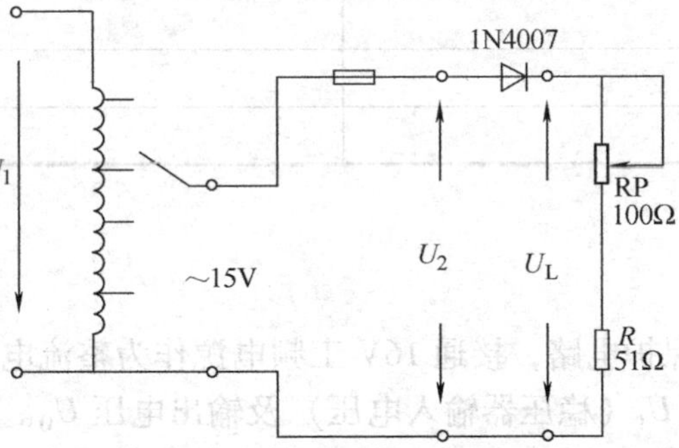

图 1-3-19　单相半波整流电路

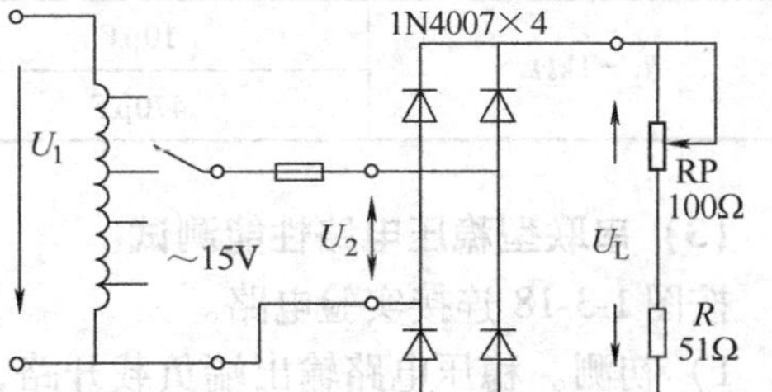

图 1-3-20　单相桥式整流电路

分别按图连接这两种电路，用示波器观察 U_2、U_L 的波形，测量 U_2、U_L 的数值并记录于表 1-3-9。

表 1-3-9　整流电路测量结果

	图 1-3-19	图 1-3-20
U_2 的波形		
U_L 的波形		
U_2 的数值		
U_L 的数值		

（2）电容滤波电路的研究

电容滤波实验电路如图 1-3-21 所示。

1）分别用不同电容接入电路，R_L 先不接，用示波器观察波形，用电压表测量 U_L 并填入表 1-3-9。

2）接上 R_L，使 $R_L=1\text{k}\Omega$，重复上述实验过程并填入表 1-3-10。

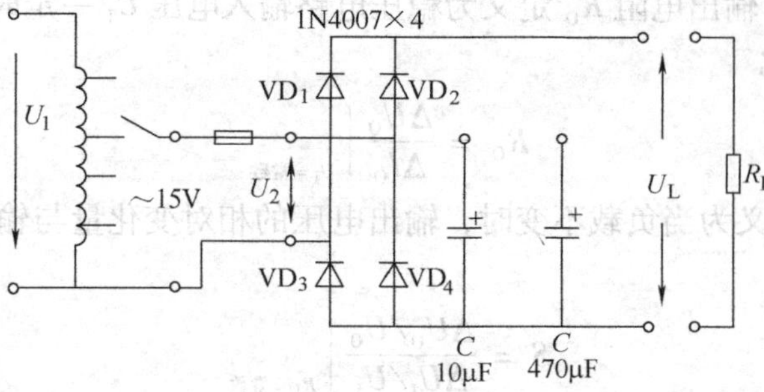

图 1-3-21　电容滤波实验电路

表 1-3-10　电容滤波电路测量结果

负载电阻	电容值	U_L 数值	U_L 波形
$R_L=\infty$	10μF		
	470μF		
$R_L=1k\Omega$	10μF		
	470μF		

（3）串联型稳压电路性能测试

按图 1-3-18 连接实验电路。

1）初测。稳压电路输出端负载开路，断开保护电路，接通 16V 工频电源作为整流电路输入电压，用直流电压表测量滤波电路输出电压 U_I（稳压器输入电压）及输出电压 U_O。调节电位器 RP，如果 U_O 能跟随 RP 线性变化，这说明稳压电路各反馈环路工作基本正常。否则，说明稳压电路有故障，应进行检查。此时可分别检查基准电压 U_Z、输入电压 U_I、输出电压 U_O，以及比较放大器和调整管各电极的电位（主要是 U_{BE} 和 U_{CE}），分析它们的工作状态是否都处在线性区，从而找出不能正常工作的原因。排除故障以后就可以进行下一步测试。

2）测量输出电压可调范围。使 RP 动点在中间位置附近时 $U_O=9V$，调节负载使输出电流 $I_O=100mA$。再调节电位器 RP，测量输出电压可调范围 $U_{Omin}\sim U_{Omax}$。

3）测量各级静态工作点。调节输出电压 $U_O=9V$，输出电流 $I_O=100mA$，测量各级静态工作点，记入表 1-3-11。

表 1-3-11　各级静态工作点测量结果（$U_2=16V$，$U_O=9V$，$I_O=100mA$）

	VT_1	VT_2	VT_3
U_B/V			
U_C/V			
U_E/V			

4）测量稳压系数 S。取 $I_O=100mA$，按表 1-3-11 改变整流电路输入电压 U_2（模拟电网电压波动），分别测出相应的稳压电路输入电压 U_I 及输出直流电压 U_O，记入表 1-3-12。

表 1-3-12　稳压系数测量结果（$I_O = 100\text{mA}$，$U_2 = 16\text{V}$）

测 试 值			计 算 值
U_2/V	U_I/V	U_O/V	S
10			S_{12}
14		9	
17			S_{23}

5）测量输出电阻 R_O。取 $U_2 = 16\text{V}$，改变负载大小，使 I_O 为空载、50mA 和 100mA，测量相应的 U_O 值，记入表 1-3-13。

表 1-3-13　输出电阻测量结果（$U_2 = 16\text{V}$）

测 试 值		计 算 值
I_O/mA	U_O/V	R_O/Ω
空载		R_{O12} =
50	9	
100		R_{O23} =

6）测量输出纹波电压。取 $U_2 = 16\text{V}$，$U_O = 9\text{V}$，$I_O = 100\text{mA}$，测量输出纹波电压 $\overline{U}_O$，记录之。

7）调整过电流保护电路。

①断开工频电源，接上保护回路，再接通工频电源，调节 RP 及 R_L 使 $U_O = 9\text{V}$，$I_O = 100\text{mA}$，此时保护电路应不起作用。测出 VT_3 各极电位值。

②逐渐减小 R_L，使 I_O 增加到 120mA，观察 U_O 是否下降，并测出保护起作用时 VT_3 各极的电位值。若保护作用过早或迟，可改变 R_4 之值进行调整。

③用导线瞬时短接一下输出端，然后去掉导线，检查电路是否能自动恢复正常工作。

6. 思考题

1）在桥式整流电路中，如果某个二极管发生开路、短路或反接三种情况，将会出现什么问题？

2）为了使稳压电路的输出电压 $U_O = 9\text{V}$，则其输入电压的最小值 $U_{1\min}$ 应等于多少？交流输入电压 $U_{2\min}$ 又怎样确定？

3）当稳压电源输出不正常，或输出电压 U_O 不随取样电位器 RP 而变化时，应如何进行检查找出故障所在？

4）分析保护电路的工作原理。

5）怎样提高稳压电源的性能指标（减小 S 和 R_O）？

7. 实验报告

实验报告应包括以下内容：

1）实验目的。

2）实验使用的仪器和器件。

3）用 EWB 或 Multisim 对电路进行仿真，并分析仿真结果。

4）实验内容。整理实验数据，画出有关曲线、数据表格、实验线路、安装调试以及实验结果。

5）进行数据分析，画出相应的曲线。对实验结果进行讨论，写出结论性的内容。

6）实验中的故障排除情况及体会。

第2章 模拟电子技术基础课程设计

2.1 模拟电子电路的设计方法及安装调试

2.1.1 模拟电子电路的设计方法

模拟电子电路的种类很多，其功能、技术指标各不相同，具体设计细节更是存在较大差异。本节论述的是设计过程中共有的基本步骤和问题。

通常，接受设计任务后，首先要认真分析研究，明确要达到的效果、主要满足的技术指标和使用要求；进行总体规划，选择最佳设计思路，提出整体设计方案；对组成系统的单元电路进行设计，计算参数并选择元器件；最后画出整机电路并进行仿真调试和组装。

1. 明确系统的设计任务要求

明确系统的设计任务要求是为了明确做什么。本阶段要注意细分任务要求，细化技术指标。

2. 确定整体方案

本阶段要注意善于通过各种途径获取与设计题目相关的材料和知识，利用好图书馆和互联网，根据掌握的知识和资料，针对系统提出的任务、要求和条件，完成系统的功能设计。提出整体方案后，要对其合理性、可靠性、先进性反复推敲，力求达到最优。最后，要将总体要求分解成单元电路并形成结构框图。

3. 单元电路设计、参数计算和元器件选择

根据系统的指标和功能框图，明确各部分任务，进行单元电路设计、参数计算和元器件选择。

(1) 单元电路设计

根据单元电路的功能选择对应的原理和电路结构形式，再进行具体电路的设计。这里可以多选用成熟的电路进行改进，选择先进的新型电路时要综合考虑其能否容易获得，经济性如何。尽量减少电平转换次数，尽量采用统一供电，提高电路的可靠性。不仅单元电路本身要设计合理，各单元电路间也要互相配合，要注意各部分的输入信号、输出信号和控制信号的关系。

(2) 参数计算

参数计算时，同一个电路可能有几组数据，注意选择一组能完成电路设计要求、在实践中能真正可行的参数。计算电路参数时应注意下列问题：

1) 元器件的工作电流、电压、频率和功耗等参数应能满足电路指标的要求。

2) 元器件的极限参数必须留有足够充裕量，一般应大于额定值的1.5倍。

3) 电阻和电容的参数应选计算值附近的标称值。

(3) 元器件选择

1）集成电路的选择。条件允许下可多选择集成电路，这样可以简化电路，减少元器件，提高可靠性，方便安装调试。常用的模拟集成电路主要有运算放大器、电压比较器、集成功率放大器、模拟乘法器等。设计中选择模拟集成电路的方法一般是先粗选后细选，即先根据总体设计方案考虑选用什么类型的集成电路，如运算放大器有通用型、高阻型、高速型等；然后进一步考虑它的性能指标与主要参数，如运算放大器的输入失调电压、开环差模电压增益、共模抑制比、差模和共模输入电压范围、转换速率等；最后综合考虑价格等因素来决定选用什么型号。

2）半导体器件的选择。半导体器件有二极管、稳压管、晶体管、场效应晶体管、光电二极管、光电晶体管、晶闸管等。可根据其用途分别进行选择。

选择的器件种类不同，注意事项也不同。例如选择晶体管时，首先注意是选择 NPN 型还是 PNP 型管，是高频管还是低频管，是大功率管还是小功率管，并注意管子的参数 P_{CM}、I_{CM}、BU_{CEO}、I_{CBO}、β、f_T 和 f_β 等是否满足电路设计指标的要求。

3）电阻和电容的选择。电阻和电容种类很多，正确选择电阻和电容是很重要的。不同的电路对电阻和电容性能要求也不同，有些电路对电容的漏电要求很严，还有些电路对电阻、电容的性能和容量要求很高。例如滤波电路中常用大容量（100～3000μF）铝电解电容，为滤掉高频成分，通常还需并联小容量（0.01～0.1μF）瓷片电容。设计时要根据电路的要求选择性能和参数合适的阻容元件，并要注意功耗、容量、频率和耐压范围是否满足要求。

4. 计算机模拟仿真

随着计算机技术的飞速发展，电子系统的设计方法发生了很大变化。目前，电子设计自动化（EDA）技术已成为现代电子系统设计的必要条件。在计算机平台上，利用 EDA 软件，可对各种电子电路进行调试、测量、修改，这样可大大提高电子设计的效率和精确度，同时节约设计费用。调试时，可采取先局部后整体的方法，避免直接调试整机电路不成功带来的诸多麻烦。

5. 电路图的绘制

为详细表示设计的整机电路及各单元电路的连接关系，设计时需绘制完整电路图。绘制电路图时要注意以下几点：

1）布局合理、排列均匀、图片清晰、便于看图，有利于对图的理解和阅读。有时一个总电路由几部分组成，绘图时应尽量把总电路图画在一张图纸上。如果电路比较复杂，需绘制几张图，则应把主电路画在同一张图纸上，而把一些比较独立和次要的部分画在另外的图纸上，并在图的端口两端做上标记，标出信号从一张图到另一张图的引出点和引入点，以此说明各图纸在电路连线之间的关系。有时为了强调并便于看清各单元电路的功能关系，每一个功能单元电路的元器件应集中布置在一起，并尽可能按工作顺序排列。

2）注意信号的流向，一般从输入端和信号源画起，由左至右或由上至下按信号的流向依次画出各单元电路，而反馈通路的信号流向则与此相反。

3）图形符号要标准，图中应加适当的标注。图形符号表示元器件的项目或概念。电路图中的中、大规模集成电路器件一般用方框表示，并在方框中标出它的型号，在方框的两侧标出每根线的功能名称和引脚号。图中除大规模器件外，其余的元器件符号应当标准化。

4）连接线应为直线，并且交叉和折弯应最少。通常连接可以水平或垂直布置，一般不画斜线。互相连通的交叉线除用圆点表示外，根据需要，可以在连接线上加注信号名或其他标记，表示其功能或其去向。其余的连线可用符号表示，例如器件的电源一般标注电源电压的数值，而地线用符号（⊥）表示。

5）可利用 Protel 等 EDA 软件绘制电路图。

2.1.2　模拟电子电路的安装与调试

电子电路设计要考虑的因素和问题相当多，由于电路在计算机上进行模拟时所采用的元器件参数和模型与实际元器件有差别，所以对经计算机仿真过的电路，还要进行实际实验。通过实验才可以发现问题、解决问题。若性能指标达不到要求，应分析出在哪些单元或元器件上，再对它们重新设计和选择，直到性能完全满足要求为止。作为课程设计，一般可采用面包板插接或通用印制电路板焊接。

1. 元器件的安装

所有的电子元器件在安装前要测试一遍，集成电路引脚必须插在面包板中央凹槽两边的孔中，插入时所有引脚应稍向外偏，使引脚与插孔中的簧片接触良好，集成电路在插入与拔出时要受力均匀，以免引脚弯曲或断裂。有极性的元器件如电解电容其标志最好方向一致，所有集成电路的方向也要一致，缺口朝左，便于正确布线和查线。

2. 正确合理布线

一般选直径为 0.6mm 的单股导线，长度适当。先将两头绝缘皮剥去 7 ~ 8mm，然后把导线两头弯成直角，用镊子夹住导线，垂直插入相应的孔中。

为避免或减少故障，面包板上的电路布局与布线，必须合理而且美观。

1）集成电路和晶体管的布局，一般按主电路信号流向的顺序在一小块面包板上直线排列。各级元器件围绕各级的集成电路或晶体管布置，各元器件之间的距离应视周围元器件多少而定。

2）第一级的输入线与末级的输出线，高频线与低频线要远离，以免形成空间交叉耦合，尤其在高频电路中，元器件插脚和连线应尽量短而直，以免分布参数影响电路性能。

3）为使布线整洁和便于检查，尽可能采用不同颜色的导线，一般正电源线用红色，地线用黑色。要求连线紧贴面包板，注意尽量在器件周围走线，一个孔只准插一根线，并且不允许导线在集成电路上方跨过。

4）合理布置地线。为避免各级电流通过地线时互相产生干扰，特别要避免末级电流通过地线对某一级形成正反馈，故应将各级单独接地，然后再分别接公共地线。

3. 调试要点

（1）检查电路

安装完毕后不要急于通电，在接好连线后，首先必须对照电路图认真仔细检查电路连线，如各晶体管或集成电路的引脚是否插对了，是否有漏线和错线，特别要检查电源与地线是否有短路现象。在上述检查无误后，要先调好所需要的电源电压，然后才能给电路通电。观察电路是否有发热、冒烟等异常现象。如果有，应立即关断电源，待排除故障后，才可重新通电。

（2）分块调试

把电路分成不同的模块，分别对各模块进行调试，调试顺序可按信号的流向进行，包括静态和动态调试。静态测试是在没外加输入信号的条件下测量电路的各点电位及支路电流等，动态测试是在输入信号的作用下，测量电路的电压放大倍数、输入电阻等动态指标，并用示波器观察各点的波形，对测试结果进行记录和分析。

（3）整机联调

各单元电路调好后，将它们连接起来进行整机联调，把测量结果与设计指标逐一对比，然后对电路及参数进行调整，直至电路的性能符合设计要求。

2.2　语音放大电路的设计

日常生活和工作中，经常会遇到语音信号不良的情况。例如在打电话时，有时因声音太大或干扰太大而难以听清对方的讲话，需要一种既能放大话音信号又能降低外来噪声的仪器。具有类似功能的实用电路实际上就是一个能识别不同频率范围的小信号放大系统。本节设计一个集成运算放大器组成的语音放大电路，并结合经典设计方式和计算机辅助设计的方式进行讨论。

2.2.1　设计指标及工作原理

1. 设计指标

1）最大不失真输出功率 $P_{om} \geqslant 5W$。

2）负载阻抗 $R_L = 4\Omega$。

3）带通频率范围为 300Hz ~ 3kHz。

4）输出功率连续可调。直流输出电压：≤50mV（输入短路时）；静态电源电流：≤100mA（输出短路时）。

5）输入信号的幅度≤10mV。

6）输入阻抗 $R_i \geqslant 100k\Omega$。

2. 语音放大电路的工作原理

语音放大电路的原理框图如图 2-2-1 所示，由前置放大电路、有源带通滤波电路和功率放大电路组成。由于输入信号比较小，如传声器输出信号一般只有 5mV 左右，因此由前置放大电路把该信号放大。声音是通过空气传播的一种连续的波，一般把频率低于 20Hz 的声波称为次声波，频率高于 20kHz 的声波称为超声波，这两类声音人耳是听不到的，人耳可以听到的声音频率在 20Hz ~ 20kHz 之间，称为音频信号。人的发音器官可以发出的声音频率在 80Hz ~ 3.4kHz 之间，但说话的信号频率通常在 300Hz ~ 3kHz 之间。这种频率范围的信号称为语音信号，为了能更好地放大语音信号，需要设计频率范围在 300Hz ~ 3kHz 之间的带通滤波电路。功率放大电路的主要作用是向负载提供功率，要求输出功率尽可能大，转换功率尽可能高，非线性失真尽可能小。通常，可由输入信号、最大不失真输出功率、负载阻抗等，求出总的电压放大倍数（增益）A_u。

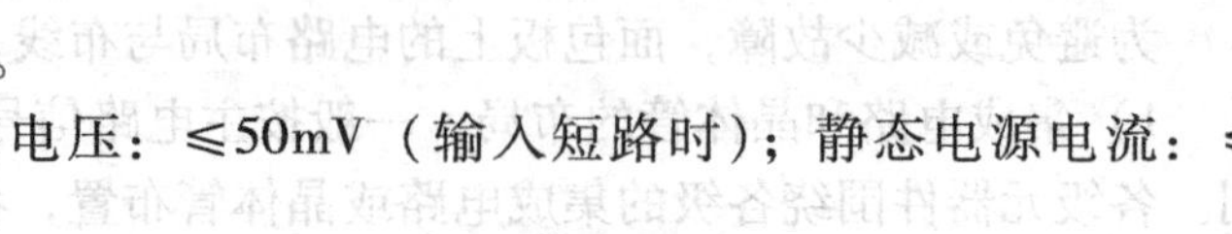

图 2-2-1　语音放大电路的原理框图

2.2.2　经典设计方式

1. 单元电路设计

当语音放大电路的输入信号为5mV，输出最大不失真功率为5W时，考虑到电路损耗的情况，系统的总电压放大倍数可以取900。各级放大电路的放大倍数分配如下：前置放大电路电压放大倍数取11，有源带通滤波电路电压放大倍数取2.5，功率放大电路电压放大倍数取33。

（1）前置放大电路

由于输入信号比较小，如传声器输出信号一般只有5mV左右，而共模噪声可能高到几伏，故放大器输入漂移和噪声以及放大器本身的共模抑制特性都必须考虑，因此前置放大电路应该是一个高输入阻抗、高共模抑制比、低漂移的小信号放大电路。设计方案比较多，本设计采用同相比例运算电路作为前置放大电路，如图2-2-2所示，该电路具有很高的输入阻抗，其电压放大倍数为

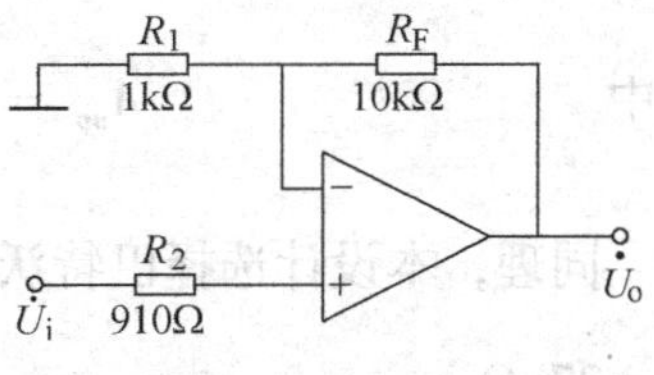

图 2-2-2　前置放大电路

$$A_u = 1 + \frac{R_F}{R_1} = 11$$

所以取 $R_1 = 1k\Omega$，$R_F = 10k\Omega$，$R_2 = 910\Omega$。

（2）有源带通滤波电路

将低通滤波器（LPF）和高通滤波器（HPF）串联起来使用，就可以构成带通滤波器，条件是低通滤波器的截止频率 f_2 大于高通滤波器的截止频率 f_1。

1）二阶有源低通滤波器。二阶有源低通滤波器如图2-2-3所示。

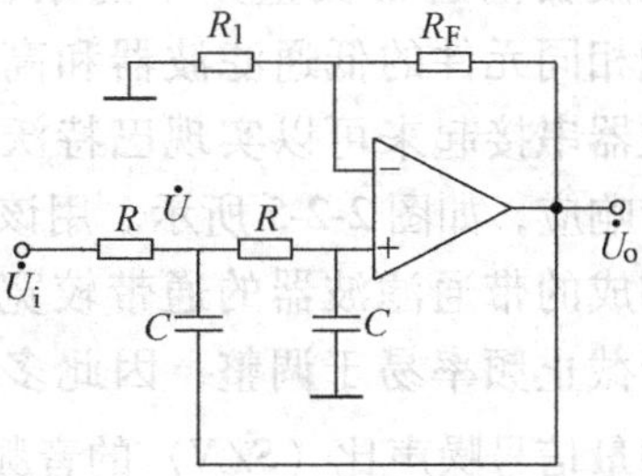

图 2-2-3　二阶有源低通滤波器

电压放大倍数为

$$A_u = \frac{\dot{U}_o}{\dot{U}_i} = \frac{A_{up}}{1 + (3 - A_{up})j\omega RC + (j\omega RC)^2}$$

$$= \frac{A_{up}}{1 - \left(\frac{f}{f_0}\right)^2 + j(3 - A_{up})\frac{f}{f_0}} = \frac{A_{up}}{1 - \left(\frac{f}{f_0}\right)^2 + j\frac{1}{Q}\frac{f}{f_0}} \tag{2-2-1}$$

品质因数
$$Q = \frac{1}{3 - A_{up}} \tag{2-2-2}$$

其中，Q 值按近似特性可有如下分类：$Q = 1/\sqrt{2} \approx 0.71$ 为巴特沃思特性；$Q = 0.96$ 为切比雪夫特性。本设计选择巴特沃思特性，即 $Q = \frac{1}{3 - A_{up}} = 0.71$，得通带放大倍数 $A_{up} = 1.58$。

因为 $A_{up} = 1 + \frac{R_F}{R_1} = 1.58$，所以取 $R_1 = 47k\Omega$，$R_F = 27k\Omega$。

由于 $f_0 = \frac{1}{2\pi RC} = 3000Hz$，如取 $C = 4.7nF$，则 $R = 11k\Omega$。

2）二阶有源高通滤波器。高通滤波器与低通滤波器几乎具有完全的对偶性，把图 2-2-3 中的 R 和 C 的位置互换就构成如图 2-2-4 所示的二阶有源高通滤波器。

二阶高通滤波器的电压放大倍数为

$$\dot{A}_u = \frac{\dot{U}_o}{\dot{U}_i} = \frac{(j\omega RC)^2 A_{up}}{1+(3-A_{up})j\omega RC+(j\omega RC)^2} = \frac{A_{up}}{1-\left(\frac{f_0}{f}\right)^2 - j\frac{1}{Q}\frac{f_0}{f}} \quad (2\text{-}2\text{-}3)$$

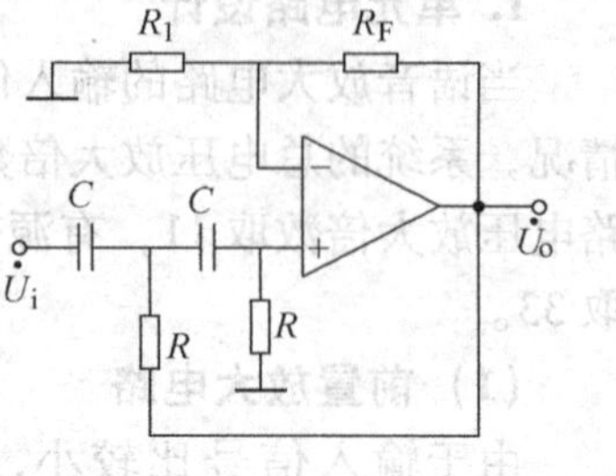

图 2-2-4　二阶有源高通滤波器

式中

$$A_{up} = 1 + \frac{R_F}{R_1} \quad (2\text{-}2\text{-}4)$$

同理，本设计选择巴特沃思特性 $Q = \frac{1}{3-A_{up}} = 0.71$，得 $A_{up} = 1.58$，所以取 $R_1 = 47\text{k}\Omega$，$R_F = 27\text{k}\Omega$。

由于 $f_0 = \frac{1}{2\pi RC} = 300\text{Hz}$，如取 $C = 47\text{nF}$，则 $R = 12\text{k}\Omega$。

3）宽带带通滤波器。在满足低通滤波器的通带截止频率高于高通滤波器的通带截止频率的条件下，把相同元件的低通滤波器和高通滤波器串接起来可以实现巴特沃思通带响应，如图 2-2-5 所示。用该方法构成的带通滤波器的通带较宽，通带截止频率易于调整，因此多用作测量信号噪声比（S/N）的音频带通滤波器。运算放大器采用 LM324。该滤波器能抑制低于 290Hz 和高于 3000Hz 的信号，整个通带增益约为 8dB，即

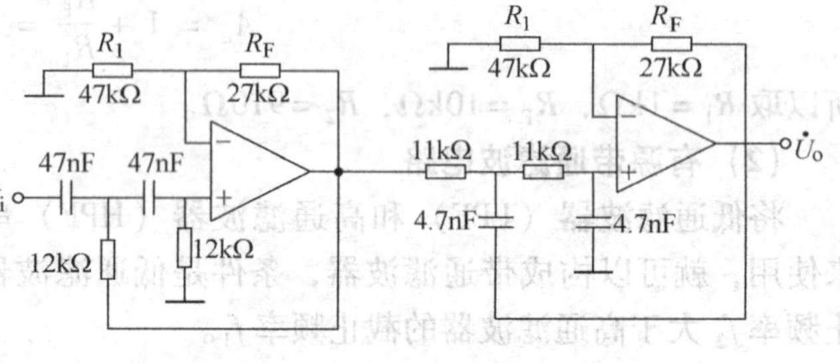

图 2-2-5　宽带带通滤波器

$$20\lg A_{up} = 20\lg(1.58 \times 1.58) \approx 20\lg 2.5 \approx 8\text{dB}$$

（3）功率放大电路

功率放大电路的电路形式很多，有双电源供电的 OCL 互补对称功放电路、单电源供电的 OTL 功放电路、BTL 桥式推挽功放电路和变压器耦合功放电路等。这些电路各有特点，可以根据设计要求和具备的实验条件综合考虑，做出选择。

TDA2030 是一种性能十分优良的功率放大集成电路，其主要特点是上升速率高、瞬态互调失真小。TDA2030 的另一特点是输出功率大，而保护性能比较完善。TDA2030 的输出功率能达 18W，若使用两块电路组成 BTL 电路，输出功率可增至 35W。大功率集成电路由于所用电源电压高、输出电流大，在使用中稍有不慎往往致使损坏，然而在 TDA2030 中，设计了较为完善的保护电路，一旦输出电流过大或管壳过热，集成块能自动的减流或者截止，使自己得到保护。TDA2030 的第三个特点是外围电路简单，使用方便。在现有的各种功率集成电路中，它的引脚属于最少的一类，总共才五端，外形如同塑封大功率管，这就给使用带来方便。

1）单电源供电音频放大电路。由一块 TDA2030 和较少元件组成的单声道音频放大电路如图 2-2-6 所示。该电路的电压放大倍数为

$$A_{up} = 1 + \frac{R_5}{R_4} = 1 + \frac{150}{4.7} \approx 33$$

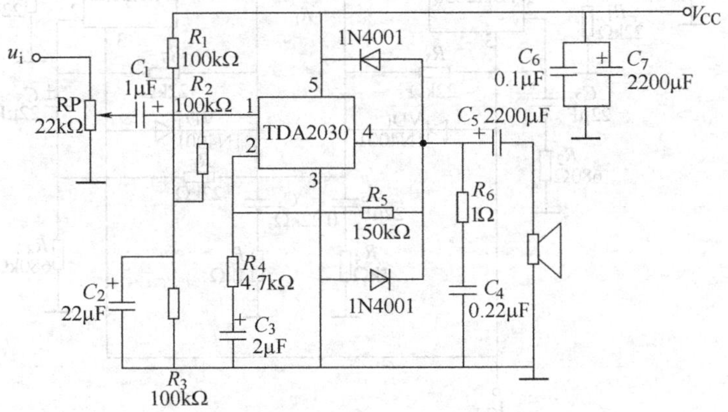

图 2-2-6　单电源供电音频放大电路

2）双电源供电音频放大电路。双电源供电音频放大电路如图 2-2-7 所示。TDA2030 在电源电压 ±14V、负载电阻为 4Ω 时的最大输出功率为 14W（失真度小于等于 0.5%），电压放大倍数为

$$A_{up} = 1 + \frac{R_1}{R_2} = 1 + \frac{22}{0.68} \approx 33$$

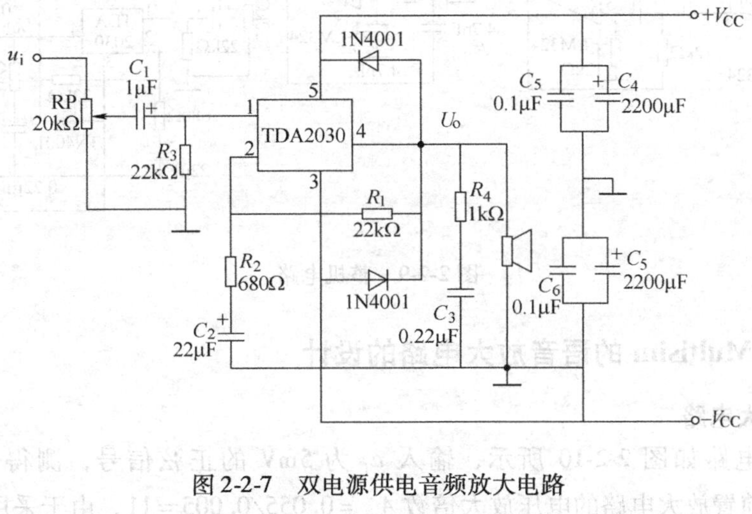

图 2-2-7　双电源供电音频放大电路

3）双电源供电 BTL 音频功率放大电路。双电源供电 BTL 音频功率放大电路如图 2-2-8 所示，BTL 功放电路能把单路功放的输出功率扩展 4 倍，但实际上却受到集成电路本身功耗和最大输出电流的限制，该电路若在 V_{CC} = ±14V 工作时，输出功率是 28W。若在 V_{CC} = ±16V 或 ±18V（TDA2030A）工作时，输出功率会增加。

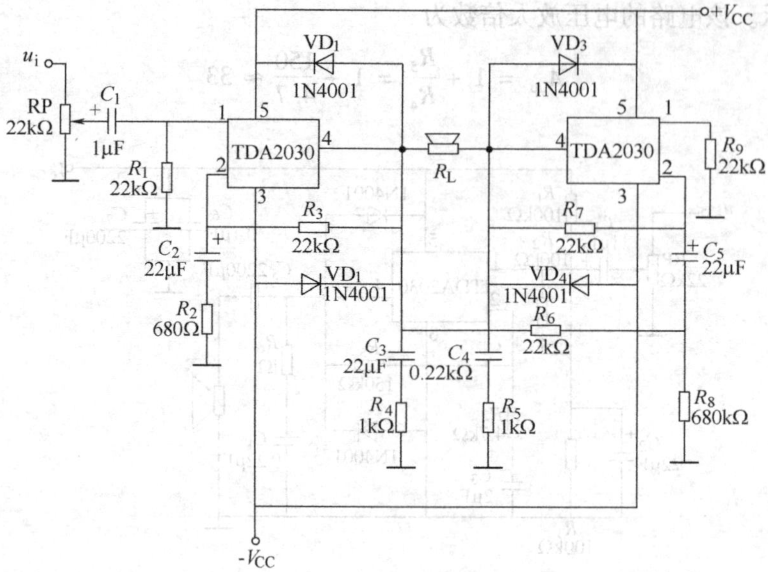

图 2-2-8　双电源供电 BTL 音频功率放大电路

2. 整机电路及仿真

整机电路如图 2-2-9 所示。

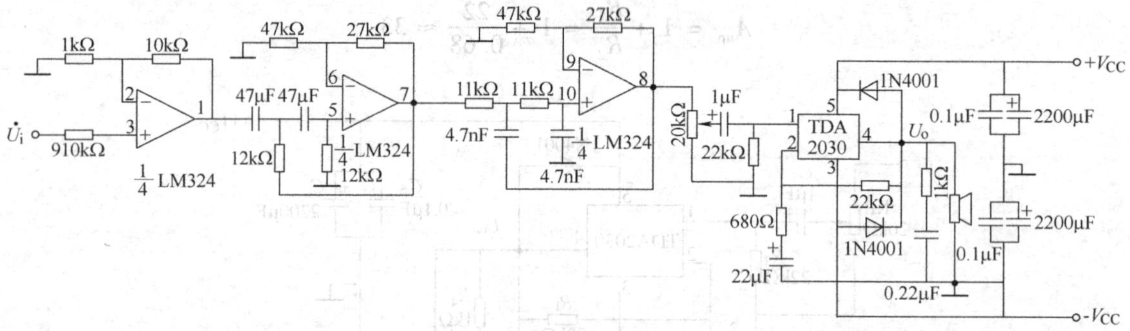

图 2-2-9　整机电路

2.2.3　基于 Multisim 的语音放大电路的设计

1. 前置放大电路

前置放大电路如图 2-2-10 所示，输入 u_i 为 5mV 的正弦信号，测得输出的电压为 0.055V，因此前置放大电路的电压放大倍数 $A_{u1}=0.055/0.005=11$，由于采用同相比例运算放大电路，输入电阻 $R_i >> 100k\Omega$。

2. 有源带通滤波电路

有源带通滤波电路如图 2-2-11 所示，输入 u_i 为 50mV 的正弦信号，测得输出的电压为 123mV，得通带电压放大倍数 $A_{u2}=123/50\approx2.5$，输出与输入的波形如图 2-2-12 所示。

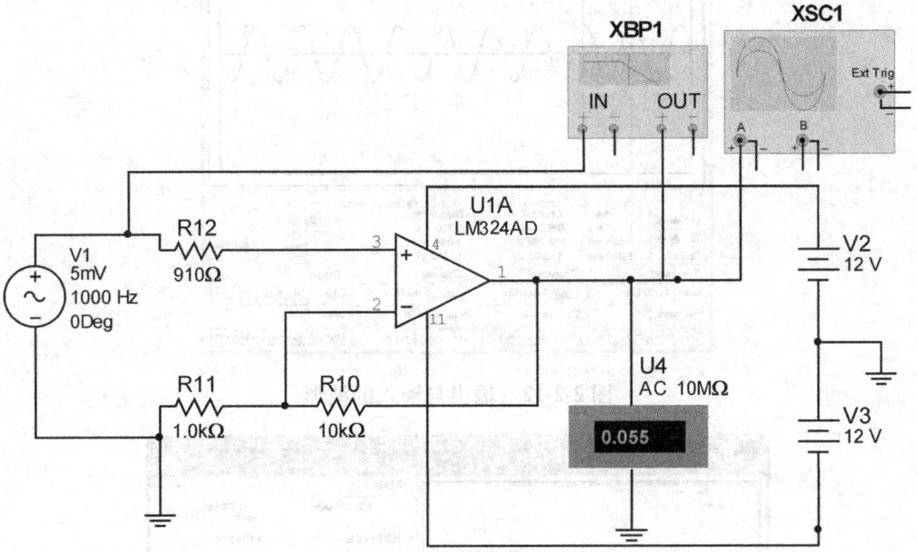

图 2-2-10　前置放大电路

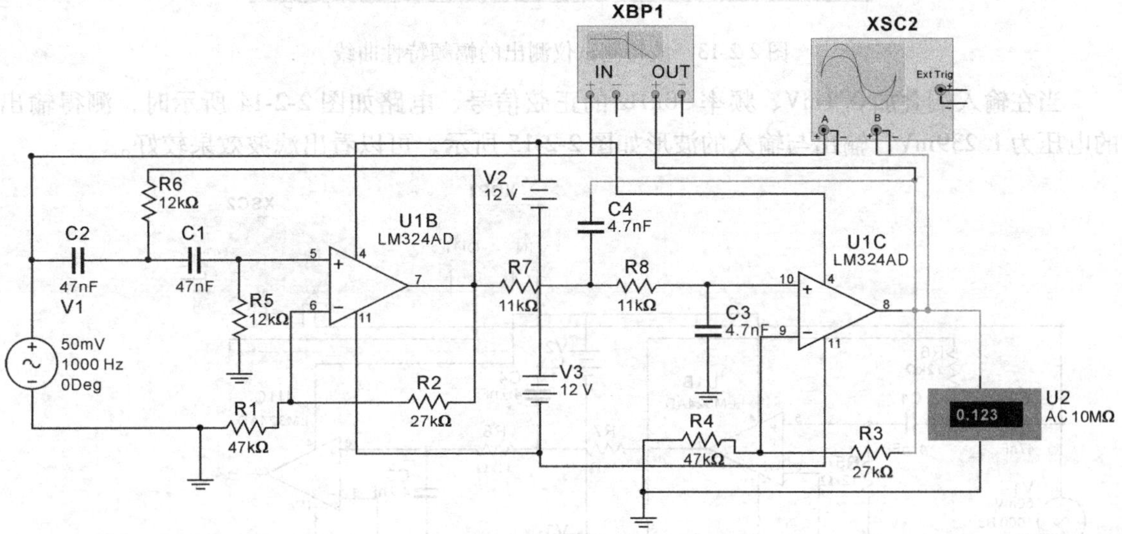

图 2-2-11　有源带通滤波电路

由波特测试仪测出的幅频特性曲线如图 2-2-13 所示，求出带通滤波电路下限截止频率 $f_L = 284\text{Hz}$，$f_H = 3.07\text{kHz}$。

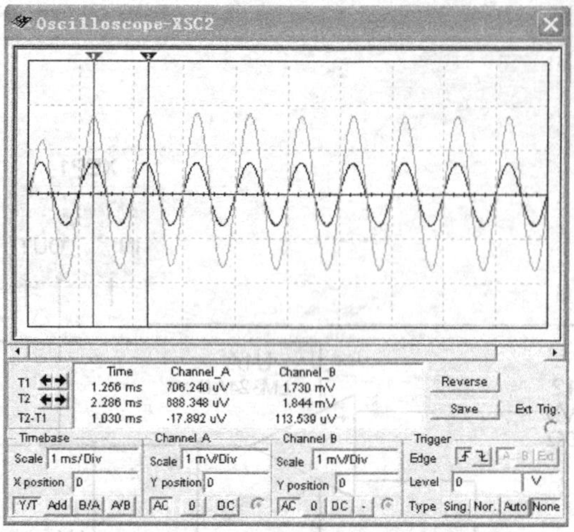

图 2-2-12　输出与输入的波形

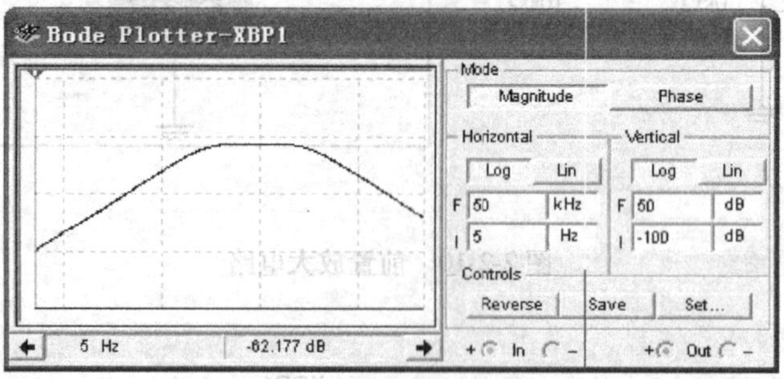

图 2-2-13　波特测试仪测出的幅频特性曲线

当在输入端叠加 0.1mV、频率 30kHz 的正弦信号、电路如图 2-2-14 所示时，测得输出的电压为 1.239mV，输出与输入的波形如图 2-2-15 所示，可以看出滤波效果较好。

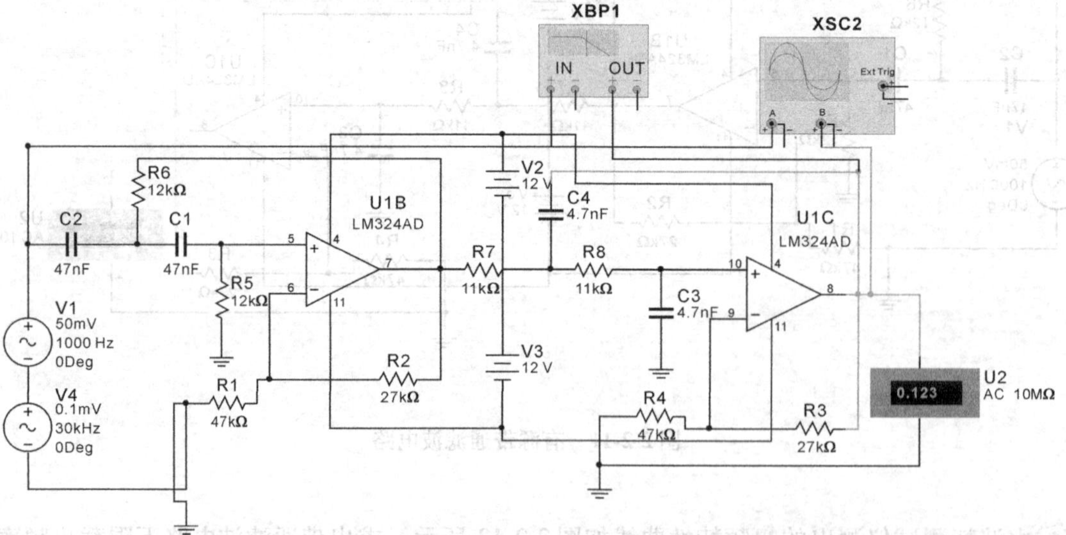

图 2-2-14　输入端叠加 0.1mV、频率 30kHz 的正弦信号

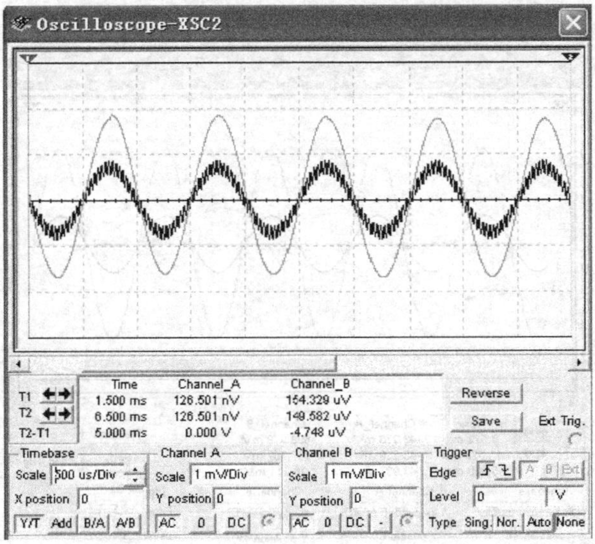

图 2-2-15　输出与输入的波形

3. 功率放大电路

功率放大电路如图 2-2-16 所示，输入 $f = 1000\text{Hz}$ 的正弦信号，并逐渐加大输入电压幅值直至输出电压的波形出现临界失真时，当输入电压是 0.223V 时，输入与输出波形如图 2-2-17 所示。由图可看出输出电压的波形出现了失真。

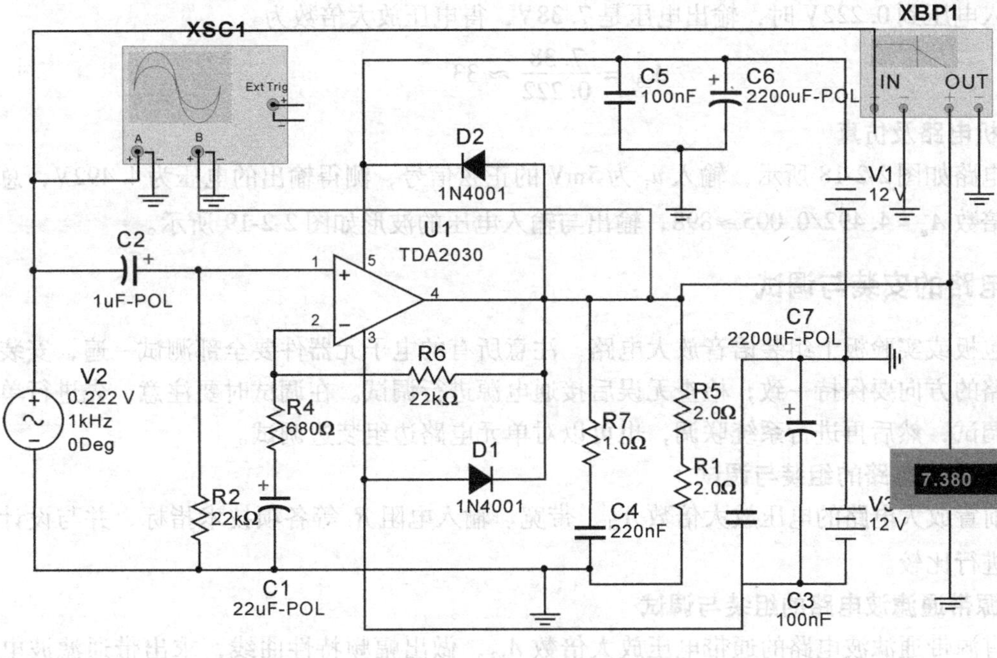

图 2-2-16　功率放大电路

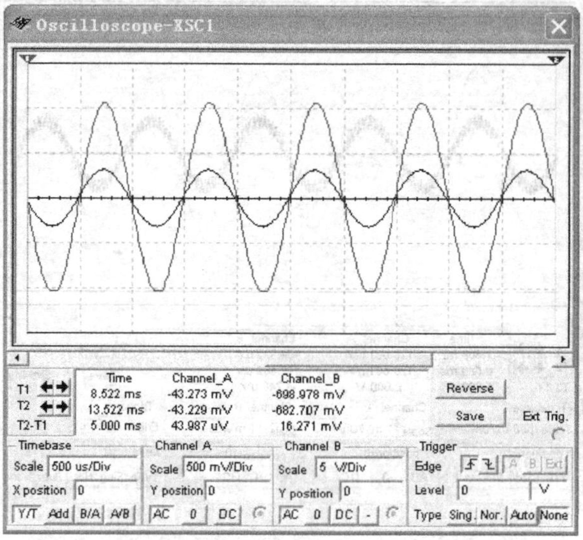

图 2-2-17　输入与输出电压的波形

减小输入电压到 0.222V，输出电压的波形没有出现失真，测量此时 R_L 两端最大输出电压的有效值是 7.38V，则最大不失真输出功率为

$$P_{om} - \frac{U_o^2}{R_L} = \frac{7.38^2}{4}\text{W} = 13.7\text{W}$$

当输入电压到 0.222V 时，输出电压是 7.38V，得电压放大倍数为

$$A_{u3} = \frac{7.38}{0.222} \approx 33$$

4. 整机电路及仿真

整机电路如图 2-2-18 所示，输入 u_i 为 5mV 的正弦信号，测得输出的电压为 4.492V，总电压放大倍数 $A_u = 4.492/0.005 \approx 898$，输出与输入电压的波形如图 2-2-19 所示。

2.2.4　电路的安装与调试

在面包板或实验板上组装语音放大电路，注意所有的电子元器件要全部测试一遍，安装时集成电路的方向要保持一致，检查无误后接通电源进行调试。在调试时要注意，先进行单元电路的调试，然后再进行系统联调，也可以对单元电路边组装边调试。

1. 前置放大电路的组装与调试

测量前置放大电路的电压放大倍数 A_{u1}、带宽、输入电阻 R_i 等各项技术指标，并与设计要求的值进行比较。

2. 有源带通滤波电路的组装与调试

测量有源带通滤波电路的通带电压放大倍数 A_{u2}，做出幅频特性曲线，求出带通滤波电路的带宽。

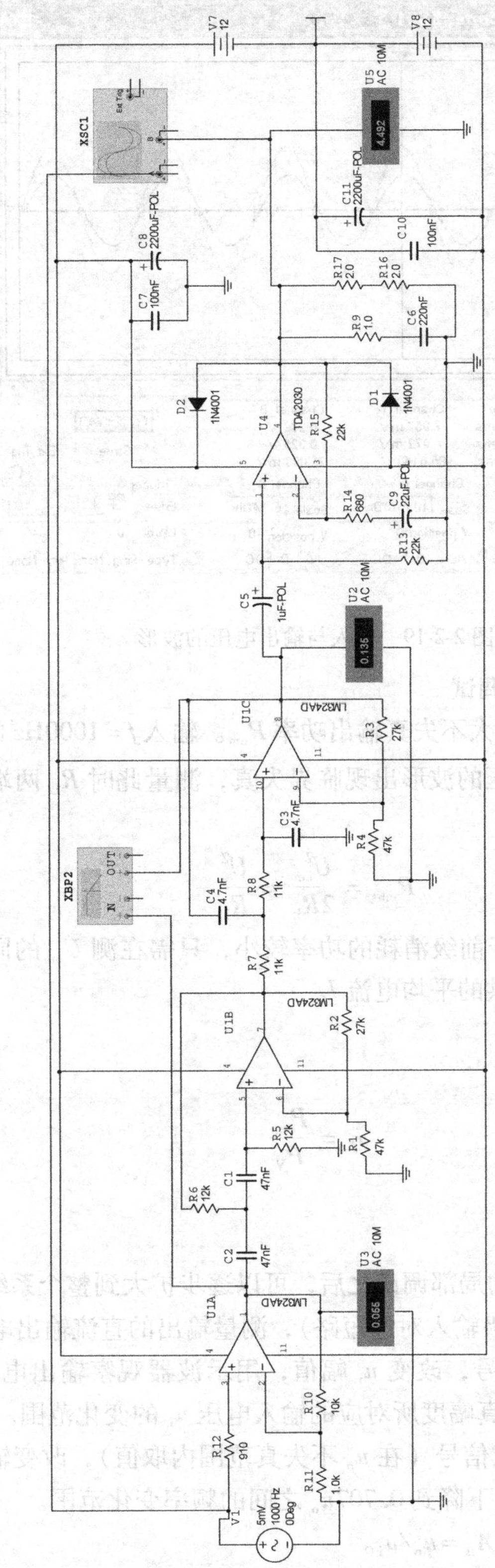
XSC1
XBP2
U1A
U1B
U1C
LM324AD
U4
TDA2030
D1
D2
1N4001
V7
V8
12
U2
U3
U5
AC 10M
0.136
0.066
4.492
V1
5mV
1000 Hz
0Deg

图 2-2-18　整机电路

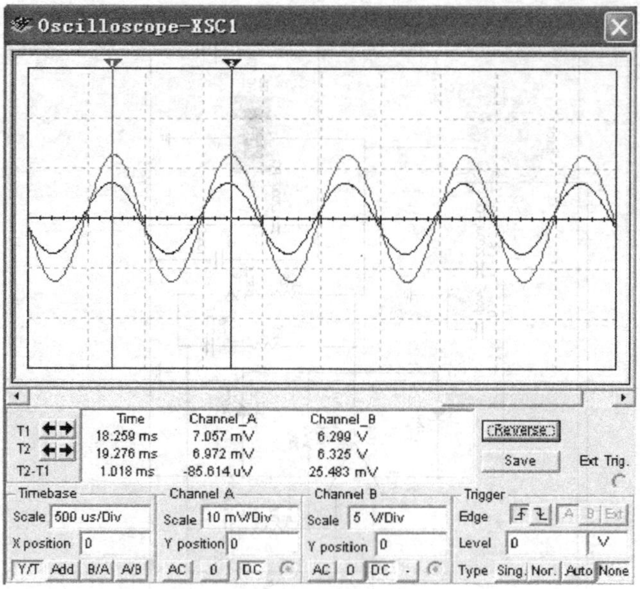

图 2-2-19　输入与输出电压的波形

3. 功率放大电路的组装与调试

1）测量功率放大电路的最大不失真输出功率 P_{om}。输入 $f=1000\text{Hz}$ 的正弦信号，并逐渐加大输入电压幅值直至输出电压的波形出现临界失真，测量此时 R_L 两端输出电压的最大值 U_{om}，则

$$P_{om}=\frac{U_{om}^2}{2R_L}=\frac{U_o^2}{R_L}$$

2）电源供给功率 P_V。由于前级消耗的功率较小，只需在测 U_{om} 的同时在供电回路串一直流电流表，即可测出电源提供的平均电流 I。

电源供给功率 $P_V=IV_{CC}$。

3）计算效率 η

$$\eta=\frac{P_{om}}{P_V}$$

4）计算出电压增益 A_{u3}。

4. 系统联调

经过以上对各级放大电路的局部调试之后，可以逐步扩大到整个系统的联调。联调时：

1）输入信号 $u_i=0$（前置级输入对地短路），测量输出的直流输出电压。

2）输入 $f=1\text{kHz}$ 的正弦信号，改变 u_i 幅值，用示波器观察输出电压 u_o 波形的变化情况，记录输出电压 u_o 最大不失真幅度所对应的输入电压 u_i 的变化范围。

3）输入 u_i 为一定值的正弦信号（在 u_o 不失真范围内取值），改变输入信号的频率，观察 u_o 的幅值变化情况，记录 u_o 下降到 $0.707u_o$ 之间的频率变化范围。

4）计算总的电压放大倍数 $A_u=u_o/u_i$。

5）模拟试听效果，去掉信号源，改接传声器或收音机耳机输出口，用扬声器代替负载电阻，应能听到音质清楚的声音。

2.3　基于 Multisim 的多功能波形发生器的设计

多功能波形发生器是一种能够产生多种波形，如三角波、锯齿波、矩形波（含方波）、正弦波的电路。它作为一种常用的信号源，是现代测试领域应用最为广泛的通用仪器之一。

2.3.1　设计指标及工作原理

1. 设计指标

1）输出波形：正弦波、三角波、方波。

2）采用以集成运算放大器和晶体管为核心进行设计。

3）设计参数—性能指标要求：

①频率范围：1 ~ 10Hz，10 ~ 100Hz，100Hz ~ 1kHz；

②输出电压：方波 $U_{P-P} \leqslant 24V$，三角波 $U_{P-P} \leqslant 8V$，正弦波 $U_{P-P} > 1V$；

③波形特性：方波 $t_r < 60\mu s$（1kHz，最大输出时），三角波失真系数 $\gamma < 2\%$，正弦波失真系数 $\gamma < 5\%$。

2. 多功能波形发生器的工作原理

根据用途不同，有产生三种或多种波形的信号发生器，使用的器件可以是分立器件（如 S101 低频信号函数发生器全部采用晶体管），也可以采用集成电路（如 8038 单片函数发生器）。产生正弦波、方波、三角波的方案有多种，如首先产生正弦波，然后通过整形电路将正弦波变换成方波，再由积分电路将方波变成三角波；也可以首先产生三角波—方波，再将三角波变换成正弦波或将方波变成正弦波等。本设计采用先产生方波—三角波，再将三角波变换成正弦波的电路设计方法。波形发生器的原理框图如图 2-3-1 所示，方波—三角波由比较器与积分器组成，比较器输出方波，将方波积分，就可以得到三角波，三角波变换成正弦波的电路可以采用有源低通滤波器、差分放大电路等。

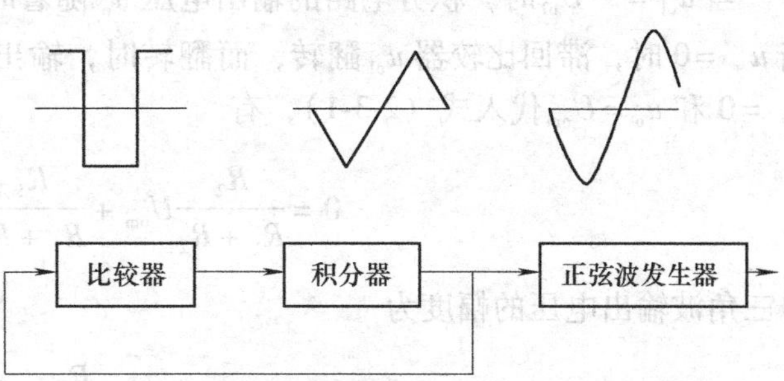

图 2-3-1　波形发生器的原理框图

2.3.2　单元电路设计

1. 方波—三角波发生器

（1）方波—三角波发生器的工作原理

方波—三角波发生器的工作原理如图 2-3-2 所示。图中第一级运算放大器 A_1 构成滞回比较器，第二级运算放大器 A_2 构成积分电路，第二级的输出又反馈到第一级运算放大器的同相输入端。

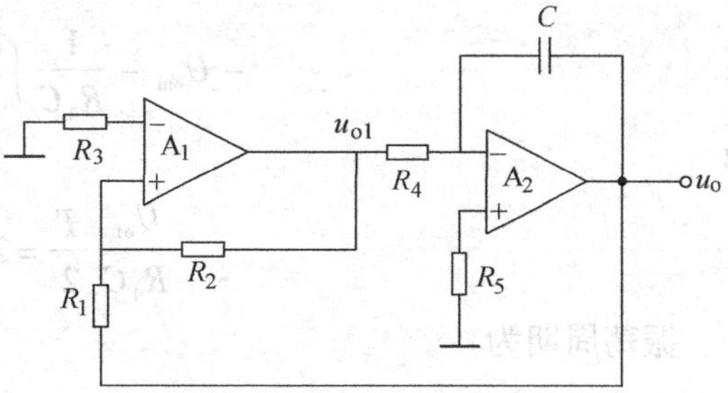

图 2-3-2　方波—三角波发生器的工作原理

图 2-3-2 中，滞回比较器的输出电压为 u_{o1}，积分运算电路的输出电压 u_o 是滞回比较器的输入电压，根据叠加原理，可得出运算放大器 A_1 同相输入端的电位为

$$u_+ = \frac{R_2}{R_1 + R_2}u_o + \frac{R_1}{R_1 + R_2}u_{o1} \tag{2-3-1}$$

因为滞回比较器的输出电压 $u_{o1} = \pm U_{o1}$，假设 $t=0$ 时积分电容的初始电压为零，$u_o=0$，滞回比较器的输出电压 $u_{o1} = +U_{o1}$时

$$u_+ = \frac{R_2}{R_1 + R_2}u_o + \frac{R_1}{R_1 + R_2}U_{o1}$$

经反向积分，输出电压 u_o 将随着时间往负方向线性增长，u_+ 将随之减小，当减小到零时，滞回比较器翻转，输出端 u_{o1} 从 $+U_{o1}$ 翻转为 $-U_{o1}$。

当 $u_{o1} = -U_{o1}$时，积分电路的输出电压 u_o 将随着时间往正方向线性增长，有

$$u_+ = \frac{R_2}{R_1 + R_2}u_o - \frac{R_1}{R_1 + R_2}U_{o1}$$

u_+ 将随之增长，当增长到零时，滞回比较器再次翻转，输出端 u_{o1} 从 $-U_{o1}$ 翻转为 $+U_{o1}$。

以后重复上述过程，u_o 的上升时间和下降时间相等，斜率绝对值也相等，故 u_o 为三角波。

(2) 三角波输出电压的幅度

当 $u_{o1} = -U_{o1}$时，积分电路的输出电压 u_o 随着时间往正方向线性增长，u_+ 将随之增长，当 $u_+=0$ 时，滞回比较器 u_{o1} 翻转，而翻转时，输出 u_o 是三角波的最大值，将 $u_{o1} = -U_{o1}$、$u_+=0$ 和 $u_o = U_{om}$代入式（2-3-1），有

$$0 = \frac{R_2}{R_1 + R_2}U_{om} + \frac{R_1}{R_1 + R_2}(-U_{o1})$$

得三角波输出电压的幅度为

$$U_{om} = \frac{R_1}{R_2}U_{o1} \tag{2-3-2}$$

(3) 频率计算

由图 2-3-2 可知，三角波从 $-U_{om}$ 变化到 $+U_{om}$ 的时间为 $T/2$，这时加在积分器的输入的电压 $u_{o1} = -U_{o1}$，由积分关系式

$$-U_{om} - \frac{1}{R_4 C}\int_0^{\frac{T}{2}}(-U_{o1})\,\mathrm{d}t = U_{om}$$

即

$$\frac{U_{o1}}{R_4 C}\frac{T}{2} = 2U_{om} = 2\frac{R_1}{R_2}U_{o1}$$

振荡周期为

$$T = 4R_4 C\frac{U_{om}}{U_{o1}} = \frac{4R_4 R_1 C}{R_2} \tag{2-3-3}$$

频率为

$$f=\frac{1}{T}=\frac{R_2}{4R_4R_1C} \tag{2-3-4}$$

很显然，三角波的输出幅度只和 R_1、R_2、U_{o1} 有关，而与积分电路参数无关。若要调节输出波形的幅度，可调节反馈网络电阻 R_1、R_2 的比值，振荡周期同时由滞回比较器的反馈网络电阻及积分电路的时间常数及 R_4C 决定。若要调节振荡周期，又不改变输出波形的幅度，可以调节积分器的时间常数。

（4）方波—三角波发生器电路及元件的选择

选择 LM318 高速集成运算放大器，方波—三角波发生器仿真电路如图 2-3-3 所示，用 Rp_2 + R21 代替图 2-3-2 中的 R_2，用 Rp_4 + R41 代替图 2-3-2 中的 R_4。

根据图 2-3-2 所示工作原理，当 $U_{\mathrm{o1m}}=12\mathrm{V}$ 时，$U_{\mathrm{om}}=\dfrac{R_1}{R_2}U_{\mathrm{o1m}}=4$，$\dfrac{R_1}{R_2}=\dfrac{1}{3}$。在图 2-3-3 所示仿真电路中：取 $R_1=10\mathrm{k\Omega}$，$R_{\mathrm{Rp2}}+R_{21}=30\mathrm{k\Omega}$，其中，$R_{21}=20\mathrm{k\Omega}$，$\mathrm{Rp}_2$ 为 50kΩ 的可调电位器。取平衡电阻 $R_3=8.06\mathrm{k\Omega}$。

电位器 Rp_1 调方波—三角波输出的幅度。

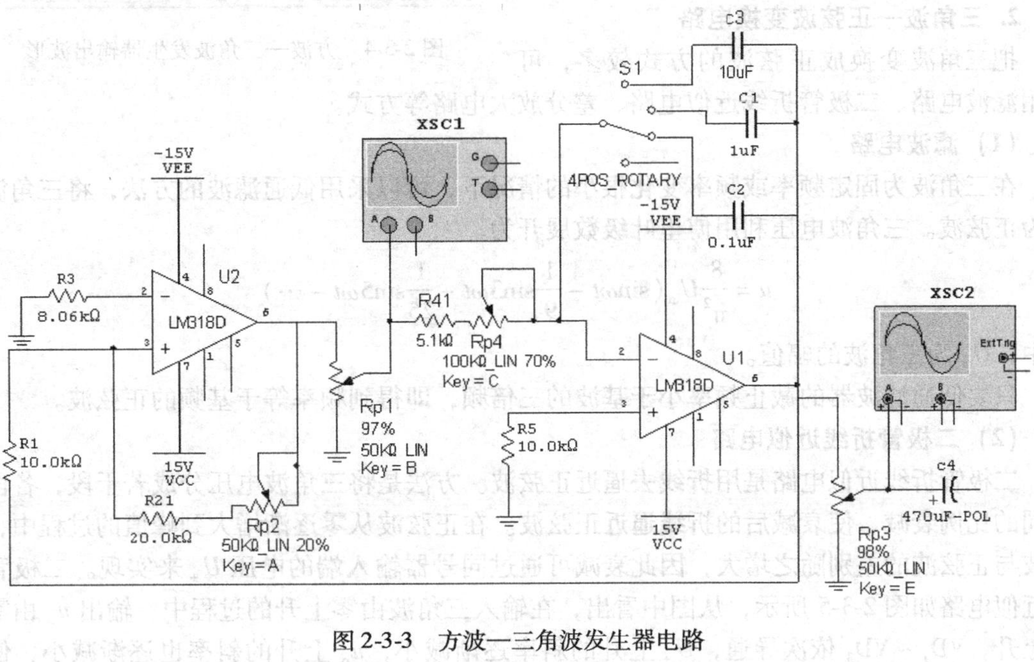

图 2-3-3　方波—三角波发生器电路

根据图 2-3-2，当 $\dfrac{R_1}{R_2}=\dfrac{1}{3}$ 时，$f=\dfrac{1}{T}=\dfrac{R_2}{4R_4R_1C}=\dfrac{3}{4R_4C}$，$R_4=\dfrac{3}{4fC}$。在图 2-3-3 所示仿真电路中：

当 $f=1\sim10\mathrm{Hz}$ 时，取 $C=10\mu\mathrm{F}$，$R_{41}+R_{\mathrm{Rp4}}=\dfrac{3}{4fC}=\dfrac{3}{4(10\sim1)\times10\times10^{-6}}\Omega=7.5\sim75\mathrm{k\Omega}$。

当 $f=10\sim100\mathrm{Hz}$ 时，取 $C=1\mu\mathrm{F}$，$R_{41}+R_{\mathrm{Rp4}}=7.5\sim75\mathrm{k\Omega}$，取值不变。

当 $f=100\mathrm{Hz}\sim1\mathrm{kHz}$ 时，取 $C=0.1\mu\mathrm{F}$，$R_{41}+R_{\mathrm{Rp4}}=7.5\sim75\mathrm{k\Omega}$，取值不变。

因此，取 $R_{41}=5.1\text{k}\Omega$，R_{Rp4} 为 100kΩ 的可调电位器。

当转换开关接到 $C=0.1\mu\text{F}$ 时，调整可调电位器 Rp_4、Rp_2、Rp_3，方波—三角波发生器输出波形如图 2-3-4 所示，方波输出的频率 $f\approx1\text{kHz}$，$U_{\text{P-P}}\approx24\text{V}$，三角波 $U_{\text{P-P}}\approx8\text{V}$，方波 $t_r<<60\mu\text{s}$(1kHz，最大输出时)，三角波失真系数 $\gamma<<2\%$。

当转换开关打到 $C=1\mu\text{F}$ 时，调整可调电位器 $R_{\text{Rp2}}=10\text{k}\Omega$，$R_{\text{Rp2}}+R_{21}=30\text{k}\Omega$，调整电位器 Rp_1 使方波输出 $U_{\text{P-P}}\approx24\text{V}$，当调整可调电位器 Rp_4 使 $R_{41}+R_{\text{Rp4}}=7.5\sim75\text{k}\Omega$，输出频率的范围为 $f=10\sim100\text{Hz}$，三角波 $U_{\text{P-P}}\approx8\text{V}$。当 $f=100\text{Hz}$ 时，方波 $t_r<<60\mu\text{s}$。

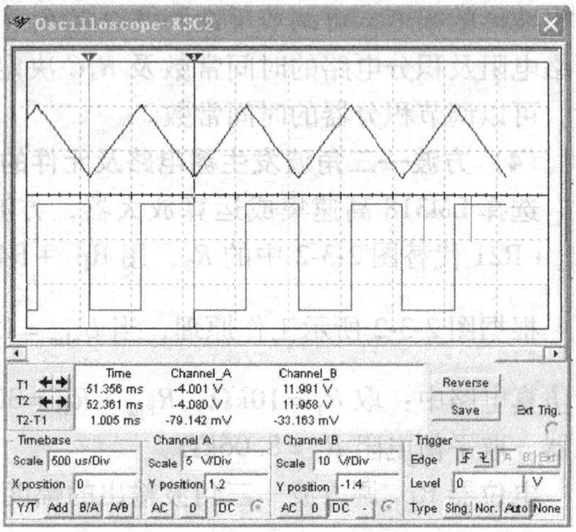

图 2-3-4　方波—三角波发生器输出波形

当转换开关打到 $C=10\mu\text{F}$ 时，调整可调电位器 $R_{\text{Rp2}}=10\text{k}\Omega$，$R_{\text{Rp2}}+R_{21}=30\text{k}\Omega$，调整电位器 Rp_1 使方波输出 $U_{\text{P-P}}\approx24\text{V}$，当调整可调电位器 Rp_4 使 $R_{41}+R_{\text{Rp4}}=7.5\sim75\text{k}\Omega$，输出频率的范围为 $f=1\sim10\text{Hz}$，三角波 $U_{\text{P-P}}\approx8\text{V}$。

2. 三角波—正弦波变换电路

把三角波变换成正弦波的方式较多，可以用滤波电路、二极管折线近似电路、差分放大电路等方式。

(1) 滤波电路

在三角波为固定频率或频率变化很小的情况下，可以采用低通滤波的方法，将三角波变化为正弦波。三角波电压利用傅里叶级数展开为

$$u=\frac{8}{\pi^2}U_{\text{m}}\left(\sin\omega t-\frac{1}{9}\sin3\omega t-\frac{1}{25}\sin5\omega t-\cdots\right)$$

式中，U_{m} 为三角波的幅值。

只要低通滤波器的截止频率小于基波的三倍频，即得到频率等于基频的正弦波。

(2) 二极管折线近似电路

二极管折线近似电路是用折线去逼近正弦波。方法是将三角波电压分成若干段，各段按不同的比例衰减，使衰减后的折线逼近正弦波。在正弦波从零逐渐增大到峰值的过程中，三角波与正弦波的差别随之增大，因此衰减可通过同号器输入端的电压 U_+ 来实现。二极管折线近似电路如图 2-3-5 所示，从图中看出，在输入三角波由零上升的过程中，输出 u_o 由零开始上升，$\text{VD}_1\sim\text{VD}_3$ 依次导通，U_+ 上升的斜率逐渐减小，u_o 上升的斜率也逐渐减小，使其逼近正弦波。在输入三角波由零下降的过程中，输出 u_o 也由零开始下降，$\text{VD}_1\sim\text{VD}_3$ 依次截止，u_o 下降的斜率逐渐增加，使其逼近正弦波，完成三角波转换为正弦波的正半周电压的转换。同理，在输入三角波负半周，由零下降的过程中，VD_4，VD_5，VD_6 依次导通，电路具有同上面相同的功能。图 2-3-5b 所示为输入 u_i 和输出 u_o 的仿真波形。

(3) 差分放大电路

差分放大器具有工作点稳定、输入阻抗高、抗干扰能力较强等优点，特别是作为直流放大器，可以有效地抑制零点漂移。利用差分放大器传输特性曲线的非线性，可将三角波变换成正弦波。波形变换过程如图 2-3-6 所示。

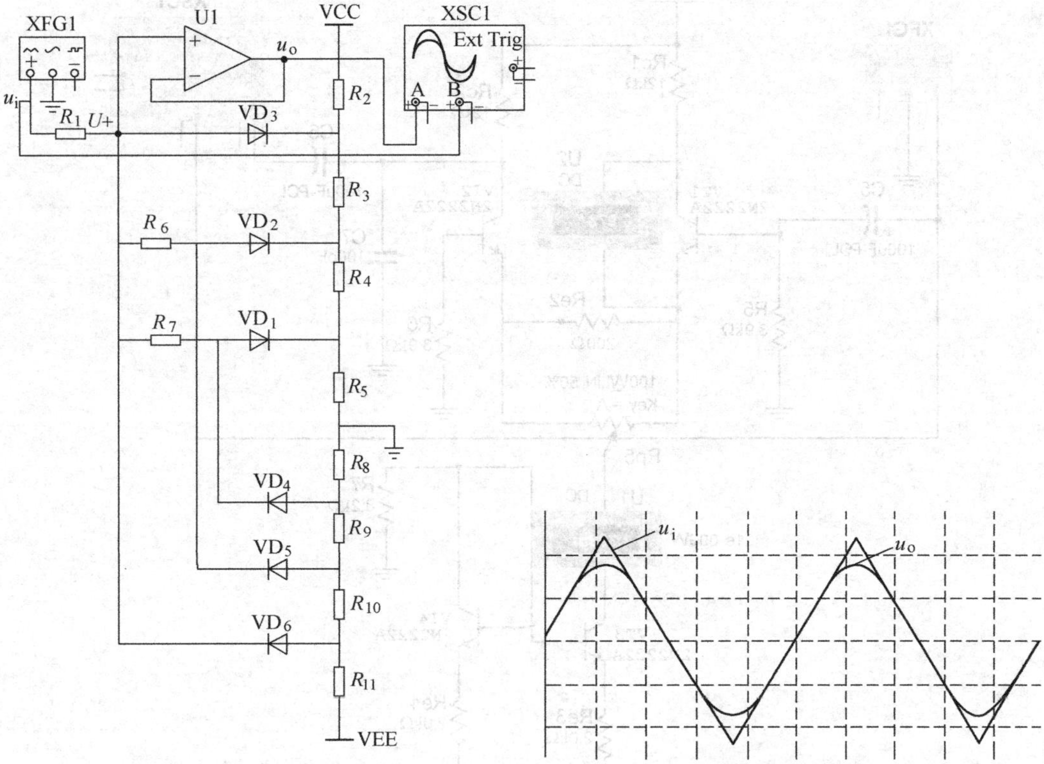

a) 二极管折线近似电路　　　　b) 仿真波形

图 2-3-5　二极管折线近似电路

三角波—正弦波变换的电路如图 2-3-7 所示，电容 C_5、C_6 为隔直电容，C_7 为滤波电容，以滤除谐波分量，改善输出波形。首先调整电阻 R_7，调整电路的静态工作点，当 R_7 = 8.2kΩ 时，晶体管 VT_3 的集电极电流为 1.398mA，晶体管 VT_1 的集射极电压为 6.97V。如静态值不合适，输出波形可能出现顶部或底部失真。

输入电压是三角波，如果三角波 U_{P-P} 太小，输出的是三角波，如果三角波 U_{P-P} 太大，输出的波形出现顶部或底部失真，当 U_{p-p} = 135mV、频率为 1kHz 时，输入与输出波形如图 2-3-8 所示。

为使输出波形接近正弦波，传输特性曲线越对称，线性区越窄越好，同时三角波的幅度 U_m 应正好使晶体管接近饱和区或截止区。R_{e2} = 200Ω 与 Rp_5 相并联，且 R_{Rp5} = 200Ω，以减小差分放大器的线性区。

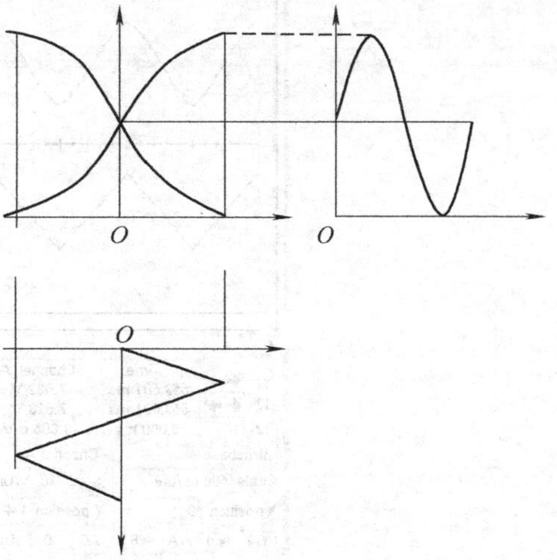

图 2-3-6　波形变换过程

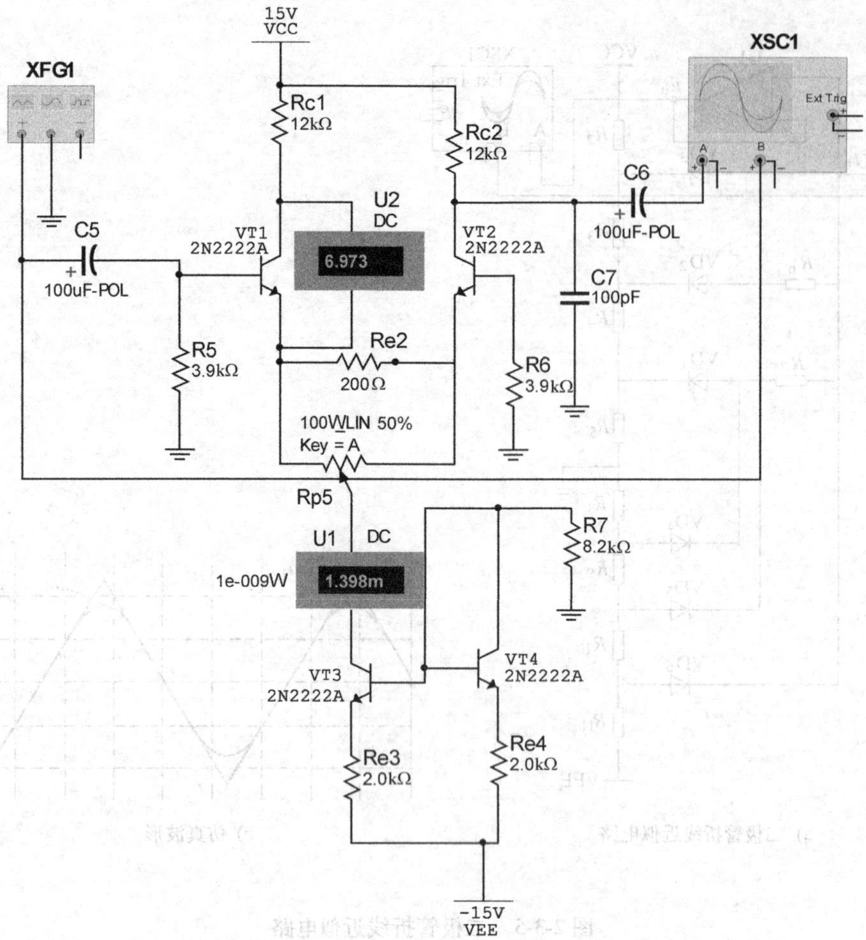

图 2-3-7　三角波—正弦波变换电路

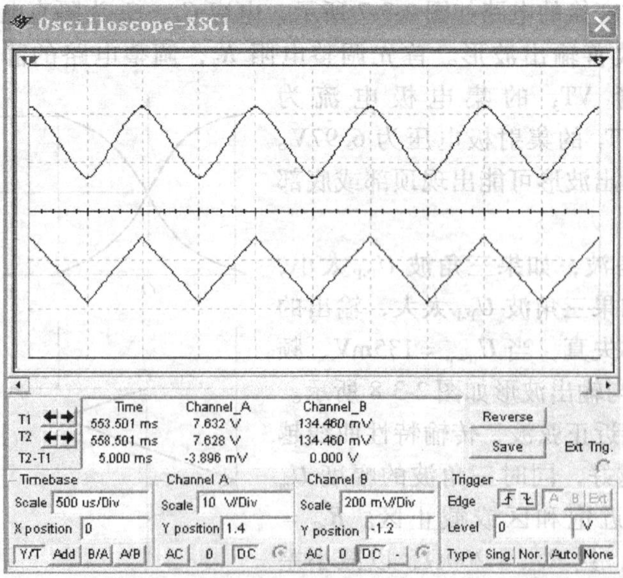

图 2-3-8　输入与输出波形

2.3.3　整机电路及仿真

整机电路如图 2-3-9 所示，通过调整电路中的几个可调电位器，得出方波—三角波—正弦波的波形如图 2-3-10 所示。通过仿真的数据证明，该电路已远远超过了设计所要求的各项性能指标。

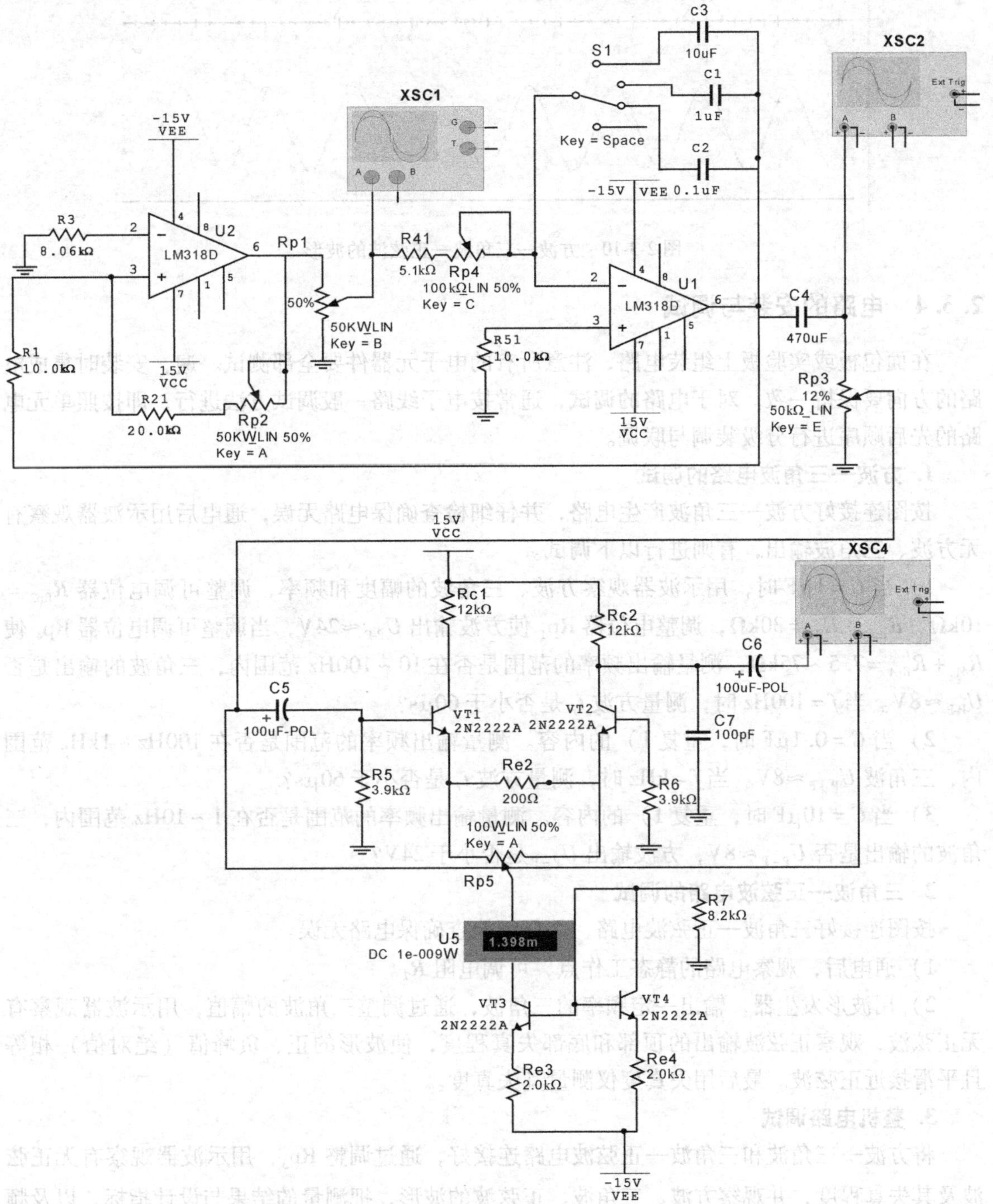

图 2-3-9　整机电路

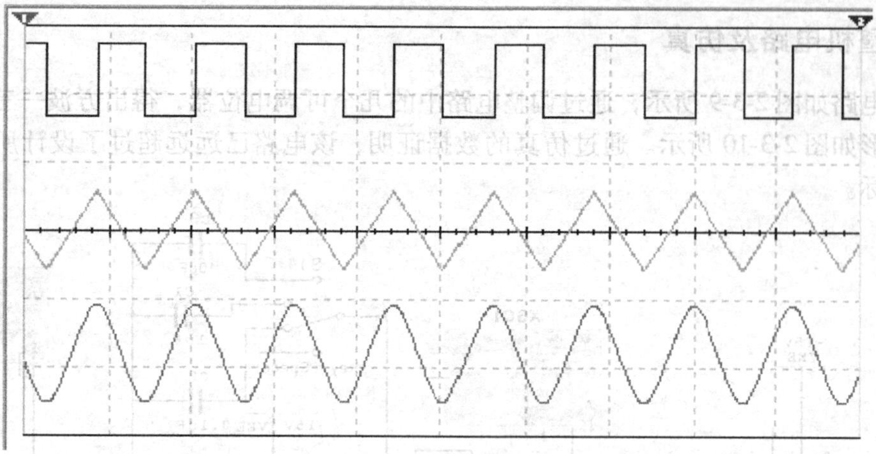

图 2-3-10　方波—三角波—正弦波的波形

2.3.4　电路的安装与调试

在面包板或实验板上组装电路，注意所有的电子元器件要全部测试一遍，安装时集成电路的方向要保持一致。对于电路的调试，通常按电子线路一般调试方法进行，即按照单元电路的先后顺序进行分级装调与联调。

1. 方波—三角波电路的调试

按图连接好方波—三角波产生电路，并仔细检查确保电路无误，通电后用示波器观察有无方波、三角波输出，有则进行以下调试。

1）当 $C=1\mu F$ 时，用示波器观察方波、三角波的幅度和频率，调整可调电位器 $R_{Rp2}=10k\Omega$，$R_{Rp2}+R_{21}=30k\Omega$，调整电位器 Rp_1 使方波输出 $U_{P-P}\approx 24V$，当调整可调电位器 Rp_4 使 $R_{41}+R_{Rp4}=7.5\sim 75k\Omega$，测量输出频率的范围是否在 10 ~ 100Hz 范围内，三角波的输出是否 $U_{P-P}\approx 8V$。当 $f=100Hz$ 时，测量方波 t_r 是否小于 $60\mu s$？

2）当 $C=0.1\mu F$ 时，重复 1）的内容。测量输出频率的范围是否在 100Hz ~ 1kHz 范围内，三角波 $U_{P-P}\approx 8V$。当 $f=kHz$ 时，测量方波 t_r 是否小于 $60\mu s$？

3）当 $C=10\mu F$ 时，重复 1）的内容。测量输出频率的范围是否在 1 ~ 10Hz 范围内，三角波的输出是否 $U_{P-P}\approx 8V$，方波输出 U_{P-P} 是否小于 24V？

2. 三角波—正弦波电路的调试

按图连接好三角波—正弦波电路，并仔细检查确保电路无误。

1）通电后，观察电路的静态工作点，可调电阻 R_7。

2）用波形发生器，输出一定频率的三角波，通过调整三角波的幅值，用示波器观察有无正弦波，观察正弦波输出的顶部和底部失真程度，使波形的正、负峰值（绝对值）相等且平滑接近正弦波。最后用失真度仪测量其失真度。

3. 整机电路调试

将方波—三角波和三角波—正弦波电路连接好，通过调整 Rp_3，用示波器观察有无正弦波及其失真程度，并观察方波、三角波、正弦波的波形，把测量的结果与设计指标，以及频率范围、输出电压、波形特性逐一对比，找出问题及解决办法。

2.4　模拟显示万用表测量电路的设计

万用表是一种多功能、多量程的测量仪表，它可以用来测量电阻以及交、直流电压和电流等。

2.4.1　设计指标及工作原理

1. 设计指标

1）可多挡测量交、直流电压、电流以及电阻值。其中，直流电压测量范围为 0 ~ 10V；交流电压测量范围为 0 ~ 20V；直流电流测量范围为 0 ~ 1mA；交流电流测量范围为 0 ~ 10mA；欧姆表测量范围为 0 ~ 100kΩ。

2）电压表内阻大于 1MΩ；电流表内阻小于 1Ω。

2. 模拟显示万用表测量电路的工作原理

常见的模拟显示表头是磁电式电流表，其特点是灵敏度高、准确度高、稳定性高，但其内阻却较低，不满足测量微小电流、电压时高内阻的要求。而集成运算放大器的特点是输入电阻大，因此结合两者可得到性能优良的测量仪表。电路的原理框图如图 2-4-1 所示，各测量电路共用集成运算放大器，用切换开关选择测量模式，这样可简化电路，减少元器件。

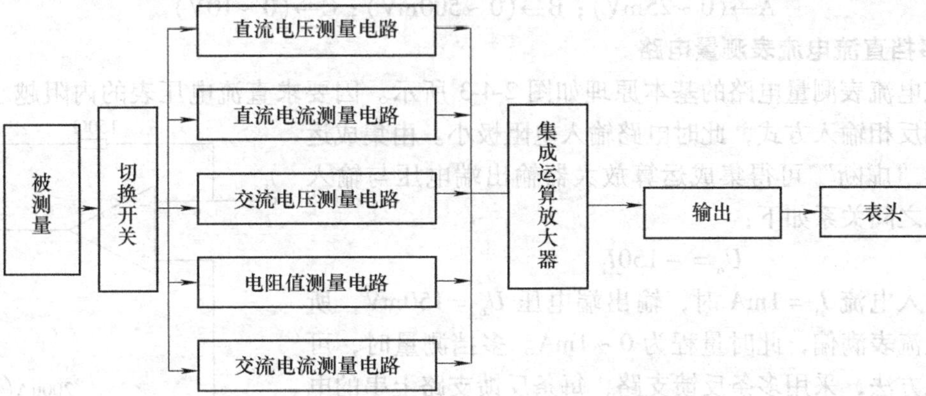

图 2-4-1　模拟显示万用表测量电路的原理框图

2.4.2　单元电路设计

1. 多挡直流电压表测量电路

直流电压表测量电路的基本原理如图 2-4-2 所示，将被测信号接在集成运算放大器的同

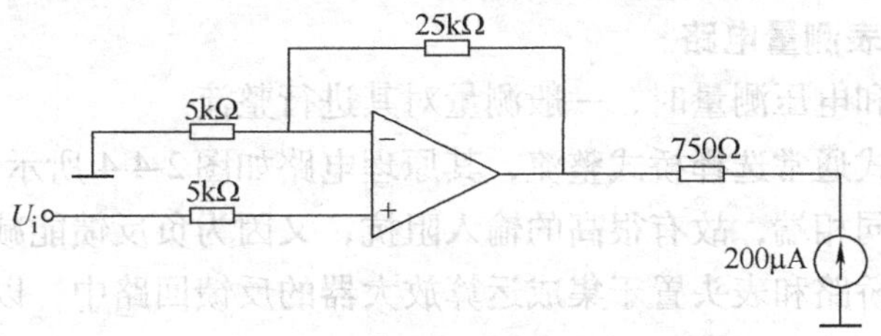

图 2-4-2　直流电压表测量电路的基本原理

相输入端、电流表接在集成运算放大器输出端时，构成同相输入式电压表。之所以不选择反相输入式是因为其输入电阻太小，需要从信号源吸取较大电流。

假定本例中模拟电流表满量程为200μA，内阻750Ω（即对应满量程输出为150mV）。因此当输入端电压为

$$U_o = \left(1 + \frac{25}{5}\right)U_i = 6U_i$$

$$I_o = \frac{U_o}{750} = 200 \times 10^{-3}\text{mA}$$

得 U_i 为

$$U_i = \frac{750 \times 200}{6}\text{mV} = 25\text{mV}$$

即 U_i 的输入范围在0～25mV，当 $U_i = 25\text{mV}$ 时，电流表满偏。

当需要多挡测量直流电压时，可采用多条输入回路，每条输入回路中所串电阻不同，则输入的被测电压能够让输出端连接的模拟电流表满偏时对应的值也不同，这样就实现了针对不同输入电压的分挡。图2-4-7中整机电路里三个直流电压挡位分别对应如下：

A→(0～25mV)；B→(0～500mV)；C→(0～10V)

2. 多挡直流电流表测量电路

直流电流表测量电路的基本原理如图2-4-3所示。因要求直流电压表的内阻越小越好，所以采用反相输入方式，此时电路输入电阻极小。由集成运算放大器“虚断”可得集成运算放大器输出端电压与输入被测电流之间关系如下：

$$U_o = -150I_i$$

当输入电流 $I_i = 1\text{mA}$ 时，输出端电压 $U_o = 150\text{mV}$，所接模拟电流表满偏，此时量程为0～1mA。多挡测量时，可使用类似方法，采用多条反馈支路，每条反馈支路上串的电阻不同，则输入的被测电流能够让输出端连接的模拟电流表满偏时对应的值也不同，这样就实现了针对不同输入电流的分挡。图2-4-7中整机电路里三个直流电流挡位分别对应如下：

D→(0～1mA)；E→(0～10μA)；F→(0～100nA)

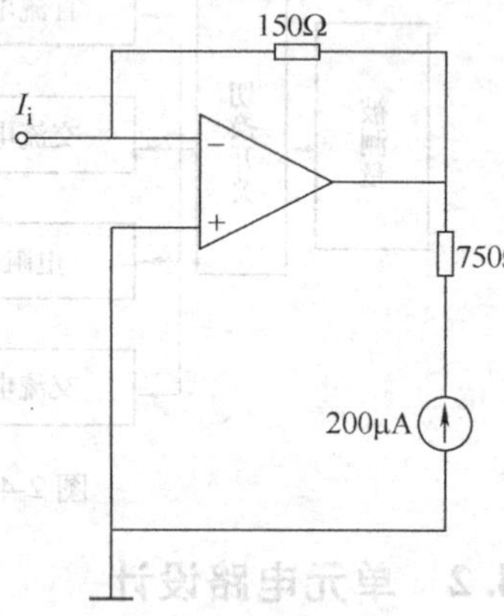

图2-4-3　直流电流表测量电路的基本原理

3. 多挡交流电压表测量电路

在进行交流电流和电压测量时，一般测量对其进行整流后的直流量。整流方式通常选择桥式整流，其原理电路如图2-4-4所示。被测交流电压 U_i 加到集成运算放大器的同相端，故有很高的输入阻抗，又因为负反馈能减小反馈回路中的非线性影响，故把二极管桥路和表头置于集成运算放大器的反馈回路中，以减小二极管本身非线性的影响。

图2-4-4中表头的平均电流 I_o 与被测电压 U_i 的关系为

$$I_o = 0.9\frac{U_i}{R}$$

由“虚短”及“虚断”可知，输入电流全部流过桥路，其值仅与 U_i/R 有关，所以当忽略二极管阻抗时（二极管阻抗远小于表头内阻 750Ω），即得到平均电流 I_o 的表达式。

多挡交流输入时参照多挡直流电压表测量电路的设计，不再赘述。图 2-4-7 所示整机电路里三个交流电压挡位分别对应如下：

A→0 ~ 50mV；B→0 ~ 1V；C→0 ~ 20V

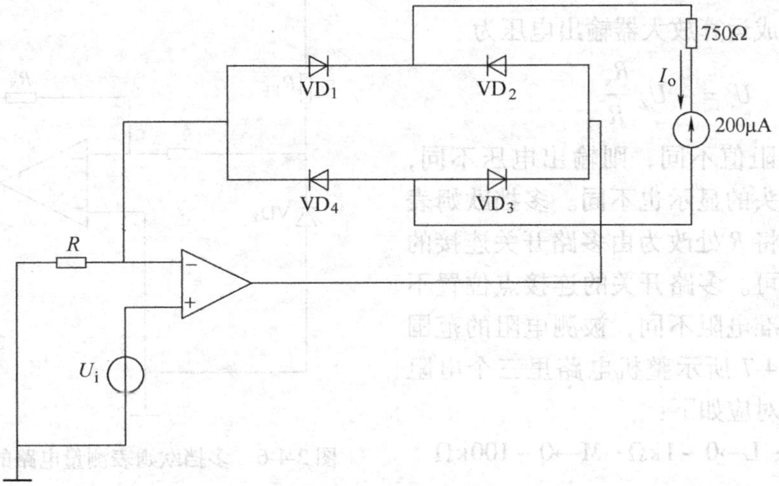

图 2-4-4　交流电压表测量电路的基本原理

4. 多挡交流电流表测量电路

多挡交流电流表测量电路的设计，只需在图 2-4-4 所示的电路中增加多挡电流电压转换电路即可，电路如图 2-4-5 所示。

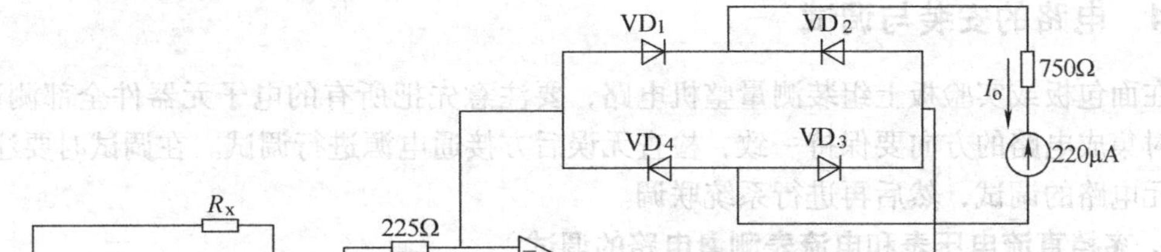

图 2-4-5　交流电流表测量电路的基本原理

流过电流表表头的电流 I 与输入被测电流 I_i 的关系如下：

$$I = 0.9\frac{I_i R_x}{225}$$

式中，R_x 为多挡电流电压转换电路的转换电阻。

图 2-4-7 所示整机电路里三个交流电流挡位分别对应如下：

H→(0～10mA)；I→(0～100μA)；J→(0～1μA)

5. 多挡欧姆表测量电路

多挡欧姆表测量电路的基本原理如图 2-4-6 所示，被测电阻为 R_x、基准电压为 U_Z、基准电阻为 R。

显然，集成运算放大器输出电压为

$$U_o = -U_Z\frac{R_x}{R}$$

被测电阻阻值不同，则输出电压不同，模拟电流表表头的显示也不同。多挡欧姆表测量电路只需将 R 处改为由多路开关连接的多支路形式即可。多路开关的连接点位置不同时，选择基准电阻不同，被测电阻的范围也不同。图 2-4-7 所示整机电路里三个电阻阻值挡位分别对应如下：

K→0～10Ω；L→0～1kΩ；M→0～100kΩ

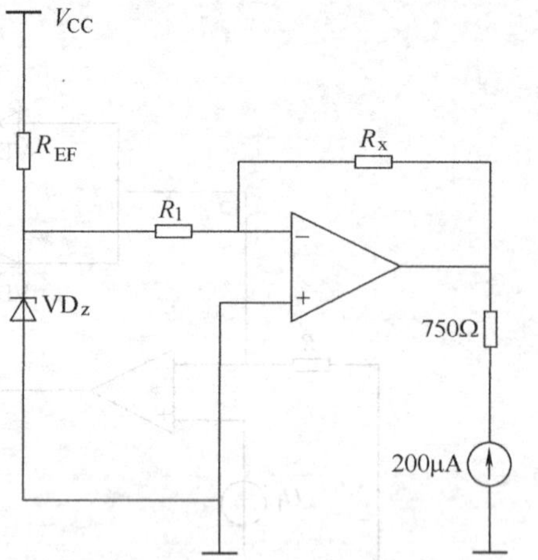

图 2-4-6　多挡欧姆表测量电路的基本原理

2.4.3　整机电路及仿真

整机电路如图 2-4-7 所示，可在仿真软件 Multisim 中对其进行测试。测试可采用在输入量程最大的条件下，输出能否达到满偏的方式进行。仿真结果表明，各挡位输入最大时，对应输出皆能使表头指针满偏。

2.4.4　电路的安装与调试

在面包板或实验板上组装测量整机电路，要注意先把所有的电子元器件全部测试一遍，安装时集成电路的方向要保持一致，检查无误后方接通电源进行调试。在调试时要注意先进行单元电路的调试，然后再进行系统联调。

1. 多挡直流电压表和电流表测量电路的调试

开关分别位于 A、B、C 处时，分别输入 25mV、500mV、10V，看表头指针是否满偏。实际调试时，可先不接表头，以免损坏表头，而对输出电压进行测量，看是否达到能使表头指针满偏的电压值。还应特别注意输入信号大小不可高于测量挡位上限，以免损坏表头。直流电流表测量电路调试方法同上。

2. 多挡交流电压表和电流表测量电路的调试

此处应特别注意检查整流桥中二极管的连接是否正确，接错会导致整流二极管的损坏。同样应先对输出电压进行测量，没有问题方可接表头进行调试。

3. 多挡欧姆表测量电路的调试

应先对基准电压电路的输出电压进行测量，此基准电压不准确时，测量电路的输出就不准确了。当开关分别位于 K、L、M 处时，分别接被测阻值为 10Ω、1kΩ、100kΩ 的电阻，对输出电压进行测量，看是否达到能使表头指针满偏的电压值。

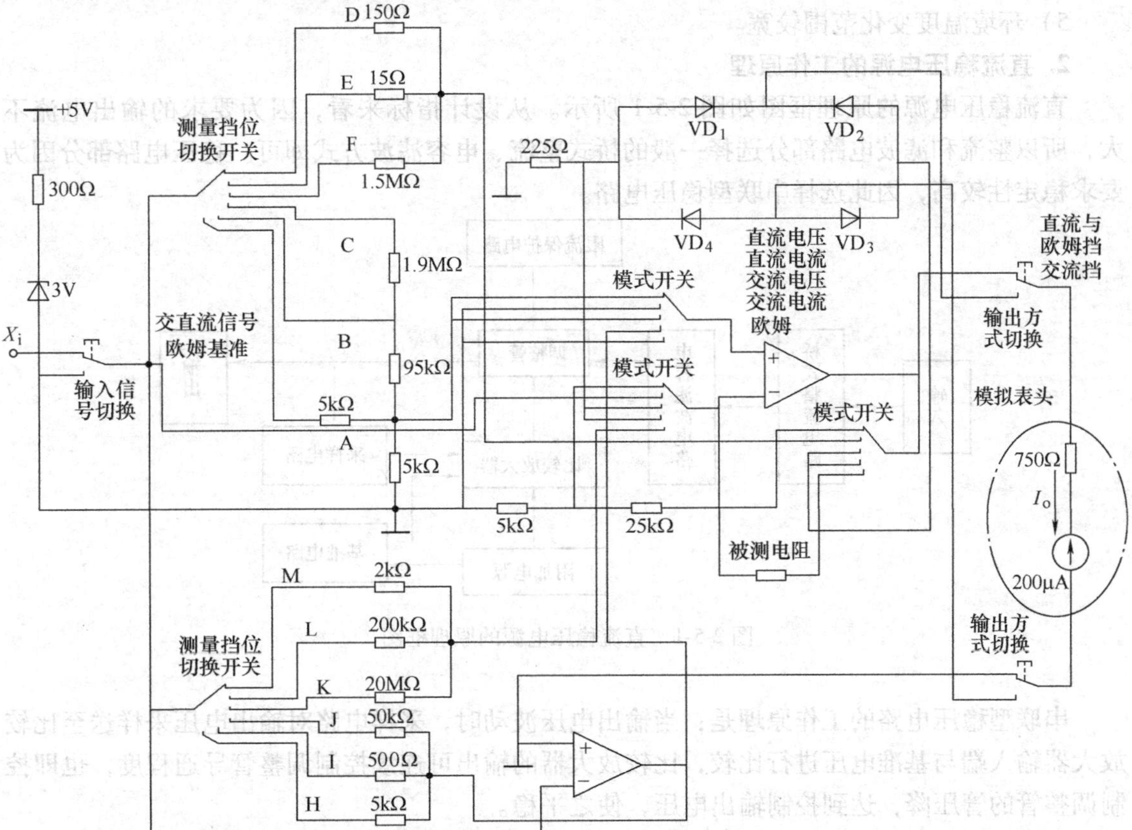

图 2-4-7　整机电路

4. 整机电路的调试

以上几部分电路均无问题后，可进行整机电路调试，特别注意输入信号的种类与大小应与对应开关的挡位位置匹配，否则可能会造成元器件的损坏。

2.5　直流稳压电源的设计

电子设备一般都需要直流电源供电，获得直流电源的方法很多，如干电池、蓄电池等，但比较常用的方法是把频率为 50Hz、有效值为 220V 的交流电压变换为幅值稳定的直流电压。

2.5.1　设计指标及工作原理

1. 设计指标

1）输出电压 $U_o = 10V$。

2）最大输出电流 $I_o = 100mA$。

3）稳压系数 $S_r<0.5\%$。

4）过电流保护 $I_o=150\text{mA}$。

5）环境温度变化范围较宽。

2. 直流稳压电源的工作原理

直流稳压电源的原理框图如图 2-5-1 所示。从设计指标来看，因为要求的输出电流不大，所以整流和滤波电路部分选择一般的桥式整流、电容滤波方式即可。稳压电路部分因为要求稳定性较高，因此选择串联型稳压电路。

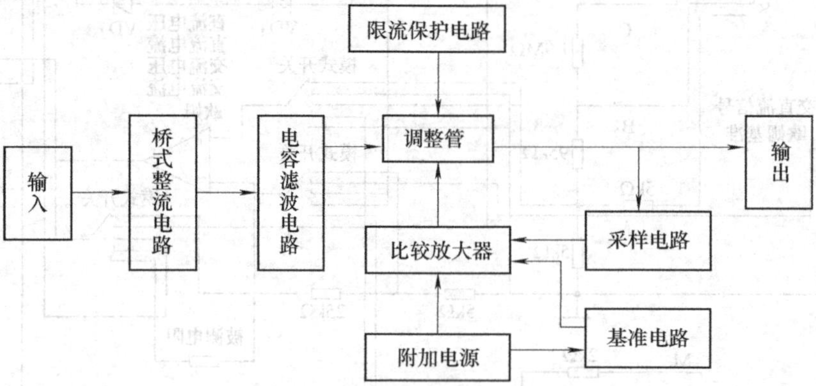

图 2-5-1　直流稳压电源的原理框图

串联型稳压电路的工作原理是：当输出电压波动时，采样电路对输出电压采样送至比较放大器输入端与基准电压进行比较，比较放大器的输出可连续控制调整管导通程度，也即控制调整管的管压降，达到控制输出电压，使之平稳。

又因设计指标要求环境温度变化范围较宽，所以比较放大器必须具有较强的抑制温漂的能力，因此可选择性能优良的集成运算放大器。而集成运算放大器的供电电路不宜直接从本电路中获得，而应该考虑附加电源实现。

最后，因电流不大，过电流保护选用一般的限流式保护电路即可。

2.5.2　单元电路设计

1. 变压器

已知输出电压要求 $U_o=10\text{V}$，调整管要工作在线性放大区，而且要尽可能的远离饱和区，以获取较大调整范围，因此取 $U_{CE1}=5\sim10\text{V}$，这里取 5V。变压器二次电压为

$$U_2=\frac{10+5}{1.2}\text{V}\approx13\text{V}$$

2. 整流与滤波电路

已知最大输出电流 $I_o=100\text{mA}$，考虑到采样电路电流不宜太小，一般在 20 ~ 30mA 左右，再留出一定裕量，整流滤波电路输出电流最大值取 150mA。因桥式整流电路中二极管轮流导通，二极管整流电流约为输出电流的一半，即 75mA。二极管最大整流电流 $I_F>1.1\times75\text{mA}=82.5\text{mA}$，二极管最高反向工作电压 $U_R>1.1\sqrt{2}U_2\approx20.2\text{V}$，故选取四只型号为 1N3600 的整流二极管即可，1N3600 的最大整流电流为 200mA，反向击穿电压为 60V，满足

要求。

滤波电容的估算，按照要求应满足以下条件：

$$RC=(3\sim5)\frac{T}{2}$$

这里取 5 倍的 $T/2$，为留有裕量，R 估值取 100Ω，故

$$C=\frac{5T}{2R}=500\mu\text{F}$$

选取标称值为 680μF、耐压值为 50V 的电容。

3. 调整管

虽然调整管一般工作在线性放大状态，但在估算参数选取元器件时，应充分考虑其极限情况下的安全。耐压值方面，要考虑到电网电压波动等因素而留有裕量，一般加 10% 的波动系数，估算为

$$U_{(\text{BR})\text{CEO}}>1.1\times\sqrt{2}U_2-U_o=10\text{V}$$

最大允许电流方面，按照之前估算的整流滤波电路输出电流最大值，取 $I_{\text{CM}}>150\text{mA}$ 即可。

最大功耗取 $P_{\text{CM}}>U_{\text{CEMAX}}I_{\text{CMAX}}\approx1.5\text{W}$。

选取 2N910 即可满足以上条件，查手册可知其 $\beta=72$，则其基极最大电流约为 2.1mA，因此比较放大电路采用小功率器件即可。

4. 基准电路

一般来说，基准电压应该小于 U_o，但是考虑取样电路输出的分压值的稳定性，U_Z 取值不能太低。另外，为提供较为准确的基准电压，应选取 I_Z 较大、r_Z 较小的稳压管。这里选择 BZV55—B6V2，其稳定电压 $U_Z=6.2\text{V}$、$I_Z>5\text{mA}$、$r_Z=10\text{m}\Omega$，符合要求。如果取 $I_Z=8\text{mA}$，则限流电阻 R_1 取值为

$$R_1=\frac{+V_{\text{CC}}-U_Z}{I_Z}\approx350\Omega$$

这里就近选取标称值为 330Ω 的电阻。

5. 采样电路

采样电路主要由三个电阻组成分压电路得到，为使采样电压比较稳定，所以采样电路中电流不宜过小，之前设计中留出了较大裕量，故这里取采样电路电流为 30mA。因此整个采样电路电阻为

$$R_3+R_4+R_5=\frac{U_o}{I_R}\approx333\Omega$$

又知道采样电路输出分压约为 $U_Z=6.2\text{V}$，因此

$$\frac{U_Z}{U_o}=\frac{R_4+R_5''}{R_3+R_5+R_4}\rightarrow R_4+R_5''=\frac{6.2}{10}\times333\Omega\approx207\Omega$$

就近取 $R_4=150\Omega$、$R_3=82\Omega$ 的标称值电阻，R_5 取 100Ω 的可变电阻器。

6. 限流保护电路

已知电路输出电流不太大，故采用限流型保护电路即可满足要求。分流晶体管这里选择 2N914，其发射结导通压降为 0.75V，因此开启电阻为

$$R_8 = \frac{0.75\text{V}}{150\text{mA}} = 5\Omega$$

就近取标称值为 5.1Ω 的电阻即可。

7. 比较放大器与附加电源

比较放大器选取低噪声、低漂移的 OP113 集成运算放大器，但是这样需要附加设计一组简单的输出为 ±12V 的直流电源。此处采用较为简单的桥式整流、电容滤波、稳压管稳压输出的方式即可。为简化设计，附加电源中变压器的二次电压也取 $U_2' = 13\text{V}$ 与主电路中相同。附加电源中流过限流电阻 R_6 的电流，考虑到集成运算放大器、基准电路、附加电源稳压管的稳定电流的总和并留有裕量，取其为 40mA，得

$$R_6 = R_7 = \frac{1.2U_2 - 12\text{V}}{40\text{mA}} = 90\Omega$$

就近取标称值为 91Ω 的电阻。为减少附加电源输出电压的波动，在附加电源输出端增设电容滤波，电容参数估算为

$$C_2 = C_3 = C_4 = C_5 = \frac{5T}{2R_6} = 556\mu\text{F}$$

因此，可选取标称值为 680μF、耐压值为 50V 的电容。稳压管选择型号 BZV55—B12 的管子。整流桥电路中选择八只型号为 1N3600 的二极管分别组成整流桥即可。

2.5.3　整机电路及仿真

可在 Multisim9 中对所设计电路进行仿真调试。整机电路如图 2-5-2 所示，仿真结果表明，达到设计指标。

1. 输出电压

输出电压仿真数据见表 2-5-1。

表 2-5-1　输出电压仿真数据

R_5	负载电阻/Ω	滤波输出/V	最终输出/V	负载电流/mA
59%	5.1k	16	10.046	2
59%	100	15.58	10.047	100

以上仿真数据表明，负载电阻变化 51 倍，负载电流变化 50 倍，最终输出电压变化 0.001V，达到设计要求。

2. 稳压系数

稳压系数仿真数据见表 2-5-2。

表 2-5-2　稳压系数仿真数据

变压器二次电压/V	R_5	输出电压/V	变化率	稳压系数
13	59%	10.046	0.01%	0.001
14.3	56%	10.047		

3. 过电流保护

过电流保护仿真数据见表 2-5-3。

表 2-5-3　过电流保护仿真数据

负载电阻/Ω	负载电流/mA	分流晶体管发射结电压/V	保护电路
100	100	0.62	不启动
68	150	0.8	启动

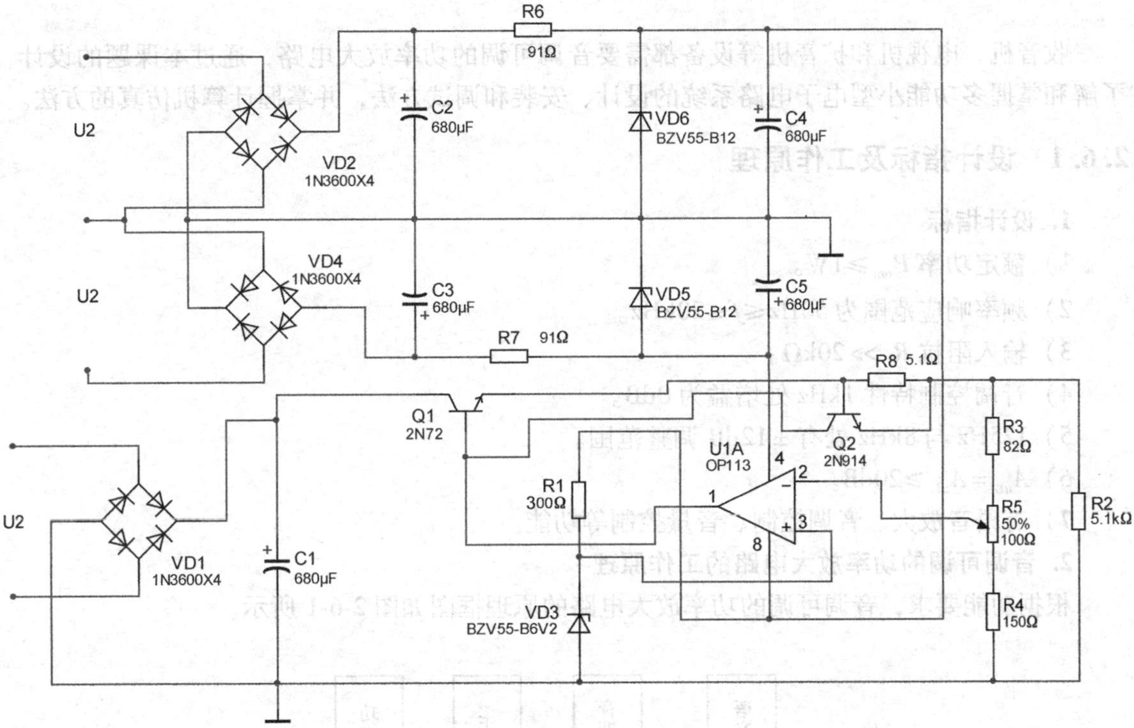

图 2-5-2　整机电路

2.5.4　电路的安装与调试

在面包板或实验板上组装测量整机电路，要注意先把所有的电子元器件全部测试一遍，安装时集成电路的方向要保持一致，检查无误后方接通电源进行调试。在调试时要注意先进行单元电路的调试，然后再进行系统联调，也可以对单元电路边组装边调试。

1. 辅助电源与主电路整流滤波电路部分的调试

可先调试较为简单的辅助电源部分，测量其输出是否满足 ±12V 的要求。调试时，应特别注意仔细检查整流桥中的二极管的连接方向、电解电容的极性、稳压管的连接方向，一旦接错就会导致元器件损坏，电解电容若爆炸，甚至会危及人身安全。

2. 串联稳压电路的调试

应先调试基准电路，此电路输出不正确则稳压电路最后的输出就不正确。采样回路可变电阻调试前应调至中间位置，注意检查运算放大器同相端和反相端连接是否正确。负载可用 100Ω 电阻串 10kΩ 可变电阻，以方便调试。测试时，将负载电阻大小分别调为 100Ω 和 5.1kΩ，分别测量此时的输出电压和负载电流，与设计要求进行对比。

3. 整机电路调试

以上部分调试好之后，可进行整机电路的调试。可用双踪示波器观察滤波输出和稳压输出波形。进行限流保护电路调试时，注意观察电阻 R_8 两端的电压变化和输出电流的变化。

2.6　音调可调的功率放大电路的设计

收音机、电视机和扩音机等设备都需要音调可调的功率放大电路，通过本课题的设计，了解和掌握多功能小型电子电路系统的设计、安装和调试方法，并掌握计算机仿真的方法。

2.6.1　设计指标及工作原理

1. 设计指标

1）额定功率 $P_{om} \geqslant 1W$。

2）频率响应范围为 $50Hz \leqslant f \leqslant 20kHz$。

3）输入阻抗 $R_i >> 20k\Omega$。

4）音调控制特性 1kHz 处增益为 0dB。

5）125Hz 与 8kHz 处有 ±12dB 调整范围。

6）$A_{uL} = A_{uH} \geqslant 20dB$。

7）有语音放大、音调控制、音量控制等功能。

2. 音调可调的功率放大电路的工作原理

根据功能要求，音调可调的功率放大电路的原理框图如图 2-6-1 所示。

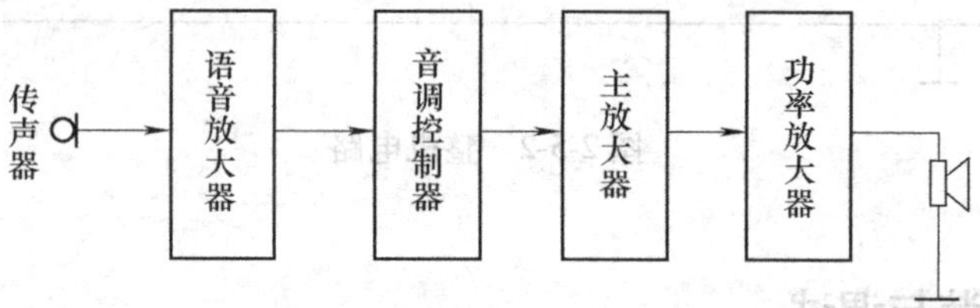

图 2-6-1　音调可调的功率放大电路的原理框图

语音放大器要有大的输入阻抗，并可将传声器输出的微弱电信号（5mV）进行初步放大，语音放大级放大倍数 $A_{u1} = 15$。音调控制器的任务是满足设计指标中对音调调整的要求，其频率特性如图 2-6-2 所示，音调控制级 $A_{u2} = 1$。主放大器用以控制音量大小，主放大级 $A_{u3} = 30$。功率放大器的任务是带负载，提高输出功率，故功率放大级 $A_{u4} = 2$ 即可。总放大倍数为 $A_u = 900$，可以满足设计要求。

2.6.2　单元电路设计

1. 语音放大器

传声器的输出信号在 5mV 左右，输出阻抗达到 20kΩ，因此语音放大器的输入阻抗应该远大于传声器的输出阻抗。这里采用自举式的交流同相电压放大器，可提高交流放大器的输入阻抗，电路如图 2-6-3 所示，其中选用型号为 NE5532 的集成运算放大器一只。

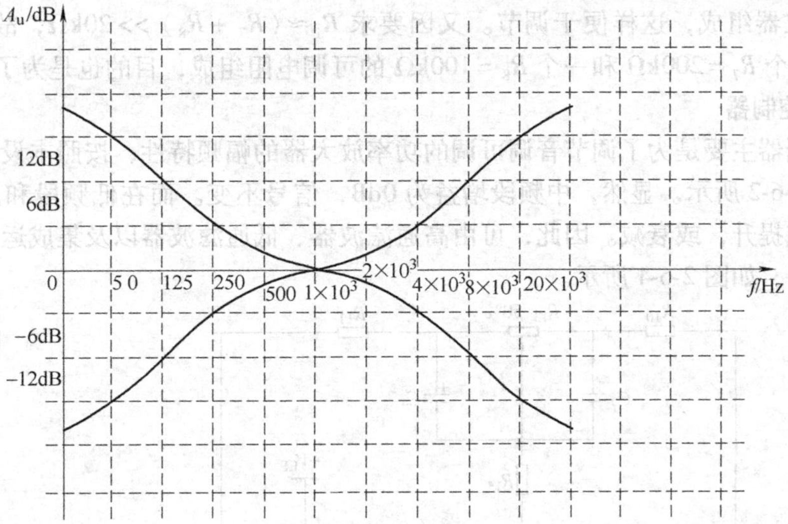

图 2-6-2　音调控制器频率特性

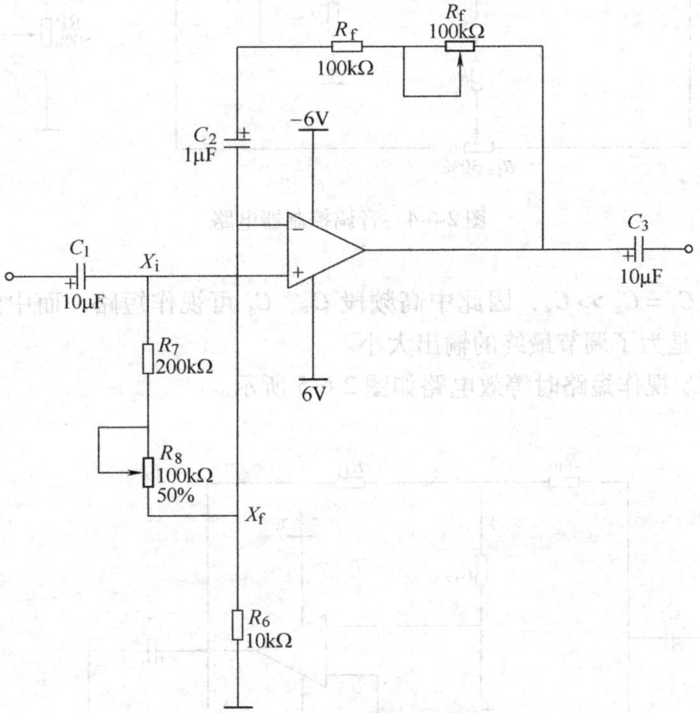

图 2-6-3　语音放大器单元电路

图中 $X_i = X_f$，因此流过（$R_7 + R_8$）的电流为零，大大提高了输入电阻。输入电阻估算为 $R_i = ((R_7 + R_8) /\!/ r_{IC})(1 + A_{uf}F)$，其中 $F = \dfrac{R_6}{R_6 + R_f}$。取 $R_6 = 10\text{k}\Omega$，$R_f = 150\text{k}\Omega$，则满足对本级放大倍数的要求，$A_{uf} = 1 + \dfrac{R_f}{R_6} = 1 + \dfrac{150}{10} = 16$，其中 R_f 由一个 $R_4 = 100\text{k}\Omega$ 和一个 $R_5 =$

100kΩ 的电位器组成，这样便于调节。又因要求 $R_i \approx (R_7 + R_8) >> 20k\Omega$，故取 $R_{(R_7+R_8)} = 250k\Omega$，由一个 $R_7 = 200k\Omega$ 和一个 $R_8 = 100k\Omega$ 的可调电阻组成，目的也是为了便于调节。

2. 音调控制器

音调控制器主要是为了调节音调可调的功率放大器的幅频特性，按照本设计要求，其幅频特性如图 2-6-2 所示。显然，中频段增益为 0dB，信号不变。而在低频段和高频段对增益进行调节，或提升，或衰减。因此，可由高通滤波器、低通滤波器以及集成运算放大器组成音调控制电路，如图 2-6-4 所示。

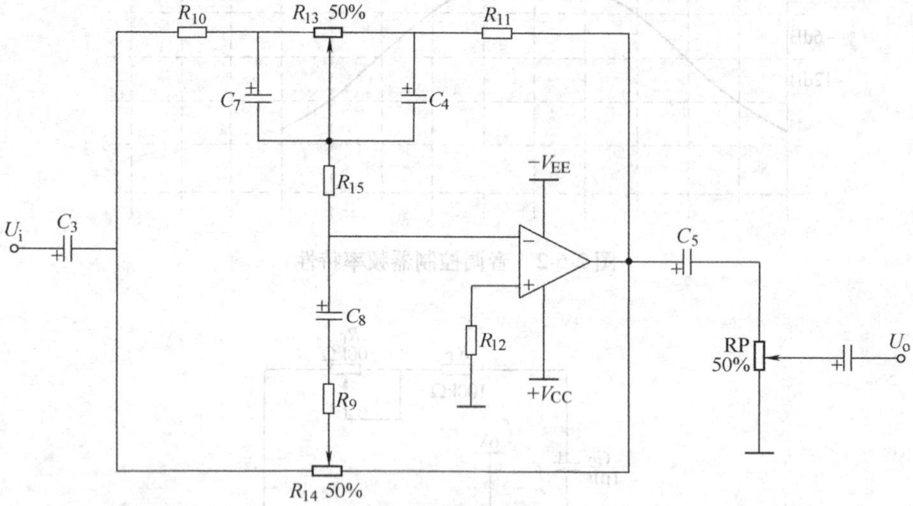

图 2-6-4　音调控制器电路

图 2-6-4 中，$C_7 = C_4 >> C_8$，因此中高频段 C_7、C_4 可视作短路，而中低频段 C_8 可视为断路。电位器 RP 是为了调节最终的输出大小。

高频段 C_7、C_4 视作短路时等效电路如图 2-6-5 所示。

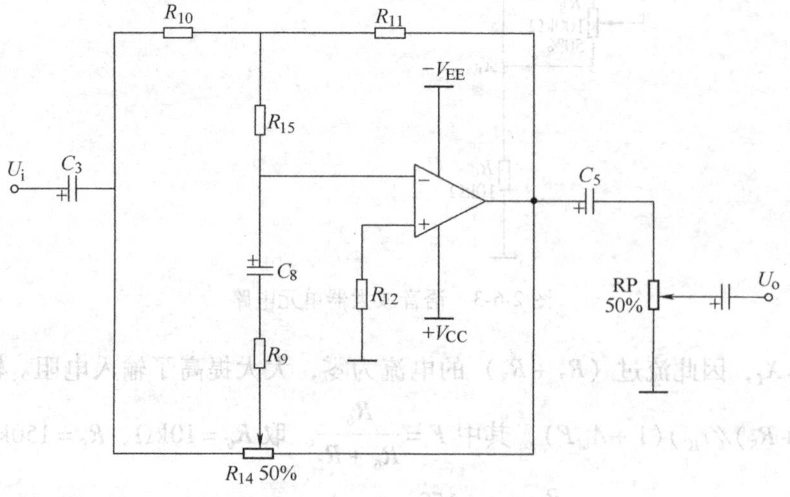

图 2-6-5　高频段等效电路

图 2-6-5 实际上是一阶高通滤波器，当 R_{14} 的滑动端位置位于最左侧时，其增益表达式为

$$A_u = -\frac{R_b}{R_a}\frac{1+j\dfrac{\omega}{\omega_1}}{1+j\dfrac{\omega}{\omega_2}}$$

其中

$$\omega_1 = \frac{1}{(R_a + R_9)C_8} \qquad \omega_2 = \frac{1}{R_9 C_8}$$

式中，电阻 R_a、R_b、R_c 为原星形联结转化为三角形联结后对应等效电阻，其阻值与图 2-6-5 中各原电阻关系如下：

$$R_a = R_{10} + R_{15} + \frac{R_{10}R_{15}}{R_{11}}$$

$$R_b = R_{15} + R_{11} + \frac{R_{11}R_{15}}{R_{10}}$$

$$R_c = R_{10} + R_{11} + \frac{R_{10}R_{11}}{R_{15}}$$

当 $\omega < \omega_1$ 时，C_8 可视作断路，则此时 $A_u = 1(0\text{dB})$；当 $\omega = \omega_1$ 时，$A_u = \sqrt{2}(3\text{dB})$。

当 $\omega > \omega_2$ 时，C_8 可视作短路，则此时 $A_{uH} = 1 + \frac{R_b}{R_9}$；当 $\omega = \omega_2$ 时，$A_u = \frac{1}{\sqrt{2}}\left(1 + \frac{R_b}{R_9}\right)$。

低频段时 C_8 可视作断路，可调电阻 R_{13} 滑动端位置位于最左端时如图 2-6-6 所示。

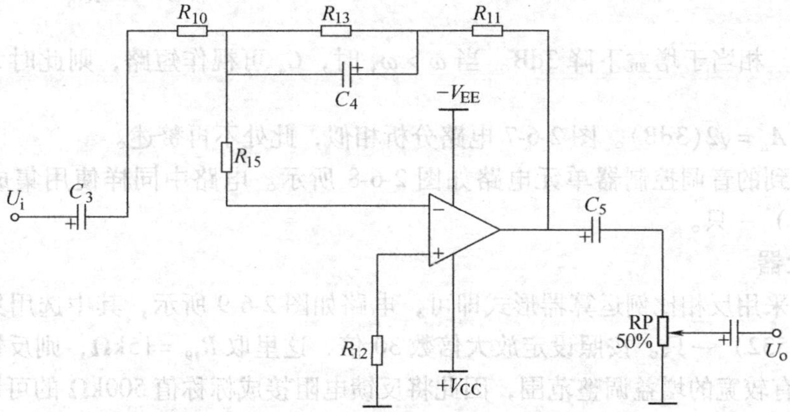

图 2-6-6　可调电阻 R_{13} 的滑动端在最左时的等效电路

低频段可调电阻 R_{13} 滑动端位置位于最右端时如图 2-6-7 所示。

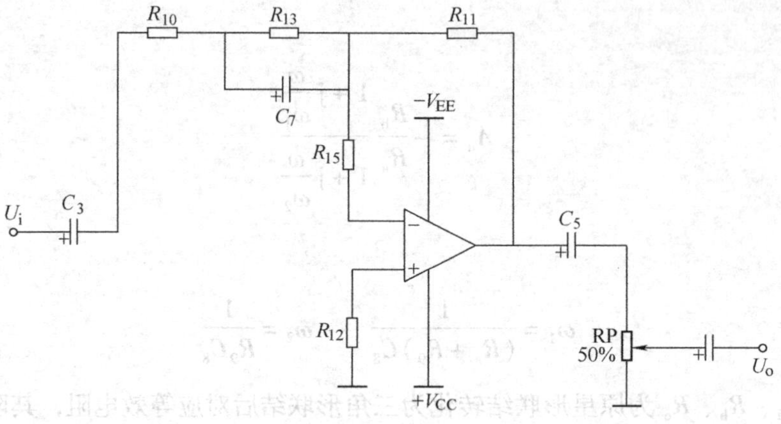

图 2-6-7　可变电阻 R_{13} 的滑动端在最右时的等效电路

图 2-6-6 是一阶低通滤波器，其增益表达式为

$$A_u = -\frac{R_{13}+R_{11}}{R_{10}}\frac{1+j\dfrac{\omega}{\omega_3}}{1+j\dfrac{\omega}{\omega_4}}$$

其中

$$\omega_3 = \frac{R_{13}+R_{11}}{R_{13}R_9C_4} \qquad \omega_4 = \frac{1}{R_{13}C_4}$$

当 $\omega < \omega_4$ 时，C_4 可视作断路，R_{15} 可忽略不计，则此时 $A_{uL} = \dfrac{R_{13}+R_{11}}{R_{10}}$；当 $\omega = \omega_4$ 时，$A_{uL} = \dfrac{R_{13}+R_{11}}{\sqrt{2}R_{10}}$，相当于增益下降 3dB。当 $\omega > \omega_3$ 时，C_4 可视作短路，则此时 $A_u = 1$(0dB)；当 $\omega = \omega_3$ 时，$A_u = \sqrt{2}$(3dB)。图 2-6-7 电路分析相似，此处不再赘述。

最后，得到的音调控制器单元电路如图 2-6-8 所示。电路中同样使用集成运算放大器（型号 NE5532）一只。

3. 主放大器

主放大器采用反相比例运算器形式即可，电路如图 2-6-9 所示，其中选用集成运算放大器（型号 NE5532）一只。按照设定放大倍数 30 倍，这里取 $R_{19} = 15\text{k}\Omega$，则反馈电阻应该为 450kΩ。为了有较宽的增益调整范围，因此将反馈电阻接成标称值 500kΩ 的可调电阻串联标称值为 62kΩ 电阻的形式。同相端电阻取 $R_{20} = 11\text{k}\Omega$ 即可。

4. 功率放大器

功率放大器选用的集成电路型号为 NE5532P，电路与 2.2 节中语音放大电路的最后一级电路类似，只是将反馈电阻 R_{24} 调整为 680Ω，如图 2-6-10 所示。

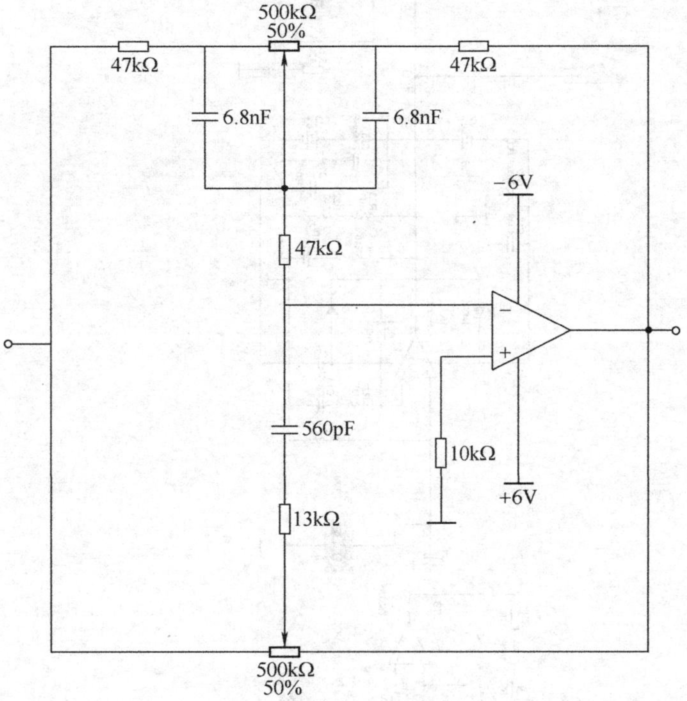

图 2-6-8　音调控制器单元电路

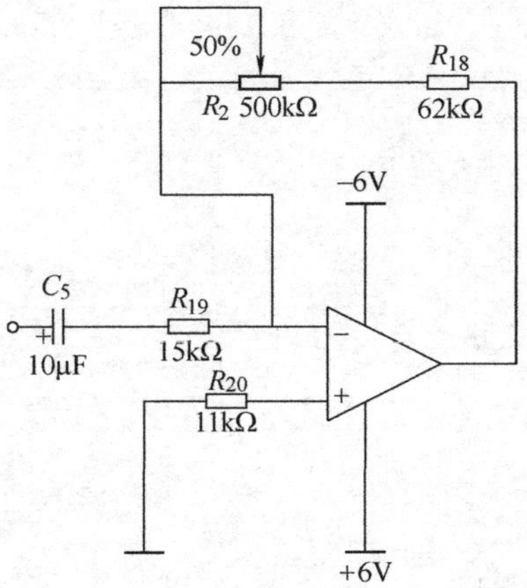

图 2-6-9　主放大器单元电路

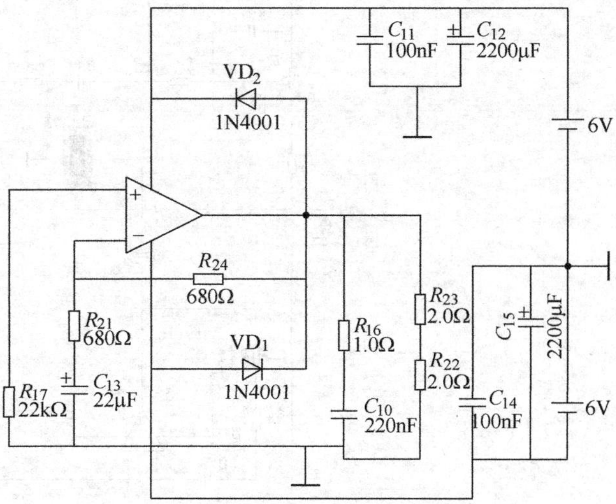

图 2-6-10　功率放大器

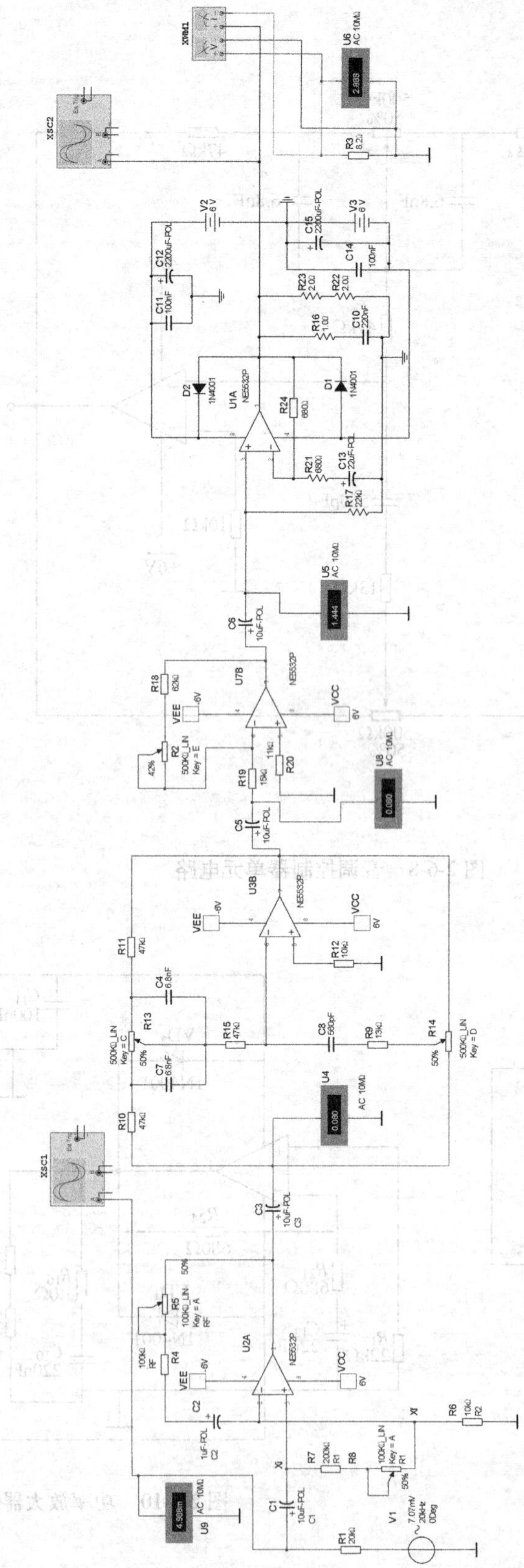

图 2-6-11　整机电路

2.6.3　整机电路及仿真

可在软件 Multisim9 中对所设计电路进行仿真调试。整机电路如图 2-6-11 所示，仿真结果见表 2-6-1。

表 2-6-1　仿 真 结 果

输入信号	音响放大输出/V	输出电压/V	输出功率/W	波形失真
5mV/1kHz	0.08	2.893	1.023	无
5mV/50Hz	0.08	2.896	1.021	无
5mV/20kHz	0.08	2.888	1.018	无

2.6.4　电路的安装与调试

在面包板或实验板上组装测量整机电路，要注意先把所有的电子元器件全部测试一遍，安装时集成电路的方向要保持一致，检查无误后方接通电源进行调试。在调试时要注意先进行单元电路的调试，然后再进行系统联调，也可以对单元电路边组装边调试。

1. 语音放大器的调试

连接吋注意仔细检查电容的极性以及运算放大器的正负电源、同相端和反相端的连接。调试前将可变电阻置中，输入电压为 5mV 时，调整可调电阻 R_8，输出为 0.08V 即可。

2. 音调控制器的调试

连接电路时的注意事项同上，调试时输入信号频率为 1kHz 时，输入与输出电压幅度应相同。输入信号频率为 8kHz 时，电阻 R_{14} 分别位于最左端和最右端时，输出应分别有 ±12dB的增益。调试时，可使用示波器观察输入与输出波形，波形不正常时，注意检查集成运算放大器及电容。

3. 主放大器和功率放大器的调试

这两个电路比较简单，调试时可用信号发生器输入 5mV/1kHz，调整可变电阻 R_2，使输出电压达到 1.9V 即可，同时使用示波器观察输入输出波形是否失真。

4. 整机电路的调试

以上各个部分调试完毕后，可进行整机电路联调。使信号发生器分别产生 5mV/1kHz、5mV/50Hz、5mV/20kHz、5mV/8kHz、5mV/125Hz 信号时，测量输出信号幅度和功率，并用示波器观察波形是否失真。

第3章 数字电子技术基础实验

3.1 基础型实验

3.1.1 门电路逻辑功能及测试

1. 实验目的

1）熟悉门电路逻辑功能。

2）熟悉数字电路实验装置及示波器的使用方法。

3）熟悉集成门电路的工作原理和主要参数。

4）熟悉集成门电路的外形、引脚排列及应用事项。

2. 实验设备与器件

1）数字示波器。

2）数字万用表。

3）数字电路实验装置。

4）信号发生器。

5）器件：74LS00 四 2 输入与非门 2 片；74LS20 双 4 输入与非门 1 片；74LS86 四 2 输入异或门 1 片。

3. 预习要求

1）复习门电路逻辑功能。

2）熟悉所用集成电路各引脚的用途。

3）了解双踪示波器使用方法。

4. 实验内容及实验步骤

检查实验台电源是否正常，选择实验用集成电路。按自己设计好的电路接线，经指导教师检查后方可通电实验。注意，在改动接线时要先断开电源。

（1）与非门逻辑功能测试

1）选 74LS20 一只，按图 3-1-1 接线。输入端分别接电平开关，输出端接电平显示发光二极管。

2）将电平开关按表 3-1-1 置位，分别测出输出电压值，并将其逻辑状态结果填入表 3-1-1 中。

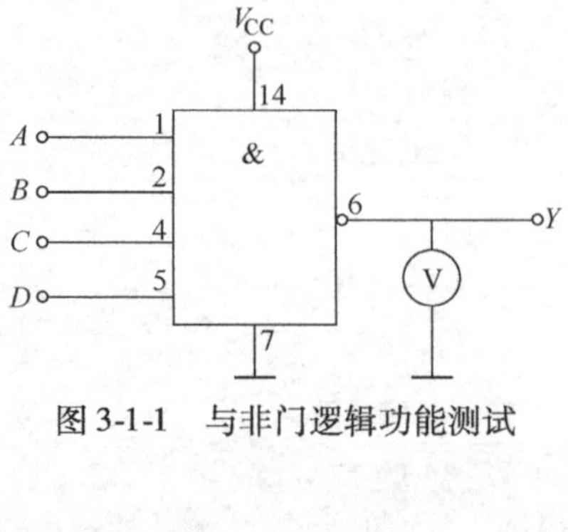

图 3-1-1 与非门逻辑功能测试

（2）异或门逻辑功能测试

1）选 74LS86 一只，按图 3-1-2 接线。输入端分别接电平开关，输出端 A、B、Y 接电平显示发光二极管。

表 3-1-1　与非门逻辑状态测量结果

输入(引脚号)				输出	
1	2	4	5	*Y*	电压/V
H	H	H	H		
L	H	H	H		
L	L	H	H		
L	L	L	H		
L	L	L	L		

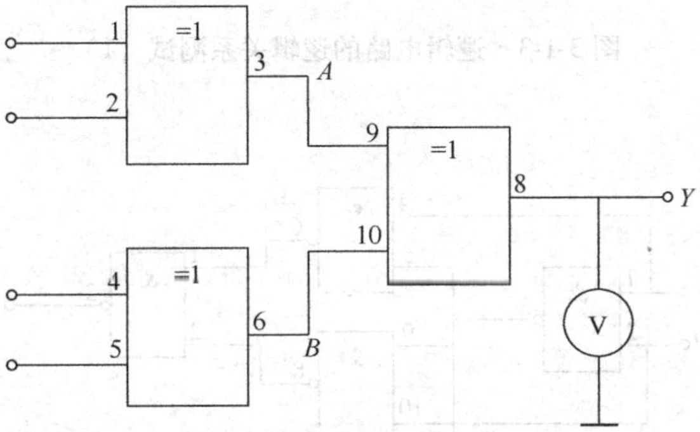

图 3-1-2　异或门逻辑功能测试

2）将电平开关按表 3-1-2 置位，分别测出输出电压值，并将其逻辑状态填入表 3-1-2 中。

表 3-1-2　异或门逻辑状态测量结果

输入(引脚号)				输出	
1	2	4	5	*Y*	电压/V
H	H	H	H		
L	H	H	H		
L	L	H	H		
L	L	L	H		
L	L	L	L		

（3）逻辑电路的逻辑关系

1）用 74LS00，按图 3-1-3 和图 3-1-4 接线，将输入和输出的逻辑关系分别填入表 3-1-3

和表 3-1-4 中。

2）写出下面两个电路的逻辑表达式。

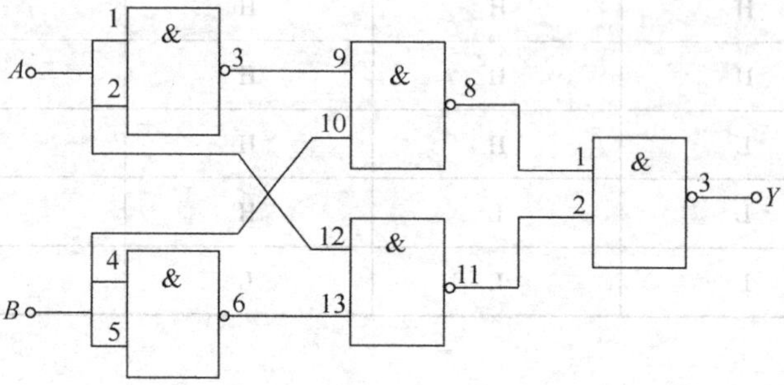

图 3-1-3　逻辑电路的逻辑关系测试（1）

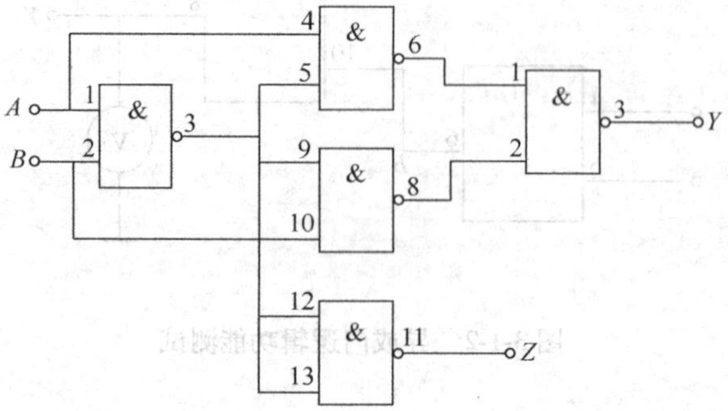

图 3-1-4　逻辑电路的逻辑关系测试（2）

表 3-1-3　图 3-1-3 测试结果

输　入		输　出
A	*B*	*Y*
L	L	
L	H	
H	L	
H	H	

表 3-1-4　图 3-1-4 测试结果

输　入		输　出	
A	*B*	*Y*	*Z*
L	L		
L	H		
H	L		
H	H		

（4）用与非门实现其他门电路

1）用与非门组成或门。用 74LS00 组成或门，$F = A + B = \overline{\overline{A}\,\overline{B}}$画出电路图，测试并填表

3-1-5。

2）用与非门组成异或门。用 74LS00 组成异或门，写出表达式，画出电路图，测试并填表 3-1-6。

表 3-1-5　用 74LS00 组成的或门测试结果

输　入		输　出
A	*B*	*F*
L	L	
L	H	
H	L	
H	H	

表 3-1-6　用 74LS00 组成的异或门测试结果

输　入		输　出
A	*B*	*F*
L	L	
L	H	
H	L	
H	H	

（5）用与非门控制输出

用一片 74LS00 按图 3-1-5 接线，*S* 接任一电平开关，用示波器观察 *S* 对输出脉冲的控制作用。

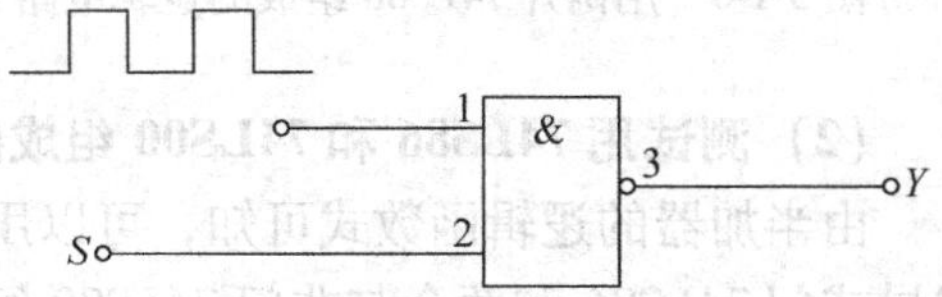

图 3-1-5　用与非门控制输出

5. 实验报告

实验报告应包括以下内容：

1）按各步骤填写表格。

2）回答问题：怎样判断门电路逻辑功能是否正常？

3.1.2　组合逻辑电路

1. 实验目的

1）学习及掌握组合逻辑电路的设计、调试方法。

2）掌握半加器和全加器的逻辑功能。

3）学会二进制数的运算规律。

2. 实验设备与器件

1）数字万用表。

2）数字电路实验装置。

3）器件：74LS00 四 2 输入与非门 3 片；74LS86 四 2 输入异或门 1 片；74LS54 四 2(3) 输入与或非门 1 片。

3. 预习要求

1）预习组合逻辑电路的分析方法。

2）推导由与非门和异或门构成半加器、全加器的逻辑表达式。

3）预习二进制数的运算规律。

4. 实验内容及实验步骤

（1）组合逻辑电路的功能测试

1）用两片 74LS00 组成如图 3-1-6 所示的逻辑电路，为便于接线和检查，在图中注明了芯片的型号及各引脚对应的编号。

2）图中 A、B、C 接电平开关，Y_1、Y_2 接发光二极管。

3）按表 3-1-7 的要求填表，并写出 Y_1、Y_2 的逻辑表达式。

4）将运算结果和实验结果比较。

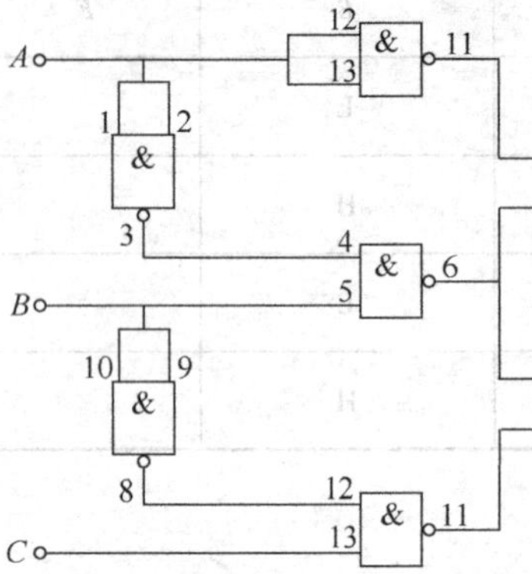

图 3-1-6　用两片 74LS00 组成的逻辑电路

表 3-1-7　真值表

输入	输出
A B C	Y_1 Y_2
0 0 0	
0 0 1	
0 1 0	
0 1 1	
1 0 0	
1 0 1	
1 1 0	
1 1 1	

（2）测试用 74LS86 和 74LS00 组成的半加器的逻辑功能

由半加器的逻辑函数式可知，可以用一个异或门和一个与门组成半加器，因此用一个集成异或门 74LS86 和两个与非门 74LS00 组成的半加器如图 3-1-7 所示。

1）在数字实验台上连接电路。图中 A、B 接电平开关，Y、Z 接电平显示。

2）按表 3-1-8 要求填表。

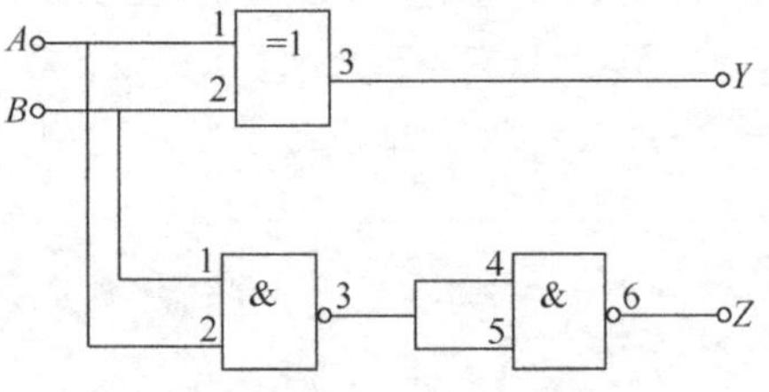

图 3-1-7　用一个集成异或门和两个与非门组成的半加器

表 3-1-8　真值表

输入	输出
A B	Y Z
0 0	
0 1	
1 0	
1 1	

（3）测试用异或门、与或非门和非门组成的全加器的逻辑功能

全加器可以用两个半加器和两个与门一个或门组成，在实验中，常用一块双异或门、一个与或非门和一个与非门实现。

1）画出用异或门、与或非门和非门实现全加器的逻辑电路，写出表达式。

2）连接电路，接线时注意与或非门中不用的与门输入端接地。

3）当输入端 A_i、B_i、C_{i-1} 为表 3-1-9 的情况时，用万用表测量 S_i 和 C_i 的电位并将其转为相应的逻辑状态填入表 3-1-9 中。

表 3-1-9　真值表

输入			输出		输入			输出	
A_i	B_i	C_{i-1}	S_i	C_i	A_i	B_i	C_{i-1}	S_i	C_i
0	0	0			1	0	0		
0	0	1			1	0	1		
0	1	0			1	1	0		
0	1	1			1	1	1		

5. 实验报告

实验报告应包括以下内容：

1）按各步骤填写表格。

2）总结逻辑电路的分析方法。

3.1.3　译码器和数据选择器

1. 实验目的

1）掌握中规模集成 74LS139 译码器的逻辑功能和使用方法。

2）掌握中规模集成 74LS153 数据选择器的逻辑功能和使用方法。

2. 实验设备与器件

1）数字示波器。

2）数字万用表。

3）数字电路实验装置。

4）器件：74LS139 双 2-4 线译码器 1 片；74LS153 双 4 选 1 数据选择器 1 片；74LS00 四 2 输入与非门 1 片。

3. 预习要求

1）复习译码器的工作原理及集成译码器的使用方法。

2）熟悉数据选择器的工作原理及集成数据选择器的使用方法。

3）复习集成译码器和集成数据选择器设计组合逻辑电路的方法。

4. 实验内容及实验步骤

（1）译码器功能测试

将 74LS139 双 2-4 线译码器按图 3-1-8 接线，按表 3-1-10 输入电平分别置数，填输出状态。

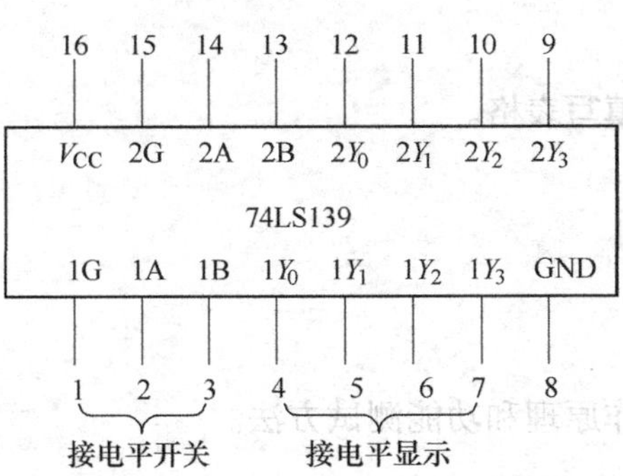

图 3-1-8　74LS139 双 2-4 线译码器

表 3-1-10　74LS139 双 2-4 线译码器输出状态测试结果

输入			输出			
使能	选择					
G	B	A	Y_0	Y_1	Y_2	Y_3
H	X	X				
L	L	L				
L	L	H				
L	H	L				
L	H	H				

（2）译码器的转换

将双2-4线译码器转换为3-8线译码器。

1）画出转换器逻辑电路图。

2）在实验台上接线并验证设计是否正确。

3）设计并填写该3-8线译码器功能表。

（3）数据选择器的测试及应用

1）将74LS153双4选1数据选择器按图3-1-9接线，测试其功能并填写功能表3-1-11。

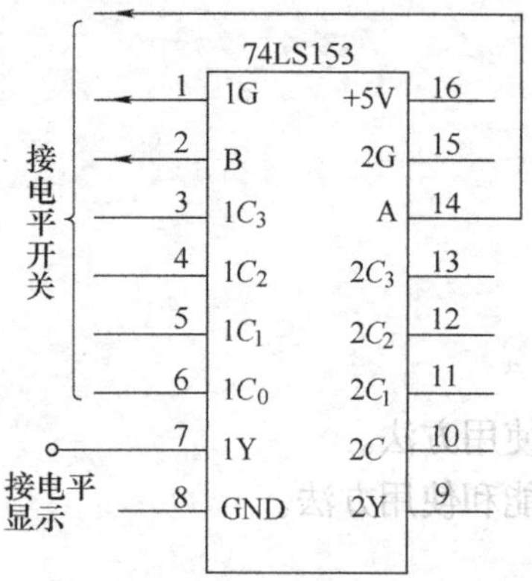

图3-1-9　74LS153双4选1数据选择器

表3-1-11　74LS153功能测试结果

选择端		数据输入端				输出控制	输出
B	A	C_0	C_1	C_2	C_3	G	Y
X	X	X	X	X	X	H	
L	L	L	X	X	X	L	
L	L	H	X	X	X	L	
L	H	X	L	X	X	L	
L	H	X	H	X	X	L	
H	L	X	X	L	X	L	
H	L	X	X	H	X	L	
H	H	X	X	X	L	L	
H	H	X	X	X	H	L	

2）用74LS153双4选1数据选择器实现函数 $Y=AB+AC$，画出其逻辑电路图，并通过实验测试，填写函数 $Y=AB+AC$ 的真值表3-1-12。

表3-1-12　真值表

A B C	Y	A B C	Y
0 0 0		1 0 0	
0 0 1		1 0 1	
0 1 0		1 1 0	
0 1 1		1 1 1	

5. 实验报告

实验报告应包括以下内容：

1）画出实验内容（2）、（3）的逻辑电路图，填写表格。

2）总结译码器和数据选择器的使用体会。

3.1.4　触发器

1. 实验目的

1）熟悉并掌握RS、D、JK触发器的构成、工作原理和功能测试方法。

2）能正确使用集成触发器。

3）了解触发器相互转换的方法。

2. 实验设备与器件

1）数字示波器。

2）数字万用表。

3）数字电路实验装置。

4）器件：74LS00 四 2 输入与非门 1 片；74LS74 双上升沿 D 触发器 1 片；74LS112 双下降沿 JK 触发器 1 片。

3. 预习要求

1）复习 RS、D、JK 触发器的构成及工作原理。

2）熟悉所用集成电路各引脚的用途。

3）复习各种触发器相互转换的方法。

4. 实验内容及实验步骤

（1）RS 触发器功能测试

用两个与非门构成的基本 RS 触发器如图 3-1-10 所示。

1）试按表 3-1-13 的顺序在$\overline{S}_d$和$\overline{R}_d$端加信号，观察并记录 Q 与 $\overline{Q}$ 端的状态，将结果填入表 3-1-13 中，并说明此电路执行的是什么功能？

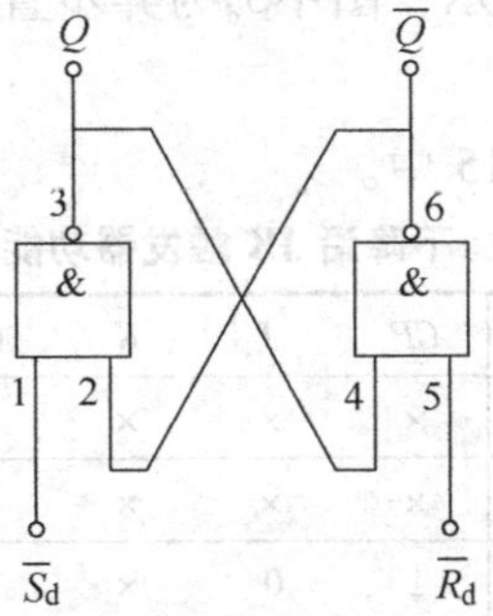

图 3-1-10　用两个与非门构成的基本 RS 触发器

表 3-1-13　RS 触发器功能测试结果

输入		输出		
$\overline{S}_d$	$\overline{R}_d$	Q	$\overline{Q}$	逻辑功能
L	L			
L	H			
H	L			
H	H			

2）$\overline{S}_d$端接低电平，$\overline{R}_d$端加脉冲。

3）$\overline{S}_d$端接高电平，$\overline{R}_d$端加脉冲。

4）$\overline{R}_d$接高或低电平，$\overline{S}_d$端加脉冲。

记录并观察 2）、3）、4）三种情况下，Q 及 $\overline{Q}$ 端的状态，从中你能否总结出基本 RS 触发器的 Q 及 $\overline{Q}$ 端的状态的改变和输入端$\overline{S}_d$、$\overline{R}_d$的关系。

5）当$\overline{S}_d$、$\overline{R}_d$都接低电平时，观察 Q 及 $\overline{Q}$ 端的状态。当$\overline{S}_d$、$\overline{R}_d$同时由低电平跳为高电平时，注意观察 Q 及 $\overline{Q}$ 端的状态，重复 3～5 次，看 Q 及 $\overline{Q}$ 端的状态是否相同，以正确理解“不定”状态的含义。

（2）维持阻塞 D 触发器功能测试

74LS74 双上升沿 D 维持阻塞触发器的逻辑符号如图 3-1-11 所示，图中$\overline{S}_d$为异步置 1 端，$\overline{R}_d$为异步置 0 端，CP 为时钟脉冲端。

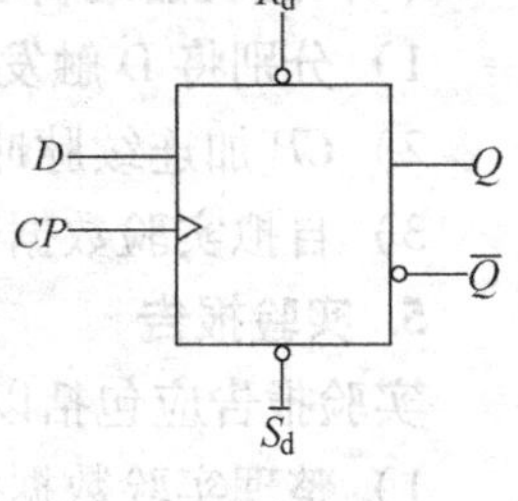

图 3-1-11　74LS74 的逻辑符号

1）分别在$\overline{S}_d$端、$\overline{R}_d$端接低电平，观察 Q 及 $\overline{Q}$ 端的状态。

2）令$\overline{S_d}=\overline{R_d}=1$，$D$ 端分别接高、低电平，用点动脉冲作为 CP，观察并记录当 CP 为 0、↑、1、↓时，观察 Q 端状态的变化。

3）令$\overline{S_d}=\overline{R_d}=1$，$CP=0$（或 $CP=1$），改变 D 端信号，观察 Q 端的状态是否变化。

整理上述实验数据，将结果填入表 3-1-14 中。

表 3-1-14　维持阻塞 D 触发器功能测试结果

$\overline{S_d}$	$\overline{R_d}$	CP	D	Q^n	Q^{n+1}	$\overline{S_d}$	$\overline{R_d}$	CP	D	Q^n	Q^{n+1}
0	1	×	×	0		1	1	↑	0	0	
				1						1	
1	0	×	×	0		1	1	↑	1	0	
				1						1	

4）令$\overline{S_d}=\overline{R_d}=1$，将 D 和 $\overline{Q}$ 端相连，CP 加连续脉冲，用示波器观察并记录 Q 相对于 CP 的波形。

（3）下降沿 JK 触发器功能测试

74LS112 双下降沿 JK 触发器的逻辑符号如图 3-1-12 所示，图中$\overline{S_d}$为异步置 1 端，$\overline{R_d}$为异步置 0 端，CP 为时钟脉冲端。

1）自拟实验步骤，测试其功能，并将结果填入表 3-1-15 中。

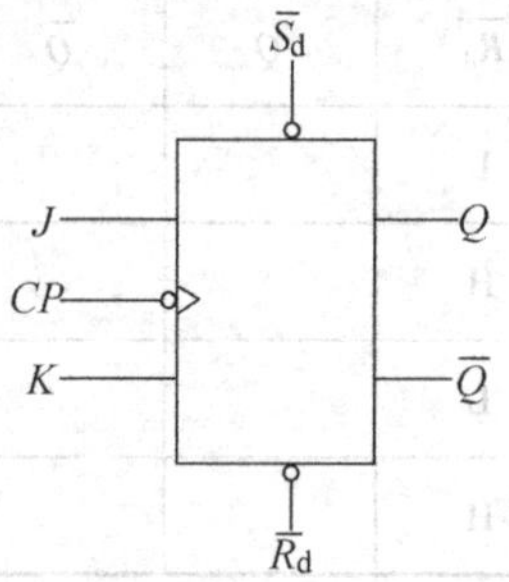

图 3-1-12　74LS112 的逻辑符号

表 3-1-15　下降沿 JK 触发器功能测试结果

$\overline{S_d}$	$\overline{R_d}$	CP	J	K	Q^n	Q^{n+1}
0	1	×	×	×	×	
1	0	×	×	×	×	
1	1	↓	0	×	0	
1	1	↓	1	×	0	
1	1	↓	×	0	1	
1	1	↓	×	1	1	

2）令$\overline{S_d}=\overline{R_d}=1$，令 $J=K=1$，CP 加连续脉冲，用示波器观察并记录 Q 相对于 CP 的波形。此波形与 D 触发器的 D 和 $\overline{Q}$ 端相连，CP 加连续脉冲，观察到的 Q 的波形有何异同点？

（4）触发器逻辑功能转换

1）分别将 D 触发器和 JK 触发器转换成 T'触发器，列出表达式，画出实验电路图。

2）CP 加连续脉冲，观察各触发器 CP 及 Q 的波形，比较两者的关系。

3）自拟实验数据表并填之。

5. 实验报告

实验报告应包括以下内容：

1）整理实验数据并填表。

2）画出实验（4）的实验电路图及相应的表格。

3）总结各触发器的特点。

3.1.5　时序电路测试及研究

1. 实验目的

1）学习及掌握时序逻辑电路的分析、设计、调试方法。

2）掌握计数器、寄存器的概念及应用。

2. 实验设备与器件

1）数字万用表。

2）数字电路实验装置。

3）双踪示波器。

4）器件：74LS00 四 2 输入与非门 1 片；74LS10 三 3 输入与非门 1 片；74LS175 四上升沿 D 触发器 1 片；74LS73 双 JK 触发器 2 片。

3. 预习要求

1）预习时序逻辑电路的分析方法。

2）预习集成 D 触发器、JK 触发器的功能及引脚。

3）预习计数器、寄存器的工作原理及应用电路。

4. 实验内容及实验步骤

（1）异步二进制计数器

按图 3-1-13 接线。

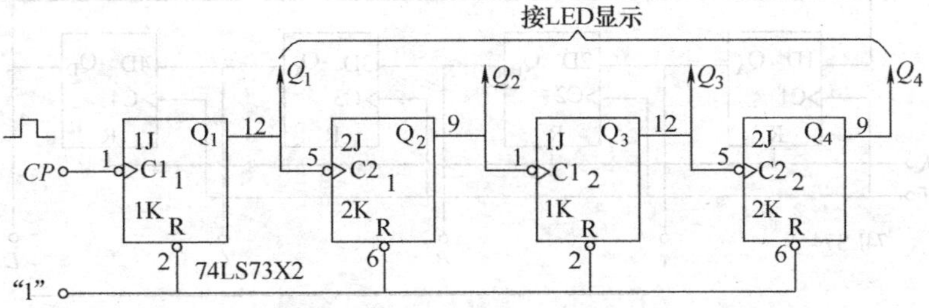

图 3-1-13　异步二进制计数器

1）由 CP 端输入单脉冲，测试并记录 $Q_1 \sim Q_4$ 端状态及波形并记录于表 3-1-16 中。

表 3-1-16　二进制加法计数器测试结果

CP 数	Q_1	Q_2	Q_3	Q_4	CP 数	Q_1	Q_2	Q_3	Q_4
0					9				
1					10				
2					11				
3					12				
4					13				
5					14				
6					15				
7					16				
8									

2）由 CP 端输入连续脉冲，观察 CP、Q_1、Q_2、Q_3、Q_4 端波形。

3）画出 CP、Q_1、Q_2、Q_3、Q_4 端波形。

4）试将异步二进制加法计数器改为异步二进制减法计数器。

（2）异步二-十进制加法计数器

按图3-1-14接线，Q_A、Q_B、Q_C、Q_D 四个输出端分别接发光二极管，*CP* 端接连续脉冲或单脉冲。

1）在 *CP* 端输入连续脉冲，观察 *CP*、Q_A、Q_B、Q_C、Q_D 端的波形。

2）画出 *CP*、Q_A、Q_B、Q_C、Q_D 端的波形。

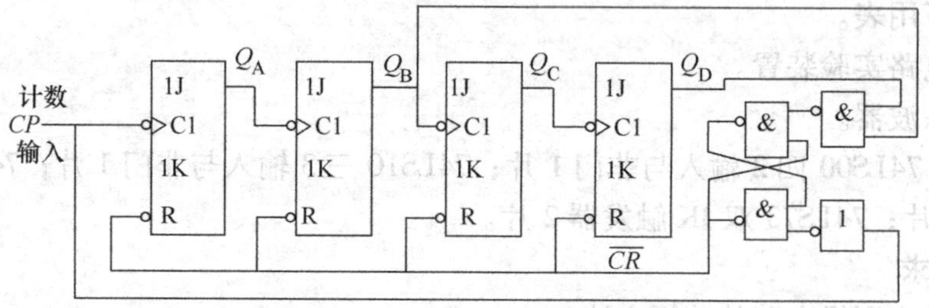

图3-1-14　异步二－十进制加法计数器

（3）移位寄存器组成环形计数器

1）按图3-1-15接线，将 *A*、*B*、*C*、*D* 置为1000，用单脉冲计数，记录各触发器状态；将其中一个状态为“0”的触发器置为“1”（模拟干扰信号作用的结果），*CP* 端输入连续脉冲，观察计数器能否工作，并分析原因。

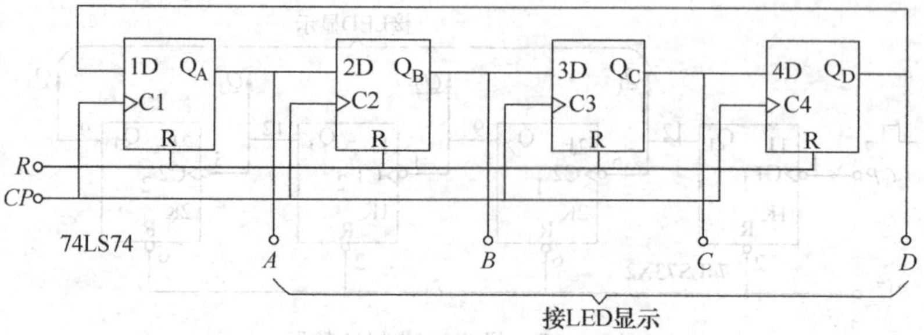

图3-1-15　移位寄存器组成环形计数器（1）

2）按图3-1-16接线，重复上述实验，对比实验结果，总结关于自启动的体会。

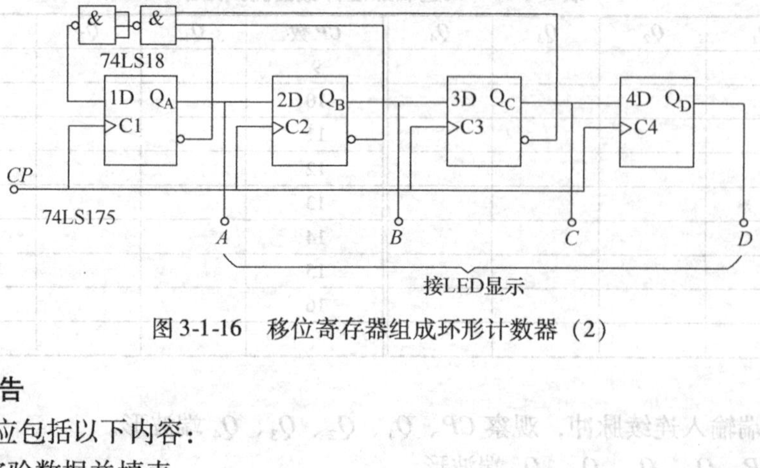

图3-1-16　移位寄存器组成环形计数器（2）

5. 实验报告

实验报告应包括以下内容：

1）整理实验数据并填表。

2）画出实验内容要求的波形。

3）总结时序逻辑电路的特点。

3.1.6　555 时基电路的应用

1. 实验目的

1）掌握 555 时基电路的结构和工作原理，学会对此芯片的正确使用。

2）学会分析和测试用 555 时基电路构成的单稳态触发器、多谐振荡器。

2. 实验设备与器件

1）双踪示波器。

2）数字万用表。

3）数字电路实验装置。

4）器件：555 定时器 1 片，电阻、电容若干。

3. 预习要求

1）复习 555 时基电路的功能及参数。

2）复习多谐振荡器及单稳态触发器电路的功能。

3）熟悉 555 时基电路构成的多谐振荡器及单稳态触发器电路。

4）复习单稳态触发器的脉冲宽度 T_W、多谐振荡器振荡周期 T、振荡频率 f_0 和占空比 D 的估算公式。

4. 实验内容及实验步骤

（1）由 555 构成的单稳态触发器

单稳态触发器实验电路如图 3-1-17 所示。其中，RP = 10kΩ，$C = 0.047\mu F$。

1）在单稳态触发器的输入端接入频率 $f = 25kHz$ 的连续脉冲信号 u_i，用双踪示波器观察输出信号 u_o、u_C 及 u_i 的波形并记录之，注意对应关系。

2）调节电位器，改变 RP 的阻值，观察输出电压 u_o 和电容上电压 u_C 的波形变化情况及对脉冲宽度 T_W 的影响，并做好记录。

（2）由 555 构成的多谐振荡器

多谐振荡器实验电路如图 3-1-18 所示。其中，$R_1 = 1k\Omega$，$R_2 = 3.3k\Omega$，$C = 0.022\mu F$。

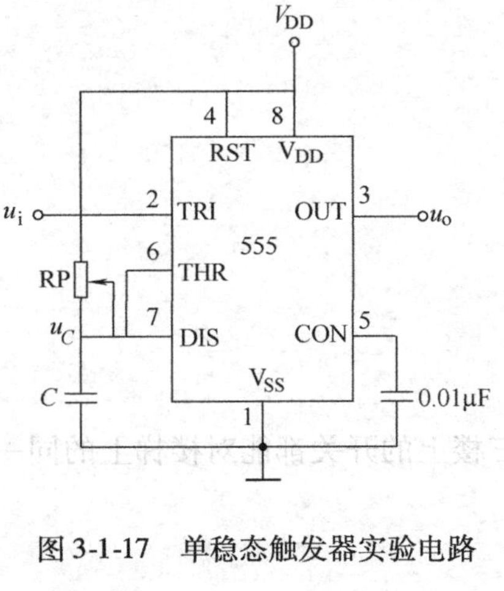

图 3-1-17　单稳态触发器实验电路

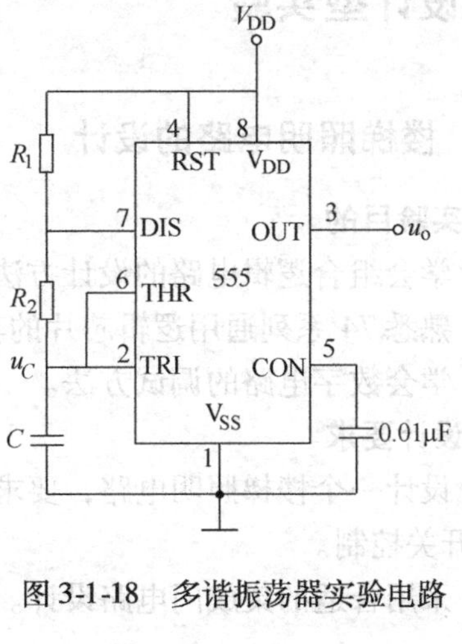

图 3-1-18　多谐振荡器实验电路

1）用示波器观察输出电压 u_o 和电容上电压 u_C 的波形，并绘出 u_o、u_C 的波形。

2）改变或更换 R_2、C 的数值，观察输出波形的变化情况，观察 R_2、C 变化对脉冲宽度 T_W、振荡周期 T、振荡频率 f_0 和占空比 D 的影响。

（3）扬声器发声电路

图 3-1-19 所示电路是救护车扬声器发声电路。在图中给定的电路参数下，试完成：

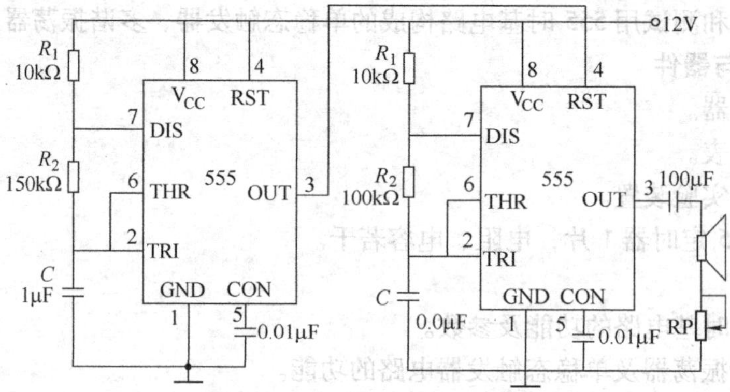

图 3-1-19　救护车扬声器发声电路

1）估算扬声器发声的高、低音的持续时间。

2）试验该电路。

3）将右侧 555 的 4 脚断开，然后接电源正极，5 脚断开后接左侧 555 的输出端，重新试验电路。

5. 实验报告

实验报告应包括以下内容：

1）整理所记录的各实验有关波形，并进行定性分析。

2）总结电路参数对单稳态触发器和多谐振荡器的影响。

3.2　设计型实验

3.2.1　楼梯照明电路的设计

1. 实验目的

1）学会组合逻辑电路的设计方法。

2）熟悉 74 系列通用逻辑芯片的功能。

3）学会数字电路的调试方法。

2. 设计要求

1）设计一个楼梯照明电路，要求装在一、二、三楼上的开关都能对楼梯上的同一个电灯进行开关控制。

2）采用合适的集成门电路设计。

3）采用集成 74LS138 译码器设计。

4）采用集成 74LS151 数据选择器设计。

3. 实验设备与器件

1）数字示波器。

2）数字万用表。

3）数字电路试验装置。

4. 实验要求

1）分析设计要求，列出真值表，写出逻辑函数表达式，画出逻辑电路图。

2）用电路分析软件（Multisim 或 Max + plus Ⅱ）分析所设计的电路。

3）正确接线，测试电路所实现的功能。

5. 思考题

1）请叙述用门电路设计组合逻辑电路的方法。

2）请叙述用译码器和数据选择器设计组合逻辑电路的方法。

6. 实验报告

实验报告应包括以下内容：

1）实验目的。

2）实验使用的仪器。

3）实验电路的设计。分别画出用不同元器件所设计的电路，写出设计过程。

4）用 Multisim 或 Max + plus Ⅱ 对所设计的电路进行仿真，并分析仿真结果。

5）实验内容。写出实验步骤及方法，记录必要的数据（实验原始数据）。

6）对实验结果进行讨论。

7）列出元器件明细表。

3.2.2　计数译码显示电路的设计

1. 实验目的

1）掌握中规模集成计数器的功能及特点。

2）学习用集成计数器构成任意进制计数器。

3）进一步了解译码器性能及使用方法。

2. 设计要求

1）试利用 74LS160 十进制计数器构成十二进制计数器，并驱动译码显示电路显示计数过程。

①利用异步清零端设计，画出连接线路图；

②利用同步置数端设计，画出连接线路图。

2）试利用 74LS161 二进制计数器构成十二进制计数器；

3）试用 74LS160 设计一可控计数器：当 $M=1$ 时实现六进制计数，$M=0$ 时实现八进制计数。

3. 实验设备与器件

1）数字示波器。

2）数字万用表。

3）数字电路试验装置。

4. 实验要求

1）分析设计要求，画出逻辑电路图。

2）正确接线，将 74LS161 或 74LS160 所组成上述电路的 CP 端接 1Hz 的脉冲信号，观察并记录 Q_0、Q_1、Q_2、Q_3 的波形及数码管显示过程。

3）用电路分析软件（Multisim 或 Max + plus Ⅱ）分析所设计的电路。

5. 思考题

1）叙述用异步清零端设计和用同步置数端设计有何不同?

2）叙述用 74LS161 和用 74LS160 实现十二进制计数器有何不同?

6. 实验报告

实验报告应包括以下内容:

1）实验目的。

2）实验使用的仪器。

3）实验电路的设计。分别画出用不同元器件所设计的电路，写出设计过程。

4）用 Multisim 或 Max + plus Ⅱ 对所设计的电路进行分析，并分析仿真结果。

5）实验内容。写出实验步骤及方法，记录必要的数据（实验原始数据）。

6）对实验结果进行讨论。

7）列出元器件明细表。

3.2.3　彩灯控制器的设计

1. 实验目的

1）熟悉中规模集成计数器、译码器的功能及使用方法。

2）掌握多谐振荡器的测试方法。

3）掌握时序逻辑部件的测试方法。

4）学会简单时序逻辑电路的设计及实验方法。

2. 设计要求

1）设计一电路驱动八只指示灯，使其七亮一暗，且这一暗灯按每秒左移一位的节拍循环，电路由秒信号发生器、计数器和译码器组成。

2）秒信号可用 555 定时器组成的多谐振荡器实现。

3）计数器用 74LS161，译码器用 74LS138。

3. 实验设备与器件

1）数字示波器。

2）数字万用表。

3）数字电路试验装置。

4. 实验要求

1）分析设计要求，设计单元电路，画出整机电路。

2）正确接线，用示波器观察秒信号发生器的输出。

3）用电路分析软件（Multisim 或 Max + plus Ⅱ）分析所设计的电路。

5. 思考题

1）用多种方案设计多谐振荡器并用电路分析软件仿真。

2）若用移位寄存器，则如何实现彩灯控制器的设计？

6. 实验报告

实验报告应包括以下内容：

1）实验目的。

2）实验使用的仪器。

3）实验电路的设计。画出所设计的电路，写出设计过程。

4）用 Multisim 或 Max + plusⅡ对所设计的电路进行分析，并分析仿真结果。

5）实验内容。写出实验步骤及方法，记录必要的数据（实验原始数据）。

6）对实验结果进行讨论。

7）列出元器件明细表。

3.2.4　信号采样显示电路的设计

1. 实验目的

1）熟悉 A/D 转换器的基本工作原理。

2）掌握 ADC0809A/D 转换集成芯片的性能及典型应用。

2. 设计要求

1）用 A/D 转换电路、七段译码器、七段显示器实现单路信号采样显示电路。

2）加入 100kHz（采用石英晶体振荡器）的时钟信号，对直流电压进行采样，通过两位数码管进行十六进制数显示并进行记录。

3. 实验设备与器件

1）数字示波器。

2）数字万用表。

3）数字电路试验装置。

4. 实验要求

1）分析设计要求，设计单元电路，画出整机电路。

2）正确接线，用示波器观察时钟信号。

3）用电路分析软件（Multisim）分析所设计的电路。

5. 思考题

1）用多种方案设计 100kHz 的多谐振荡器并用电路分析软件仿真。

2）若模拟电压为双极性输入时，则电路应如何改接？

3）转换误差与何有关？

6. 实验报告

实验报告应包括以下内容：

1）实验目的。

2）实验使用的仪器。

3）实验电路的设计。画出所设计的电路，写出设计过程。

4）用 Multisim 对所设计的电路进行分析，并分析仿真结果。

5）实验内容。写出实验步骤及方法，记录必要的数据（实验原始数据）。

6）对实验结果进行讨论。

7）列出元器件明细表。

3.3 综合型、研究型实验

3.3.1 数字电子秒表

1. 实验目的

1）掌握555时基电路的分析和测试方法。

2）掌握集成计数器的功能测试及应用。

3）掌握译码显示电路的分析测试方法。

4）掌握多谐振荡器、计数器、译码显示器等电路的综合应用。

5）学习电子秒表的调试方法。

2. 设计指标

在数字电路实验装置上或面包板上设计完成两位数码显示的秒表，要求：

1）脉冲源采用555定时器构成的多谐振荡器。

2）计数器选用集成计数器，显示选用七段数码管完成。

3）应有控制数字秒表的启动和停止功能。

3. 预习要求

1）复习集成555定时器构成的多谐振荡器、集成计数器、译码和显示器等内容。

2）列出电子秒表单元电路整体框图。

3）设计好测试记录表格。

4）拟出实验步骤。

4. 实验设备与器件

1）数字示波器。

2）数字万用表。

3）数字电路实验装置。

4）器件：74LS160十进制计数器2片；74LS247 4组-七段译码器2片；74LS00四2输入与非门1片；74LS08四2输入与门1片；555定时器1片；电阻、电容若干。

5. 实验原理

数字电子秒表设计由启动停止电路、多谐振荡器、计数器、译码显示电路等组成，原理框图如图3-3-1所示。

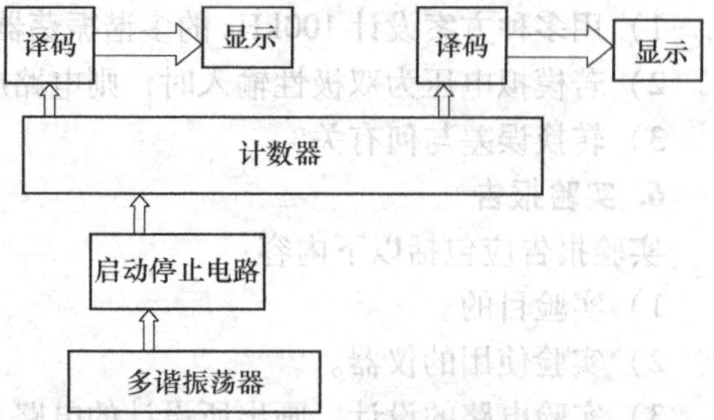

图3-3-1 数字电子秒表原理框图

（1）多谐振荡器

多谐振荡器是数字电子秒表的核心，振荡器的稳定度和频率的精准度决定了计时器的准确度，所以通常选用石英晶体来构成振荡器电路。一般来说，振荡器的频率越高，计时的精度就越高，但耗电量将增大。故在设计电路时，一定要根据需要，设计出最佳电路。

如果精度要求不高，也可采用 555 定时器与 RC 组成多谐振荡器。

(2) 启动停止电路

启动停止电路主要控制数字秒表的启动和停止，当把开关 S 接 +5V 电源时，数字秒表开始计数；当把开关 S 接地时，数字秒表停止计数。

(3) 计数器

计数器可采用的集成电路很多，如 74LS160、74LS161、741S290 等，可以查手册来选择。如采用两片中规模集成电路 74LS160，可利用 74LS160 异步清零端通过反馈归零的方法来实现，也可以利用 74LS160 同步置数端用置数法来实现。方案很多，可以通过比较来选择。

(4) 译码和显示电路

译码是对给定的代码进行翻译。计数器采用的码制不同，译码电路也不同。用七段发光二极管来显示译码器输出的数字，显示器有两种：共阳极或共阴极显示。译码和显示电路是将“秒”计数器中每块集成电路的输出状态（8421 代码）翻译成七段数码管能显示十进制数所要求的电信号，然后经数码管，把相应的数字显示出来。译码器可采取 74LS248（可驱动共阴极数码管）和 74LS247（可驱动共阳极数码管）。74LS247 的输入端和计数器对应的输出端相连，74LS247 的输出端和七段显示器的对应段相连。

数字电子秒表电路如图 3-3-2 所示。

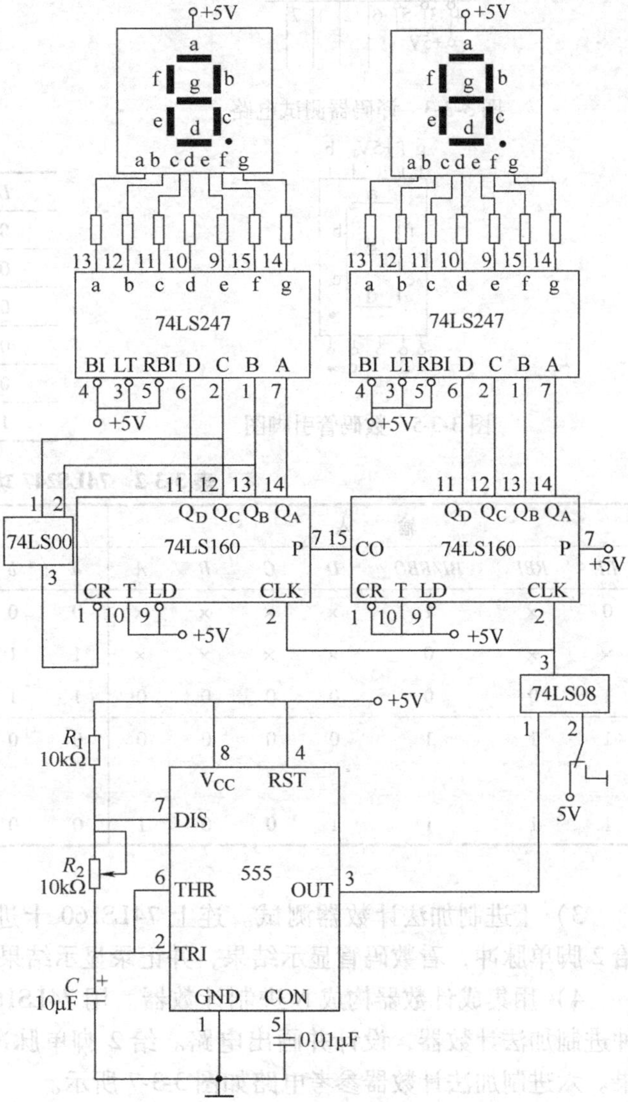

图 3-3-2　数字电子秒表电路

6. 实验内容及实验步骤

1）软件仿真。用 EDA 软件仿真整机电路，并打印仿真结果。

2）译码器测试。译码器测试电路如图 3-3-3 所示，当译码器 74LS247 的 D、C、B、A 分别是 0101、1001、0011 等，显示器显示数据填入表 3-3-1，74LS247 引脚图如图 3-3-4 所示，74LS247 功能表见表 3-3-2，数码管引脚图如图 3-3-5 所示。

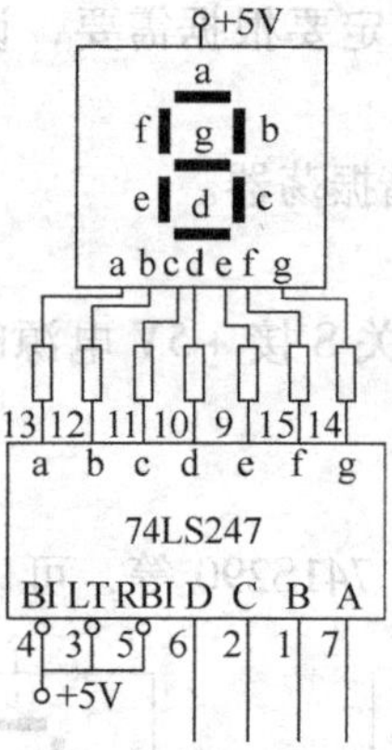

图 3-3-3　译码器测试电路

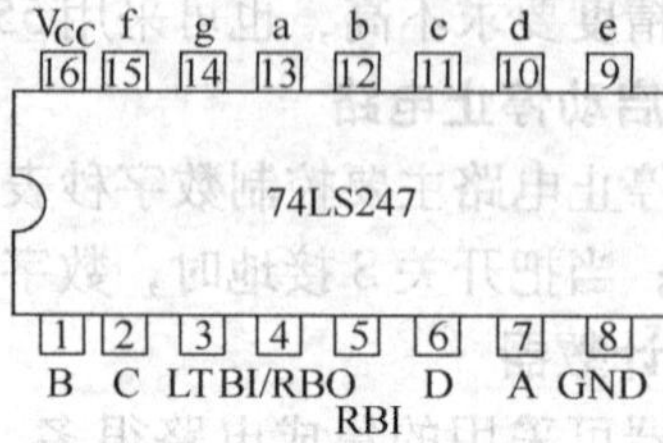

图 3-3-4　74LS247 引脚图

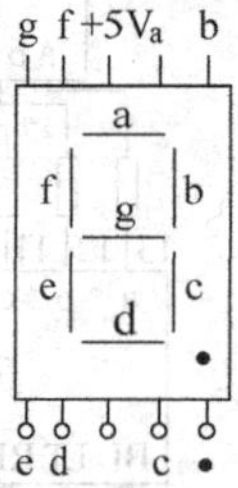

图 3-3-5　数码管引脚图

表 3-3-1　显示器显示数据

D	*C*	*B*	*A*	显示
0	0	0	0	
0	0	0	1	
0	0	1	1	
0	1	0	1	
0	1	1	1	
1	0	0	1	

表 3-3-2　74LS247 功能表

输入							输出							显示
LT	*RBI*	*BI/RBO*	*D*	*C*	*B*	*A*	*a*	*b*	*c*	*d*	*e*	*f*	*g*	
0	×	1	×	×	×	×	0	0	0	0	0	0	0	8
×	×	0	×	×	×	×	1	1	1	1	1	1	1	全灭
1	0	0	0	0	0	0	1	1	1	1	1	1	1	灭0
1	1	1	0	0	0	0	0	0	0	0	0	0	1	0
			⋮							⋮				⋮
1	1	1	1	0	0	1	0	0	0	0	1	0	0	9

3）十进制加法计数器测试。连上 74LS160 十进制加法计数器，电路如图 3-3-6 所示，给 2 脚单脉冲，看数码管显示结果，并记录显示结果。

4）用集成计数器构成 N 进制计数器。用 74LS160 和 74LS00 组成五进制或六进制等各种进制加法计数器，设计并画出电路。给 2 脚单脉冲，看数码管显示结果，并记录显示结果。六进制加法计数器参考电路如图 3-3-7 所示。

5）用 555 定时器组成多谐振荡器，画出实验电路，如图 3-3-8 所示，理论计算输出频率，用示波器观察输出的波形，记录所观察的波形。

6）连接两位的电子秒表整机电路，写出调试步骤及实验过程遇到的困难及解决方法。

7. 实验报告

实验报告应包括以下内容：

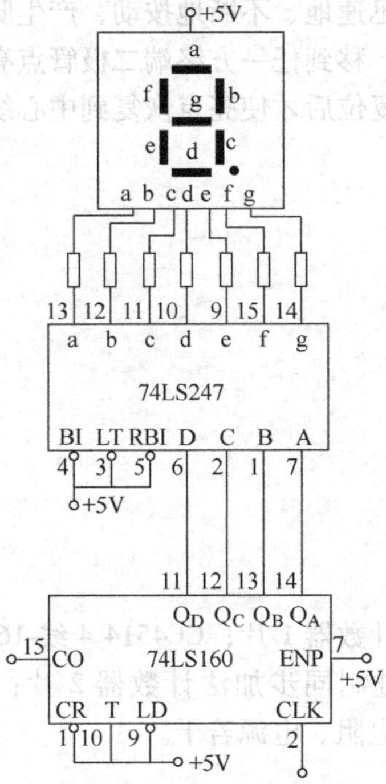

图 3-3-6　十进制加法计数器

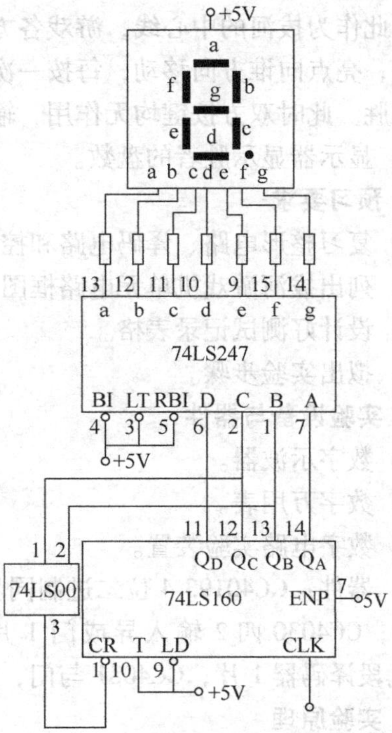

图 3-3-7　六进制加法计数器

1）实验目的。

2）实验使用的仪器。

3）实验电路的设计。画出所设计的电路，写出设计过程及参数计算。

4）用 Multisim 或 Max-plus Ⅱ 对电路进行仿真，并分析仿真结果。

5）实验内容。写出实验步骤及方法，记录必要的数据（实验原始数据）。

6）进行数据分析，画出相应的曲线。对实验结果进行讨论，写出结论性的内容。

7）列出元器件明细表。

8）简谈有何收获和体会。

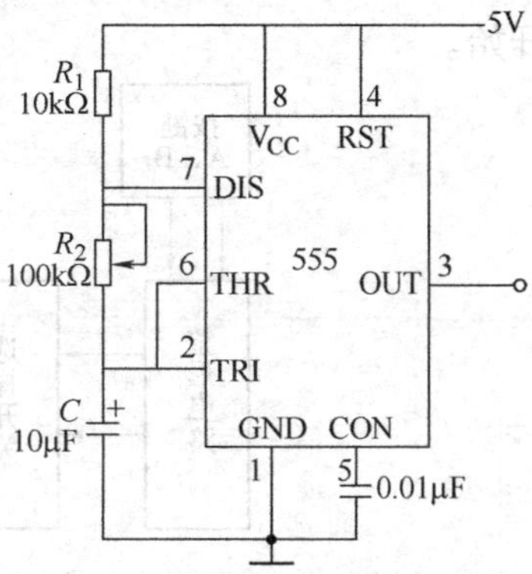

图 3-3-8　多谐振荡器实验电路

3.3.2　拔河游戏机

1. 实验目的

1）掌握集成可逆计数器的功能测试及应用。

2）掌握译码显示电路的应用。

3）掌握多谐振荡器、计数器、译码显示等电路的综合应用。

2. 设计指标

给定实验设备和主要元器件，按照电路的各部分组合成一个完整的拔河游戏机。

1）拔河游戏机需用 15 个（或 9 个）发光二极管排列成一行，开机后只有中间一个点亮，以此作为拔河的中心线，游戏各方各持一个按键，迅速地、不断地按动，产生脉冲，谁按得快，亮点向谁方向移动，每按一次，亮点移动一次。移到任一方终端二极管点亮，这一方就获胜。此时双方按键均无作用，输出保持，只有经复位后才使亮点恢复到中心线。

2）显示器显示胜者的盘数。

3. 预习要求

1）复习整形电路、译码电路和控制电路等内容。

2）列出拔河游戏机单元电路框图。

3）设计好测试记录表格。

4）拟出实验步骤。

4. 实验设备与器件

1）数字示波器。

2）数字万用表。

3）数字电路实验装置。

4）器件：CC40193 4 位二进制同步加/减（可逆）计数器 1 片；CC4514 4 线-16 线译码器 1 片；CC4030 四 2 输入异或门 1 片；CC4518 双十进制同步加法计数器 2 片；CC4511 BCD-七段译码器 1 片；CC4081 与门，CC4011 与非门，电阻、电源若干。

5. 实验原理

拔河游戏机实验电路框图如图 3-3-9 所示。CC40193 可逆计数器原始状态输出 4 位二进制 0000，经译码器输出使中间的一只发光二极管点亮。当按动 A、B 两个按键时，分别产生两个脉冲信号，经整形后分别加到可逆计数器上，可逆计数器输出的代码经译码器译码后驱动发光二极管点亮并产生位移。当亮点移到任何一方终端后，由于控制电路的作用，使这一状态被锁定，而对输出脉冲不起作用。如按动复位键，亮点又回到中点位置，比赛又可重新开始。

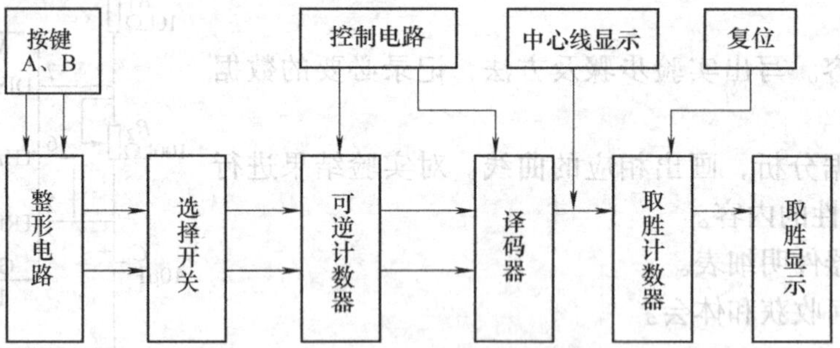

图 3-3-9　拔河游戏机实验电路框图

将双方终端发光二极管的正端分别经两个与非门后接至两个 CC4518 十进制计数器的允许控制端 EN，当任一方取胜时，该方终端发光二极管点亮，产生一个下降沿使其对应的计数器计数。这样，计数器的输出即显示了胜者取胜的盘数。拔河游戏机整机电路如图 3-3-10 所示。

（1）编码电路

编码器有两个输入端，四个输出端，要进行加/减计数，因此选用 CC40193 双时钟 4 位二进制同步加/减计数器来完成。

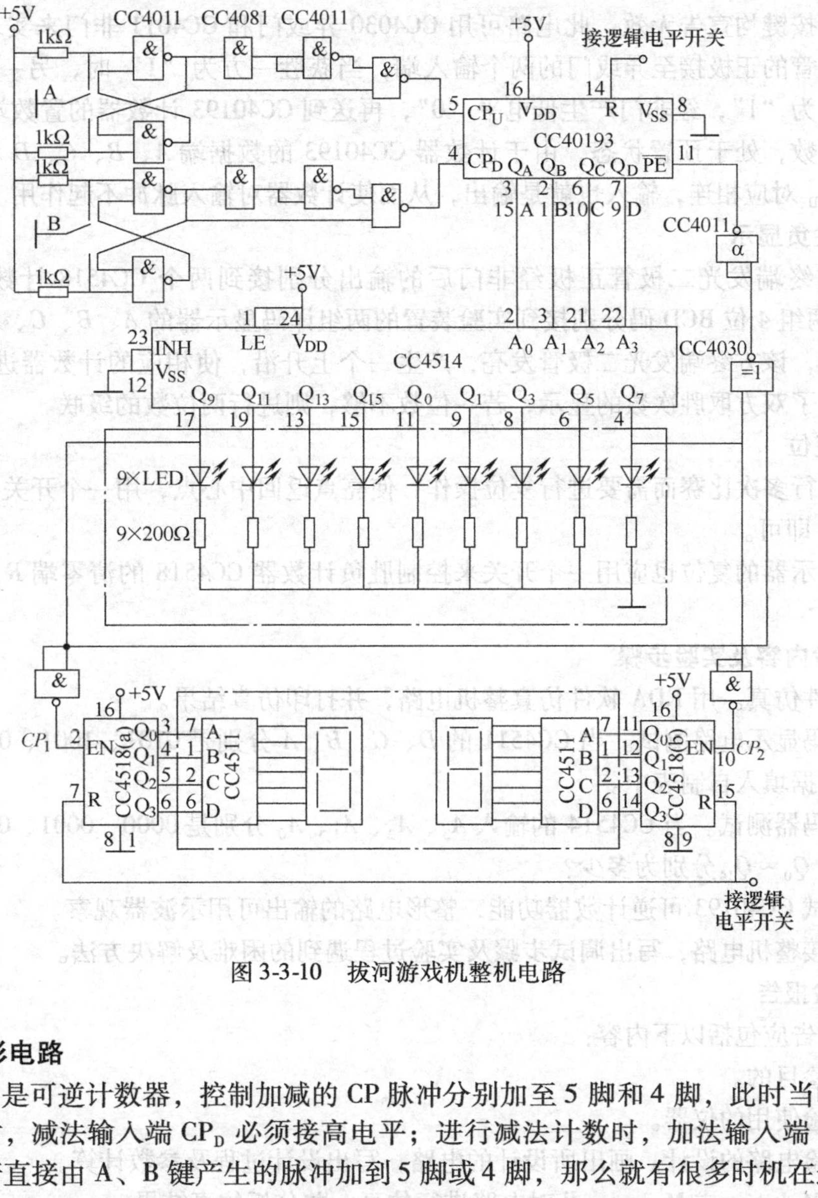

图 3-3-10　拔河游戏机整机电路

（2）整形电路

CC40193 是可逆计数器，控制加减的 CP 脉冲分别加至 5 脚和 4 脚，此时当电路要求进行加法计数时，减法输入端 CP_D 必须接高电平；进行减法计数时，加法输入端 CP_U 也必须接高电平，若直接由 A、B 键产生的脉冲加到 5 脚或 4 脚，那么就有很多时机在进行计数输入时另一计数器输入端为低电平，使计数器不能计数，双方按键均失去作用，拔河比赛不能正常进行。加一整形电路，使 A、B 二键出来的脉冲经整形后变为一个占空比很大的脉冲，这样就减少了进行某一计数时另一计数输入为低电平的可能性，从而使每按一次键都有可能进行有效的计数。整形电路由 CC4081 与门和 CC4011 与非门实现。

（3）译码电路

选用 4 线-16 线译码器 CC4514。译码器的输出 $Q_0 \sim Q_{14}$ 分接 15 个（或 9 个）发光二极管，发光二极管的负极接地，而正极接译码器；这样，当输出为高电平时发光二极管点亮。

比赛准备，译码器输入为 0000，Q_0 输出为“1”，中心处发光二极管首先点亮，当编码器进行加法计数时，亮点向右移，进行减法计数时，亮点向左移。

（4）控制电路

为指示出谁胜谁负，需用一个控制电路。当亮点移到任何一方的终端时，判该方为胜，此时双方的按键均宣告无效。此电路可用 CC4030 异或门和 CC4011 非门来实现。将双方终端发光二极管的正极接至异或门的两个输入端，当获胜一方为“1”时，另一方则为“0”，异或门输出为“1”，经非门产生低电平“0”，再送到 CC40193 计数器的置数端$\overline{PE}$，于是计数器停止计数，处于预置状态，由于计数器 CC40193 的数据端 A、B、C、D 和输出端 Q_A、Q_B、Q_C、Q_D 对应相连，输入也就是输出，从而使计数器对输入脉冲不起作用。

（5）胜负显示

将双方终端发光二极管正极经非门后的输出分别接到两个 CC4518 计数器的 EN 端，CC4518 的两组 4 位 BCD 码分别接到实验装置的两组译码显示器的 A、B、C、D 插口处。当一方取胜时，该方终端发光二极管发亮，产生一个上升沿，使相应的计数器进行加 1 计数，于是就得到了双方取胜次数的显示，若一位数不够，则进行两位数的级联。

（6）复位

为能进行多次比赛而需要进行复位操作，使亮点返回中心点，用一个开关控制 CC40193 的清零端 R 即可。

胜负显示器的复位也应用一个开关来控制胜负计数器 CC4518 的清零端 R，使其重新计数。

6. 实验内容及实验步骤

1）软件仿真。用 EDA 软件仿真整机电路，并打印仿真结果。

2）译码显示电路测试。当 CC4511 的 D、C、B、A 分别是 0101、1001、0011 等时，显示器显示数据填入自制表中。

3）译码器测试。当 CC4514 的输入 A_3、A_2、A_1、A_0 分别是 0000、0001、0010 等时，译码器的输出 $Q_0 \sim Q_{14}$分别为多少？

4）测试 CC40193 可逆计数器功能，整形电路的输出可用示波器观察。

5）连接整机电路，写出调试步骤及实验过程遇到的困难及解决方法。

7. 实验报告

实验报告应包括以下内容：

1）实验目的。

2）实验使用的仪器。

3）实验电路的设计。画出所设计的电路，写出设计过程及参数计算。

4）用 Multisim 或 Max-plus Ⅱ 对电路进行仿真，并分析仿真结果。

5）实验内容。写出实验步骤及方法，记录必要的数据（实验原始数据）。

6）进行数据分析。对实验结果进行讨论，写出结论性的内容。

7）列出元器件明细表。

8）简谈有何收获和体会。

3.3.3　直流数字电压表

1. 实验目的

1）了解双积分式 A/D 转换器的工作原理。

2）熟悉 CC14433 3 1/2 位 A/D 转换器的性能及其引脚功能。

3）掌握用 CC14433 构成直流数字电压表的方法。

2. 设计指标

本实验要求按原理图组装并调试好一台直流数字电压表。

1）用 A/D 转换电路、七段译码器、七段显示器等实现直流数字电压表。

2）输出 3 位的十进制数字电压。

3. 预习要求

1）本实验是一个综合性实验，应做好充分准备。

2）仔细分析原理图各部分电路的连接及其工作原理。

3）参考电压 V_R 上升，显示值增大还是减小？

4）要使显示值保持某一时刻的读数，电路应如何改动？

4. 实验设备与器件

1）数字示波器。

2）数字万用表。

3）数字电路实验装置。

4）器件：CC14433 A/D 转换器 1 片；CC4511 BCD-七段译码器 1 片；MC1403 精密基准电源 1 片；MC1413 七路达林顿晶体管阵列；电阻、电容、电源、数码管若干。

5. 实验原理

直流数字电压表的核心器件是一个间接型 A/D 转换器，它首先将输入的模拟电压信号变换成易于准确测量的时间量，然后在这个时间宽度里用计数器计时，计数结果就是正比于输入模拟电压信号的数字量。

（1）*V-T* 变化型双积分 A/D 转换器

图 3-3-11 是双积分 A/D 转换器的控制逻辑框图，它由积分器（包括运算放大器 A_1 和 RC 积分网络）、过零比较器 A_2，*N* 位二进制计数器，开关控制电路，门控电路，参考电压 V_R 与时钟脉冲源 *CP* 组成。

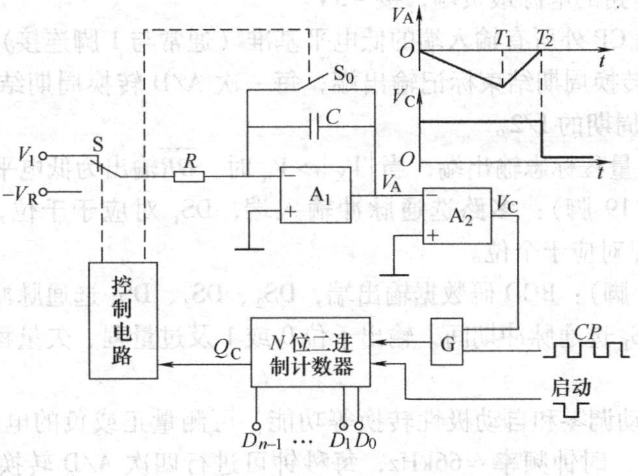

图 3-3-11　双积分 A/D 转换器的控制逻辑框图

转换开始前，先将计数器清零，并通过控制电路使开关 S_0 接通，将电容 C 充分放电。由于计数器进位输出 $Q_C=0$，控制电路使开关 S 接通 V_i，模拟电压与积分器接通，同时，门

G 被封锁，计数器不工作。积分器输出 V_A 线性下降，经零值比较器 A_2 获得一方波 V_C，打开门 G，计数器开始计数。当输入 2^n 个时钟脉冲时，$t=T_1$，各触发器输出端 $D_{n-1}\sim D_0$ 由 111…1 回到 000…0，其进位输出 $Q_C=1$，作为定时控制信号，通过控制电路将开关 S 转换至基准电压源 $-V_R$，积分器向相反方向积分。这时，V_A 开始线性上升，计数器重新从零开始计数，直到 $t=T_2$，V_A 下降到零，比较器输出的正方波结束。此时，计数器中暂存二进制数字就是 V_i 相对应的二进制数码。

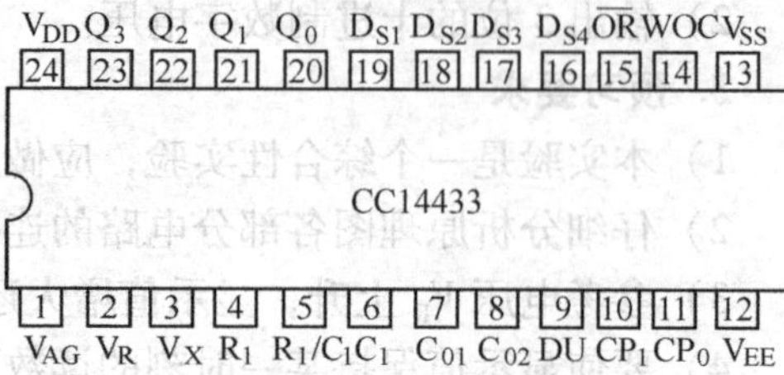

图 3-3-12　CC14433 引脚排列

（2）CC14433 3 1/2 位双积分 A/D 转换器的性能特点

CC14433 是 CMOS 双积分式 3 1/2 A/D 转换器，它将构成数字和模拟电路的约 7700 多个 MOS 晶体管集成在一个硅芯片上，芯片有 24 只引脚，采用双列直插式，其引脚排列如图 3-3-12 所示。

引脚功能说明：

V_{AG}（1 脚）：被测电压 V_X 和基准电压 V_R 的参考地。

V_R（2 脚）：外接基准电压（2V 或 200mv）输入端。

V_X（3 脚）：被测电压输入端。

R_1（4 脚）、R_1/C_1（5 脚）、C_1（6 脚）：外接积分阻容元件端，$C_1=0.1\mu F$（聚酯薄膜电容器），$R_1=470k\Omega$（2V 量程）；$R_1=27k\Omega$（200mV 量程）。

C_{01}（7 脚）、C_{02}（8 脚）：外接失调补偿电熔端，外接电容典型值 $0.1\mu F$。

DU（9 脚）：实时显示控制输入端。若与 EOC（14 脚）端连接，则每次 A/D 转换均显示。

CP_1（10 脚）、CP_0（11 脚）：时钟振荡外接电阻端，外接电阻典型值为 470kΩ。

V_{EE}（12 脚）：电路的电源最负端，接 −5V。

V_{SS}（13 脚）：除 CP 外所有输入端的低电平基准（通常与 1 脚连接）。

EOC（14 脚）：转换周期结束标记输出端，每一次 A/D 转换周期结束，EOC 输出一个正脉冲，宽度为时钟周期的 1/2。

$\overline{OR}$（15 脚）：过量程标志输出端，当 $|V_X|>V_R$ 时，$\overline{OR}$输出为低电平。

$DS_1\sim DS_4$（16 ~ 19 脚）：多路选通脉冲输入端，DS_1 对应于千位，DS_2 对应于百位，DS_3 对应于十位，DS_4 对应于个位。

$Q_0\sim Q_3$（20 ~ 23 脚）：BCD 码数据输出端，DS_2、DS_3、DS_4 选通脉冲期间，输出 3 位完整的十进制数，在 DS_1 选通脉冲期间，输出千位 0 或 1 及过量程、欠量程和被测电压极性标志信号。

CC14433 具有自动调零和自动极性转换等功能，可测量正或负的电压值。当 CP_1、CP_0 端接入 470kΩ 电阻时，时钟频率≈66kHz，每秒钟可进行四次 A/D 转换。它的使用调试简便，能与微处理机或其他数字系统兼容，广泛用于数字面板表、数字万用表、数字温度计、数字量具及遥测遥控系统。

（3）3 1/2 位直流数字电压表的组成（实验电路）

直流数字电压表整机电路如图 3-3-13 所示。被测直流电压 V_X 经 A/D 转换后以动态扫描形式输出，数字量输出端 $Q_0\ Q_1\ Q_2\ Q_3$ 上的数字信号（8421 码）按照时间先后顺序输出。位选信号 DS_1、DS_2、DS_3、DS_4 通过位选开关 MC1413 分别控制着千位、百位、十位和个位上的四只 LED 数码管的公共阴极。数字信号经七段译码器 CC4511 译码后，驱动四只 LED 数码管的各段阳极。这样就把 A/D 转换器按时间顺序输出的数据以扫描形式在四只数码管上依次显示出来。由于选通重复频率较高，工作时从高位到低位以每位每次约 300μs 的速率循环显示，即一个 4 位数的显示周期是 1.2ms，所以人的肉眼就能清晰地看到 4 位数码管同时显示 3 1/2 位十进制数字量。

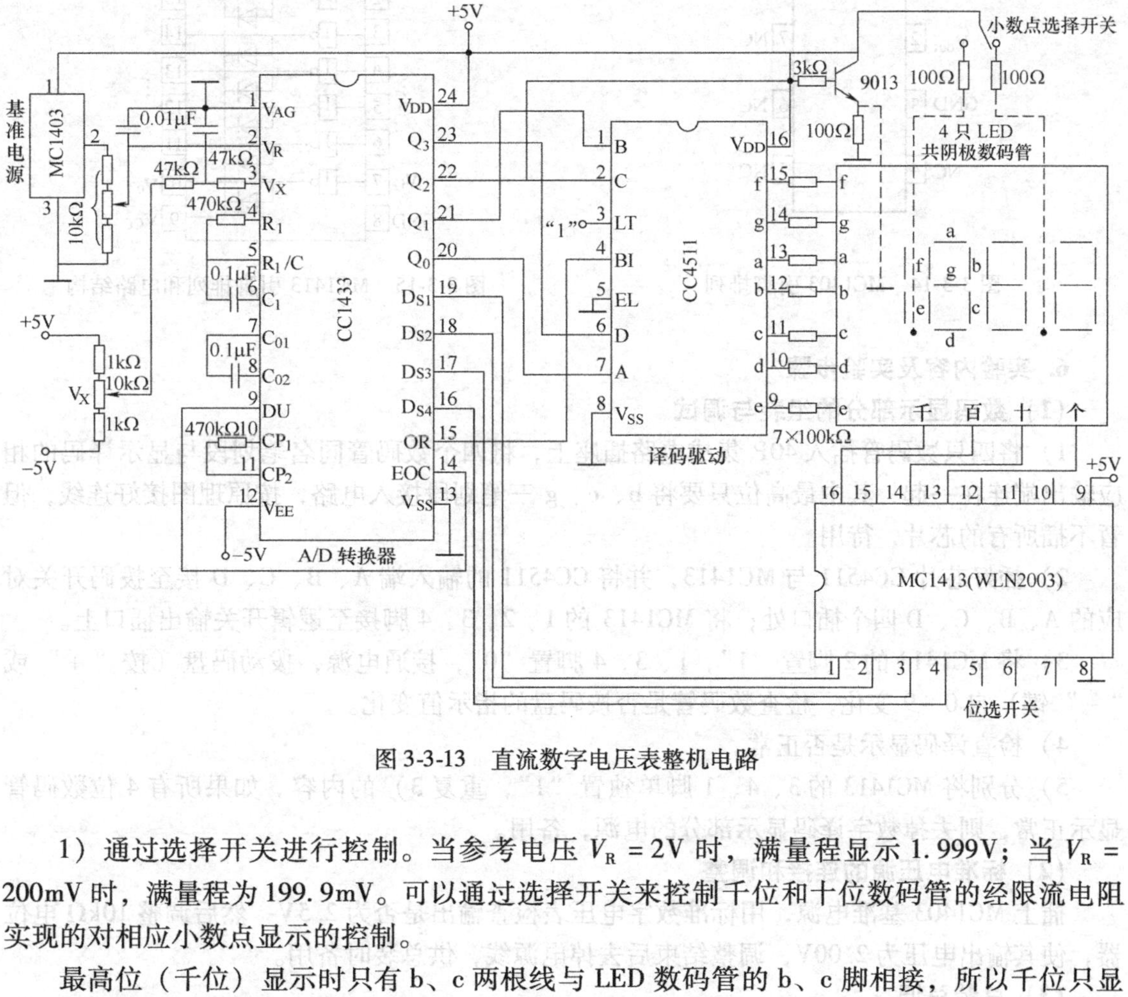

图 3-3-13　直流数字电压表整机电路

1）通过选择开关进行控制。当参考电压 $V_R = 2\text{V}$ 时，满量程显示 1.999V；当 $V_R = 200\text{mV}$ 时，满量程为 199.9mV。可以通过选择开关来控制千位和十位数码管的经限流电阻实现的对相应小数点显示的控制。

最高位（千位）显示时只有 b、c 两根线与 LED 数码管的 b、c 脚相接，所以千位只显示 1 或不显示，用千位的 g 笔段来显示模拟量的负值（正值不显示），即由 CC14433 的 Q_2 端通过 9013 NPN 晶体管来控制 g 段。

2）精密基准电源 MC1403。A/D 转换需要外接标准电压源作参考电压。标准电压源的精度应当高于 A/D 转换器的精度。本实验采用 MC1403 集成精密稳压源作参考电压，MC1403 的引脚排列如图 3-3-14 所示。MC1403 的输出电压为 2.5V，当输入电压在 4.5 ~ 15V 范围内变化时，输出电压的变化不超过 3mV，一般只有 0.6mV 左右，输出最大电流为 10mA。

3）CC4511。CC4511 是 BCD-七段译码/驱动器。

4）MC1413 七路达林顿晶体管阵列。MC1413 引脚排列和电路结构如图 3-3-15 所示。MC1413 采用 NPN 达林顿复合晶体管的结构，因此有很高的电流增益和很高的输入阻抗，可直接接收 MOS 或 CMOS 集成电路的输出信号，并把电压信号转换成足够大的电流信号驱动各种负载。该电路内含有七个集电极开路反相器（也称 OC 门）。MC1413 采用 16 引脚的双列直插式封装。每一驱动器输出端均接有一释放电感负载能量的抑制二极管。

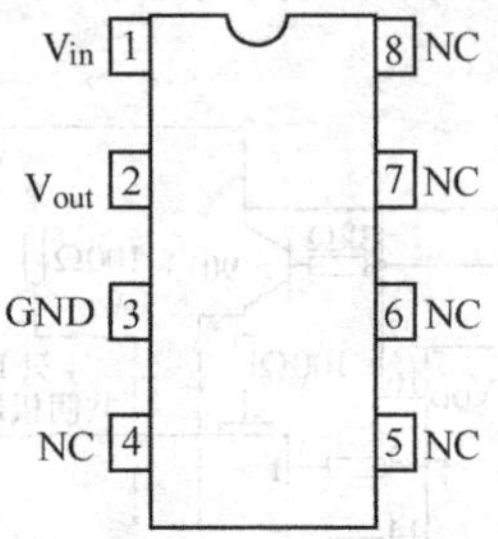

图 3-3-14　MC1403 引脚排列

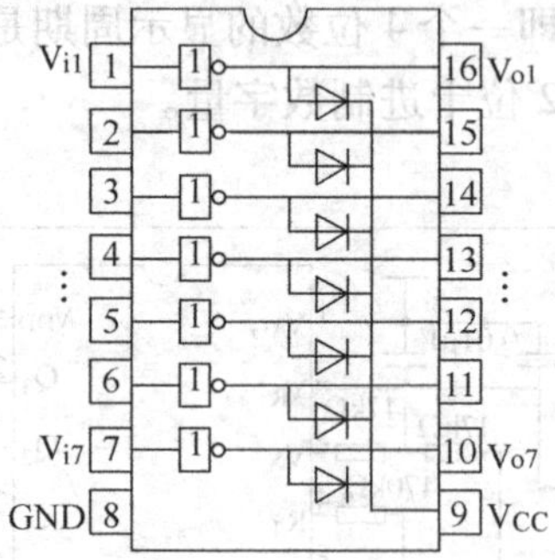

图 3-3-15　MC1413 引脚排列和电路结构

6. 实验内容及实验步骤

（1）数码显示部分的组装与调试

1）将四只数码管插入 40P 集成电路插座上，将四个数码管同名笔划段与显示译码的相应输出端连在一起，其中最高位只要将 b、c、g 三笔划段接入电路，按原理图接好连线，但暂不插所有的芯片，待用。

2）插好芯片 CC4511 与 MC1413，并将 CC4511 的输入端 A、B、C、D 接至拨码开关对应的 A、B、C、D 四个插口处；将 MC1413 的 1、2、3、4 脚接至逻辑开关输出插口上。

3）将 MC1413 的 2 脚置"1"，1、3、4 脚置"0"，接通电源，拨动码盘（按"+"或"-"键）自 0~9 变化，检查数码管是否按码盘的指示值变化。

4）检查译码显示是否正常。

5）分别将 MC1413 的 3、4、1 脚单独置"1"，重复 3）的内容。如果所有 4 位数码管显示正常，则去掉数字译码显示部分的电源，备用。

（2）标准电压源的连接和调整

插上 MC1403 基准电源，用标准数字电压表检查输出是否为 2.5V，然后调整 10kΩ 电位器，使其输出电压为 2.00V，调整结束后去掉电源线，供总装时备用。

（3）总装总调

1）插好芯片 MC14433，按原理图接好全部线路。

2）将输入端接地，接通 ±5V 电源（先接好地线），此时显示器将显示"000"值，如果不是，应检测电源正负电压。用示波器测量，观察 $DS_1 \sim DS_4$，$Q_0 \sim Q_3$ 波形，判别故障所在。

3）用电阻、电位器构成一个简单的输入电压 V_X 调节电路，调节电位器，4 位数码将相应变化，然后进入下一步精调。

4）用标准数字电压表（或用数字万用表代替）测量输入电压，调节电位器，使 V_X = 1.000V，这时被调电路的电压指示值不一定显示"1.000"，应调整基准电压源，使指示值与标准电压表误差个位数在 5 之内。

5）改变输入电压 V_X 极性，使 $V_i = -1.000V$，检查“ - ”是否显示，并按 4）方法校准显示值。

6）在 +1.999V ~0 ~ -1.999V 量程内再一次仔细调整（调基准电源电压），使全部量程内的误差均不超过个位数在 5 之内。

至此，一个测量范围在 ±1.999V 的数字直流电压表调试成功。

7）记录输入电压为 ±1.999，±1.500，±1.000，±0.500，0.000 时（标准数字电压表的读数）被调数字电压表的显示值，列表记录之。

8）用自制数字电压表测量正负电源电压。如何测量，试设计扩程测量电路。

9）若积分电容 C_1、C_{02}（0.1μF）换用普通金属化纸介电容时，观察测量精度的变化。

7. 实验报告

实验报告应包括以下内容：

1）实验目的。

2）实验使用的仪器。

3）实验电路的设计。绘出直流数字电压表的电路接线图，写出设计过程。

4）实验内容。阐明组装、调试步骤。

5）说明调试过程中遇到的问题和解决的办法。

6）列出元器件明细表。

第 4 章　数字电子技术基础课程设计

4.1　数字电子系统的设计方法及安装调试

4.1.1　数字电子系统的设计方法

数字电子系统的规模差异很大，对于比较小的数字电子系统可采用所谓经典设计，即根据设计任务要求，用真值表、状态表求出简化的逻辑表达式，画出逻辑电路图，最后用小规模集成电路实现。对于比较复杂的数字电子系统可采用大中规模集成电路，设计方法也比较灵活，有的全是由硬件电路来完成全部任务，有的除硬件电路外，还需要加上软件，即使用可编程器件。采用软硬结合的方法完成电路功能，给数字电子系统设计带来了很大的变化，硬件设计变得像软件一样易于修改，如要改变一个设计方案，通过设计工具软件在计算机数分钟内即可完成；对于需要完成复杂的算术运算，进行多路数据采集、处理及控制的系统，可采用单片机系统实现。目前处理复杂的数字电子系统的较好的方案是大规模可编程逻辑器件加单片机，这样可大大节约设计成本，提高可靠性。本章主要介绍用各种数字集成电路来设计数字电子系统。

一个完整的数字电子系统往往包括输入电路、输出电路、控制电路、时基电路和若干个子系统等，数字电子系统的一般设计步骤包括：首先必须明确系统的设计任务，根据任务进行方案选择，然后对方案中的各个部分进行单元电路的设计、参数计算和器件选择，最后将各个部分连接在一起，画出一个符合设计要求的完整的系统电路图。

数字电子系统的具体设计步骤如下：

1. 总体方案确定

具体做设计之前，必须仔细分析课题要求、性能、指标及应用环境等，分清楚要设计的电路属于何种类型，输入信号如何获得，输出执行装置是什么，工作的电压、电流参数是多少，主要性能指标如何等，最后设计出一个完整框图。总体方案框图必须正确反映完成的任务和各组成部分的功能，清楚地表示系统的基本组成和相互关系。

2. 单元电路的设计

按已确定的总体方案框图，明确各部分任务，进行各单元电路的设计、参数的计算和器件的选择。每个单元电路设计前都需明确各单元电路的任务，详细拟定出单元电路的性能指标、与前后级之间的关系，分析电路的组成形式。在设计时，应尽可能选用合适的现成电路。芯片的选用应优先使用中、大规模电路，这样做不仅能简化设计，而且有利于提高系统的可靠性。

3. 数字集成电路的选择

数字集成电路的种类繁多，在实际应用中，广泛使用的是双极型（如 TTL、HTL、DTL、ECL 等）和单极型（如 CMOS、PMOS、NMOS 等）集成电路。CMOS 和 TTL 集成电路是生产数量最多、应用最广泛、通用性最强的两大主流数字集成电路。

TTL数字集成电路主要分为54/74系列、54H/74H系列、54S/74S系列、54ALS/74ALS系列等。74系列是早期的产品，现仍在使用，但逐渐被淘汰；74H系列是74系列的改进型，属于高速TTL产品，其与非门的平均传输时间达到10ns左右，但电路的静态功耗较大，目前已不太使用；74S系列是高速肖特基系列，TTL的晶体管、二极管采用肖特基结构，速度较高，但品种比74LS系列少；74LS系列是低功耗肖特基系列，是当前TTL类型中的主要产品系列，品种和生产厂家很多，价格较低；74ALS系列是先进的低功耗肖特基系列，是74LS系列的后继产品，其速度、功耗等方面都有较大的改进，但价格较高；74AS系列是74S系列的后继产品，尤其是速度有显著提高，又称先进超高速肖特基系列；74F系列（74Fast系列）是相似于74ALS和74AS的高速型系列产品。

CMOS数字集成电路主要分为4000（4500）系列、54HC/74HC系列、54HCT/74HCT系列、54AC/74AC系列、54ACT/74ACT系列、54AHC/74AHC、54AHCT/74AHCT、54AHCU/74AHCU系列等。

标准型4000B/4500B系列是以美国RCA公司的CD4000B系列和CD4500B系列制定的，与美国Motorola公司的MC14000B系列和MC14500B系列产品完全兼容。该系列产品的最大特点是工作电源电压范围宽（3～18V）、功耗小、速度较低、品种多、价格低廉。是目前CMOS集成电路的主要应用产品。

74HC系列是高速CMOS标准逻辑电路系列，在保持低功耗的前提下，具有与74LS系列同等的工作速度和CMOS集成电路固有的低功耗及电源电压宽等特点。74HC×××是74LS×××同序号的翻版，如型号最后几位数字相同，表示电路的逻辑功能、引脚排列完全兼容。

74AC系列又称先进的CMOS集成电路，具有与74AS系列同等的工作速度和CMOS集成电路固有的低功耗及电源电压宽等特点。

在选择数字集成电路时要注意不要盲目追求高性能指标，只要满足设计要求即可，追求高指标会造成成本的急剧上升，且货源困难。选择的电阻电容均应是手册上相近的标称系列值。

4. 对电路进行计算机仿真，并分析仿真结果

首先用EDA软件对各单元电路进行计算机仿真，如结果不正确，要查找问题，直至仿真结果正确。

5. 电路图的绘制

为详细表示设计的整机电路及各单元电路的连接关系，设计时需绘制完整电路图，此部分可参考模拟系统设计部分。

4.1.2　数字电子系统的安装与调试

1. 数字集成电路的功能检测

所有的电子元器件在安装前要测试一遍，检测数字集成器件的方法有：仪器检测法、功能检测法等。仪器检测法可利用专用的数字检测仪进行测试，如数字逻辑分析仪等。功能检测法是对照数字集成器件的功能表，进行功能检测。

2. 数字电子系统的安装

数字电子系统的安装与模拟电路的安装方法相同，请参阅 2.1.2 节，注意器件引脚的连接要正确，“清零端”、“置数端”、“悬空端”、接电源端、接地端等要正确处理。

3. 数字电子系统的调试

首先调试单元电路，然后进行整机调试。数字电子系统调试的一般步骤如下：

（1）输入与输出间的逻辑关系的确定

首先确定电路输入与输出间的逻辑关系。正常情况下，观察输入与输出信号的波形、频率、幅度，选择好测量仪器，做好记录。

（2）静态和动态测试

对电路进行静态和动态测试。静态测试是在没外加输入信号或加固定电位的条件下测量电路的各点电位，动态测试是在电路输入端加入合适的动态信号，并用示波器观察各点的波形，同时测量电路的技术指标。

（3）故障查找与分析

数字电路调试中，因为集成电路引脚密集，连线又多，要求各单元之间时序关系又严格，所以出现故障不易找出原因。应注意以下问题：

1）注意检查容易产生故障的环节，掌握排除故障的方法。出现故障时，可以从简单部分逐级查找，逐步缩小故障点的范围，也可以对某些预知点的特性进行静态或动态测试，判断故障部位。

2）检测故障原因时，可以用万用表的表笔或示波器探头直接接触芯片的引脚，通过这样的检查可以查出断线、引线虚接、因芯片引脚折断或折弯而未能插入实验板等。

3）检查顺序。对于时序电路，首先应先检查时钟信号是否加上，是否满足电路对时钟的要求。其次再按照电路的逻辑功能分别检查各级电路的输入与输出引脚，看是否按要求接好。然后按照电路的逻辑功能，分别检查各级电路的输入与输出引脚，看是否正常。在检查电路时，应按照电路的逻辑功能进行推理分析，一步一步缩小故障范围，最后找出故障，加以排除。

4）注意电路中的元器件类型，如电路中有 TTL 电路，又有 CMOS 电路，还有分立元器件。要选择合适的电源，注意电平转换以及带负载能力等问题。

4. 使用数字集成电路的注意事项

1）不允许在超过极限参数的条件下工作。数字集成电路在超过极限参数的条件下工作，就可能工作不正常，且容易引起损坏。TTL 电路的电源电压允许变化范围比较窄，一般在 4.5 ~ 5.5V 之间，因此必须使用 +5V 稳压电源。CMOS 电路的工作电源电压范围比较宽，有较大的选择余地；但电源电压的高低会影响电路的工作频率等性能，电源电压低，电路工作频率会下降或增加传输延迟时间。

2）电源电压的极性千万不能接反，否则，会因为过大电流而造成元器件损坏。

3）CMOS 电路要求输入信号的幅度不能超过 $V_{DD} \sim V_{SS}$，即满足 $V_{SS} \leqslant V_I \leqslant V_{DD}$。当 CMOS 电路输入端施加的电压过高（大于电源电压）或过低（小于 0V），或者电源电压突然变化时，电路电流可能会迅速增大，而烧坏器件，这种现象称为可控硅效应。预防可控硅效应的措施主要有：输入端信号幅度不能大于 V_{DD} 和小于 0V；消除电源上的干扰；在条件允许的情况下，尽可能降低电源电压。如果电路工作频率比较低，用 +5V 电源供电最好；对使用的电源加限流措施，使电源电流被限制在 30mA 以内。

4）对多余输入端的处理。对于 CMOS 电路，多余的输入端不能悬空，否则，静电感应产生的高压，容易引起器件损坏，这些多余的输入端应该接 V_{DD} 或 V_{SS}，或与其他正使用的输入端并联。这三种处置方法，应根据实际情况而定。

对于 TTL 电路，对多余的输入端允许悬空，悬空时，该端的逻辑输入状态一般都作为“1”对待，虽然悬空相当于高电平，并不影响“与门、与非门”的逻辑关系，但悬空容易受干扰，有时会造成电路误动作。因此，多余的输入端应该接 V_{DD}、接地或与其他正使用的输入端并联，处置方法应根据实际情况而定。

5）由于 CMOS 电路输入阻抗高，容易受静电感应发生击穿，除电路内部设置保护电路外，在使用和存放时应注意静电屏蔽；焊接 CMOS 电路时，焊接工具应良好接地，焊接时间不宜过长，焊接温度不要太高，更不能在通电的情况下，拆卸拔、插集成电路。

6）很多种型号的数字集成电路，它们之间可以直接互换使用，如国产的 CC4000 系列，可与 CD4000 系列、MC14000 系列直接互换使用。但有些引脚功能、封装形式相同的数字集成电路，电参数有一定差别，互换时应注意。

7）注意设计工艺，增强抗干扰措施。在设计印制电路板时，应避免引线过长，以防止信号之间的窜扰和对信号传输的延迟。此外要把电源线设计得宽一些，地线要进行大面积接地，这样可减少接地噪声干扰。在 CMOS 电路逻辑系统设计中，应尽量减少电容负载。电容负载会降低 CMOS 电路的工作速度和增加功耗。

4.2 数字钟的设计

本节中将采用三种设计方法，即经典设计方式、基于 Multisim 设计方式、基于 VHDL 语言的设计方式。三种设计方法各有特点，可以根据设计要求选择。

4.2.1 设计指标及工作原理

1. 设计指标

1）设计一个具有“时”、“分”、“秒”的十进制显示计时器，要求为 24 小时循环。

2）具有校时、校分、校秒功能。

3）用集成电路组件实现。

4）给定条件：直流电源任意；石英晶体振荡器频率为 100kHz 或 32768Hz。

2. 数字钟的工作原理

数字钟的原理框图如图 4-2-1 所示，由晶体振荡器、分频器、秒、分、时计数器、译码器、显示器和校时电路组成。晶体振荡器产生的信号经过分频器作为秒脉冲，秒脉冲送入计数器计数，计数结果通过“时”、“分”、“秒”译码器显示时间。

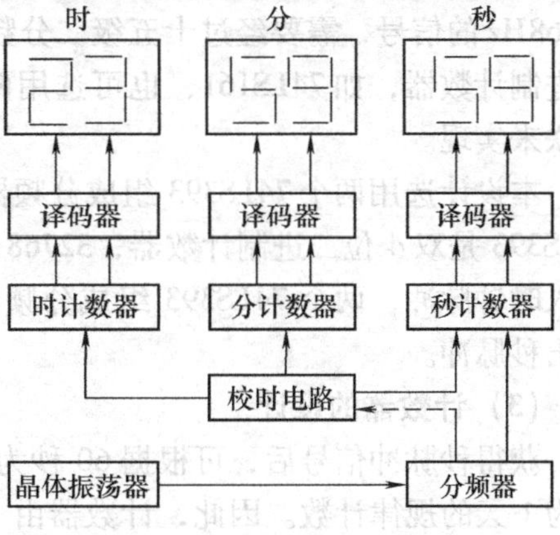

图 4-2-1　数字钟的原理框图

4.2.2　经典设计方式

1. 单元电路设计

（1）振荡器的设计

数字钟应具有标准的时钟源，用它产生频率稳定的 1Hz 脉冲信号，称为秒脉冲，因此振荡器是计时器的核心。振荡器的稳定度和频率的精准度决定了计时器的准确度，所以通常选用石英晶体来构成晶体振荡器。如果精度要求不高，也可采用集成电路 555 定时器与 RC 组成的多谐振荡器。

晶体振荡器给数字钟提供一个频率稳定准确的方波信号，一般输出为方波的数字式晶体振荡器通常有两类：一类是用 TTL 门电路构成；另一类是通过 CMOS 非门构成的电路。本次设计采用了后一种。振荡器如图 4-2-2 所示，由 CMOS 非门 IC1-1 与晶体、电容和电阻构成晶体振荡器电路。输出反馈电阻 R_1 为非门提供偏置，使电路工作于放大区域，即非门的功能近似于一个高增益的反相放大器。由于 CMOS 电路的输入阻抗极高，较高的反馈电阻有利于提高振荡频率的稳定性，因此 R_1 可选为 10MΩ。电容 C_0、C_1 与晶体构成一个谐振型网络，完成对振荡频率的控制功能，同时提供了一个 180°相移，从而和非门构成一个正反馈网络，实现了振荡器的功能。由于晶体具有较高的频率稳定性及准确性，从而保证了输出信号频率的稳定和准确。当要求频率准确度和稳定度更高时，还可接入校正电容并采取温度补偿措施；ICI-2 实现整形功能，将振荡器输出的近似于正弦波的波形转换为较理想的方波，IC1-2 的 4 脚输出的频率为 32768Hz 的方波。

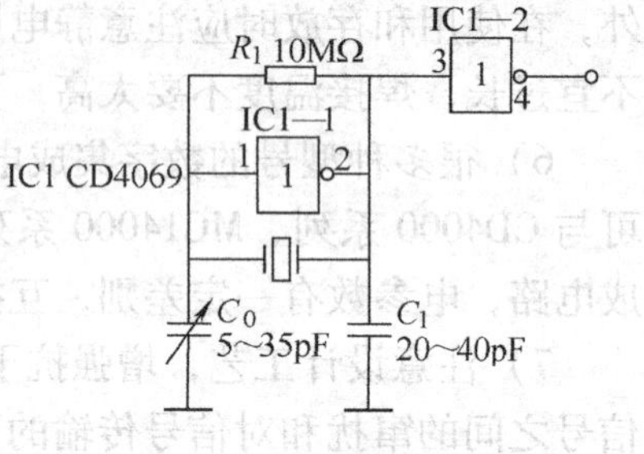

图 4-2-2　振荡器

（2）分频器的设计

由于石英晶体振荡器产生的频率很高，要得到秒脉冲，需要用分频电路。如果选用的晶体振荡电路产生的是 100kHz 的信号，要得到秒脉冲，需要对此信号进行 10^5 分频，即选用五级十分频来实现，可选用五个十进制计数器通过级联来实现。十进制计数器的集成电路很多，如 74LS160、74LS162、74LS290 等，也可查阅手册。如果选用的晶体振荡电路产生的是 32768Hz 的信号，需要经过十五级二分频电路，便可得到频率为 1Hz 的秒脉冲信号。可选用二进制计数器，如 74LS161，也可选用两片 8 位的二进制计数器 74LS867、74LS393 等通过级联来实现。

本设计选用两个 74LS393 组成分频器 IC2、IC3，如图 4-2-3 所示，74LS393 是双 4 位二进制计数器，32768Hz 的方波与 IC2 的 1 脚相连，输入时钟脉冲，两个 74LS393 组成分频器，$32768 = 2^{15}$，因此由 9 脚输出秒脉冲。

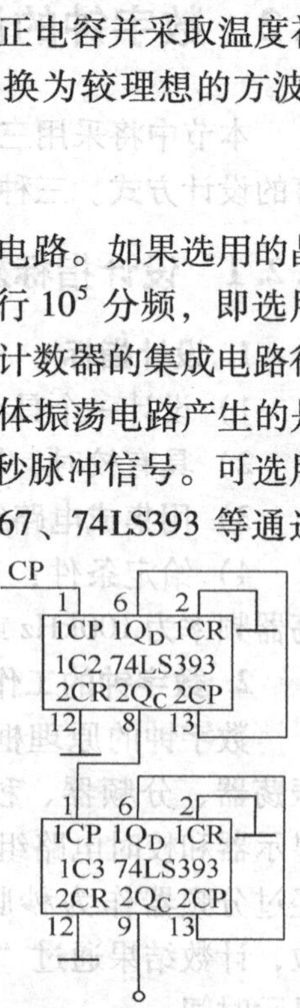

图 4-2-3　分频器

（3）计数器的设计

获得秒脉冲信号后，可根据 60 秒为 1 分，60 分为 1 小时，24 小时为 1 天的规律计数。因此，计数器由“秒”计数器电路、“分”计数器电路和“时”计数器电路组成，“秒”、“分”计数器为六十进制加法计数器，时计数器为二十四进制加法计数器。

1）六十进制加法计数器。采用两片中规模集成电路 74LS160 组成六十进制加法计数器，可利用 74LS160 异步清零端通过反馈归零的方法来实现，也可以利用 74LS160 同步置数端用置数法来实现。方案很多，可以通过比较来选择。

本设计由两个 74LS160（IC4、IC5）和 74LS00 四 2 输入与非门组成六十进制“秒”计数器，如图 4-2-4 所示，其中个位计数器 IC4 接成十进制形式。十位计数器 IC5 选择 Q_1 与 Q_2 做反馈端，经与非门输出控制清零端$\overline{CR}$，接成六进制计数形式。个位与十位计数器之间采用同步级联方式，将个位计数器的进位输出控制端（CO）接至十位计数器的计数容许端 P，完成个位对十位计数器的进位控制。秒信号脉冲作为计数脉冲输入到 CP 端。同理，由两个 74LS160（IC6、IC7）和 74LS00 四 2 输入与非门，组成六十进制“分”计数器电路。

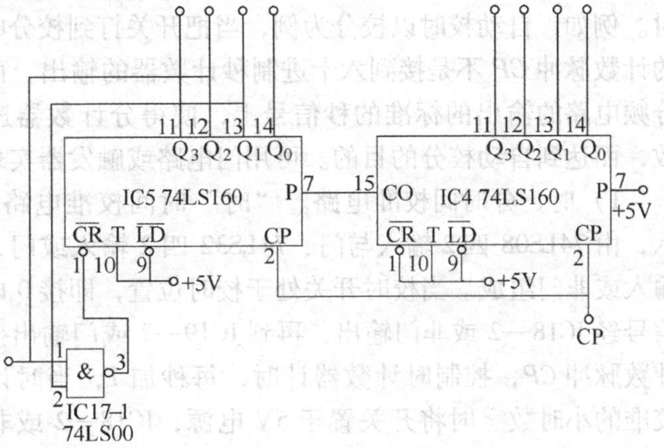

图 4-2-4　六十进制加法计数器

2）二十四进制加法计数器。由两个 74LS160（IC8、IC9）和 74LS00 四 2 输入与非门组成二十四进制“时”计数器，如图 4-2-5 所示，图中个位与十位计数器均采用同步级联方式。选择十位计数器的输出端 Q_1 和个位计数器的输出端 Q_2 通过与非门控制两片计数器的清零端$\overline{CR}$，可实现二十四进制递增计数。

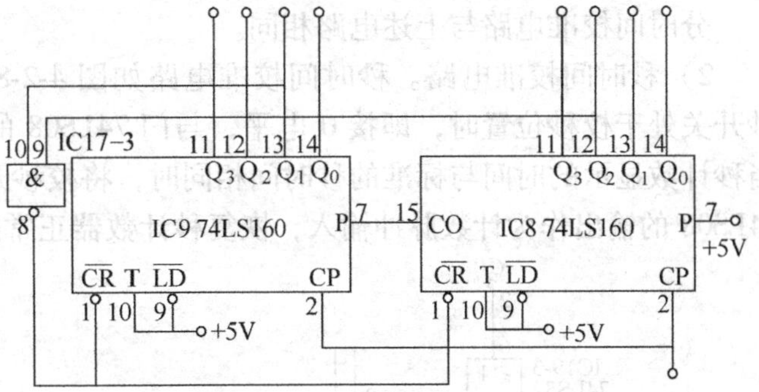

图 4-2-5　二十四进制加法计数器

（4）译码和显示电路的设计

译码是将给定的代码进行翻译。计数器采用的码制不同，译码电路也不同。用七段发光二极管来显示译码器输出的数字，显示器有两种：共阳极或共阴极显示。译码和显示电路是将“秒”、“分”、“时”计数器中每块集成电路的输出状态（8421 代码）翻译成七段数码管能显示十进制数所要求的电信号，然后经数码管，把相应的数字显示出来。译码器有多个型号可供选择，如 74LS248（可驱动共阴极数码管）、74LS247（可驱动共阳极数码管）、CD4511 等。

本设计译码和显示电路由 74LS248 和七段数码管组成。此电路共需要六个 74LS248 和六个七段数码管。六个七段数码管，随着秒计数脉冲不断的输入和计时的变化，连续地进行时、分、秒计时显示。一个 74LS248 和一个七段数码管组成的电路如图 4-2-6 所示。74LS248 的译码输出端通过限流电阻（200Ω）与数码管相连，以防电流过大烧坏发光二极管。改变限流电阻的大小，可以改变发光二极管的亮度。

(5) 校时电路的设计

校时电路的作用是当计时器刚接通电源或走时出现误差时，实现对“时”、“分”、“秒”的校准。在电路中设有正常计时和校时位置。校时电路可以采用手动校时或自动校时。例如，自动校时以校分为例，当把开关打到校分时，分计数器的计数脉冲 *CP* 不是接到六十进制秒计数器的输出，而是直接接到分频电路的输出的标准的秒信号上，使得分计数器进行快速的计数，而达到自动校分的目的。可用门电路或触发器实现。

1）时、分时间校准电路。“时”时间校准电路如图 4-2-7 所示，由 74LS08 四 2 输入与门、74LS32 四 2 输入或门、74LS02 四 2 输入或非门组成。当校时开关处于校时位置，即接 0 电平，秒脉冲信号经 IC18—2 或非门输出，再到 IC19—2 或门输出接时计数器的计数脉冲 *CP*，控制时计数器计时，每秒加 1，当时计数器显示出校准的小时数字时将开关置于 5V 电源，IC18—2 或非门输出为低电平，时计数器的计数脉冲 *CP* 接分计数器的进位信号，恢复时计数器正常计数。

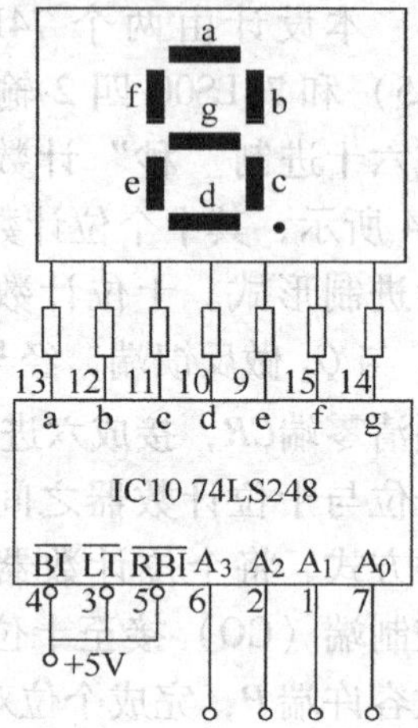

图 4-2-6　一个 74LS248 和七段数码管组成的电路

分时间校准电路与上述电路相同。

2）秒时间校准电路。秒时间校准电路如图 4-2-8 所示，当校秒开关处于校秒位置时，即接 0 电平，与门 74LS08 的输出为 0 电平，秒计数器停止计数，当秒计数显示的时间与标准的秒时间相同时，将校秒开关置于高电平，秒信号脉冲通过与门 74LS08 的输出作为计数脉冲输入，恢复秒计数器正常的计数。

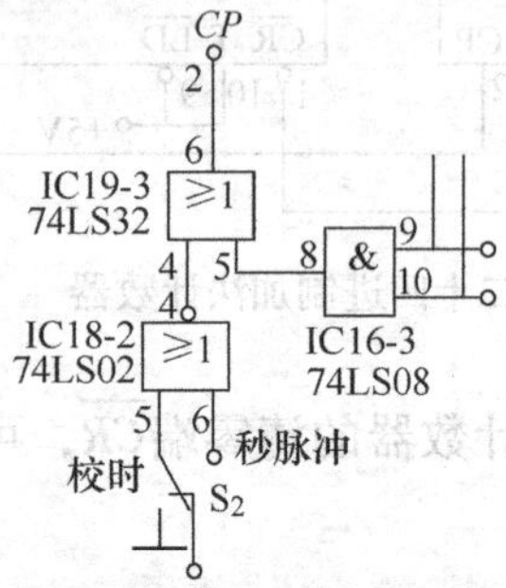

图 4-2-7　“时”时间校准电路

图 4-2-8　秒时间校准电路

2. 整机电路

数字钟整机电路如图 4-2-9 所示。

4.2.3　基于 Multisim 的数字钟的设计

1. 振荡器

振荡器电路如图 4-2-10 所示，如果直接运行，会出现如图 4-2-11 所示的错误提示，所以可在电路旁边放一个电源（直流、交流均可），这个电源不用连接在电路中，电路即能正常工作。可用示波器观察输出的波形，如图 4-2-12 所示。

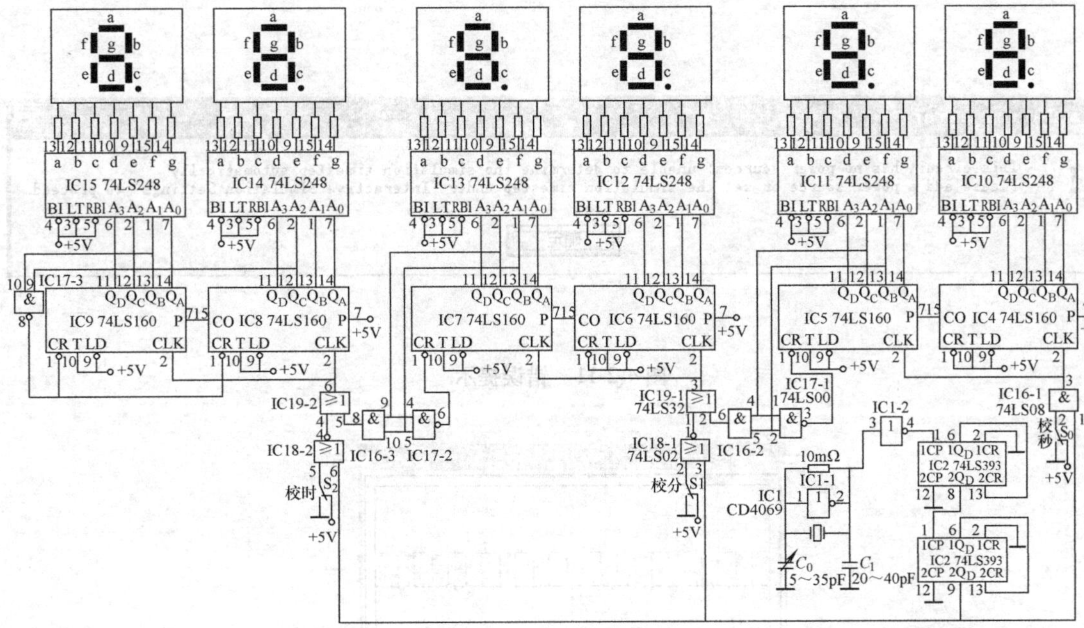

图 4-2-9　数字钟整机电路

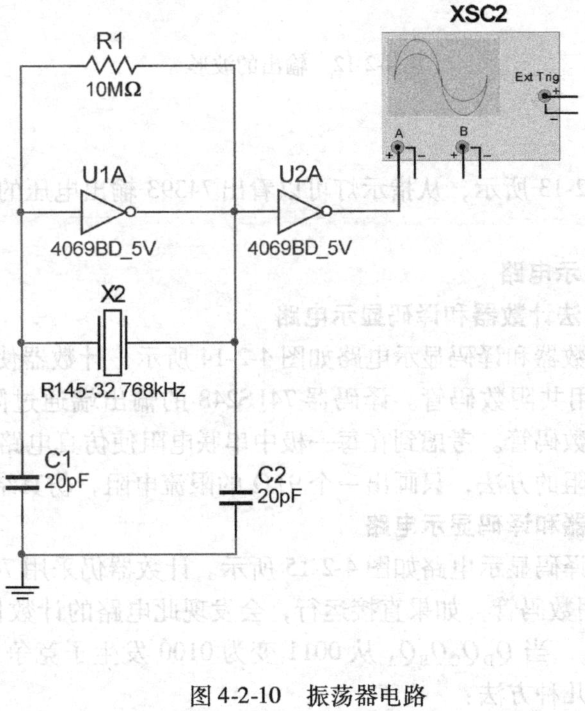

图 4-2-10　振荡器电路

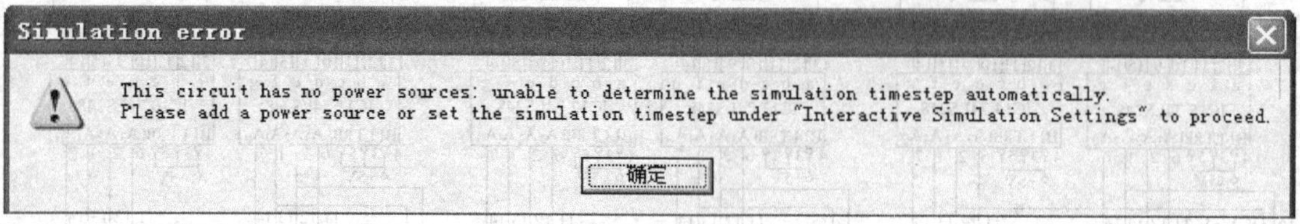

图 4-2-11　错误提示

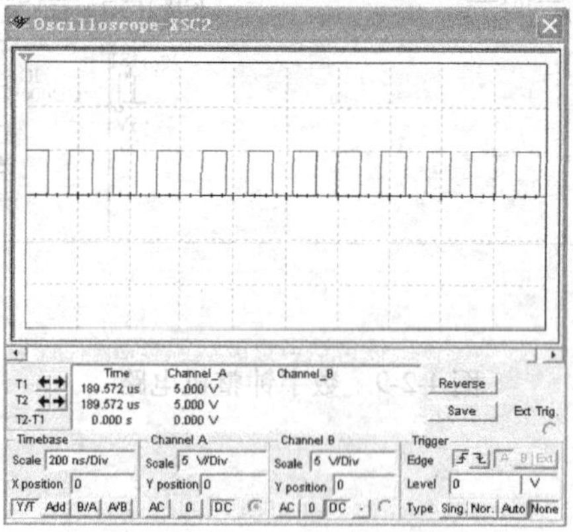

图 4-2-12　输出的波形

2. 分频器

分频器电路如图 4-2-13 所示，从指示灯可以看出 74393 输出电压的频率与输入电压频率的关系。

3. 计数器和译码显示电路

(1) 二十四进制加法计数器和译码显示电路

二十四进制加法计数器和译码显示电路如图 4-2-14 所示，计数器使用 74LS160，译码器选用 74LS248，显示器用共阴数码管。译码器 74LS248 的输出端通过限流电阻与数码管相连，以防电流过大烧坏数码管。考虑到在每一极中串联电阻使仿真电路图不清楚，这里采用了在公共端串联限流电阻的方法，只画出一个 91Ω 的限流电阻，仿真结果正确。

(2) 六十进制计数器和译码显示电路

六十进制计数器和译码显示电路如图 4-2-15 所示。计数器仍采用 74LS160，译码器选用 74LS248，显示器用共阴数码管，如果直接运行，会发现此电路的计数长度是 40 而不是 60，主要原因是 $CLR=\overline{Q_C Q_B}$，当 $Q_D Q_C Q_B Q_A$ 从 0011 变为 0100 发生了竞争冒险，消除竞争冒险的方法很多，下面介绍几种方法：

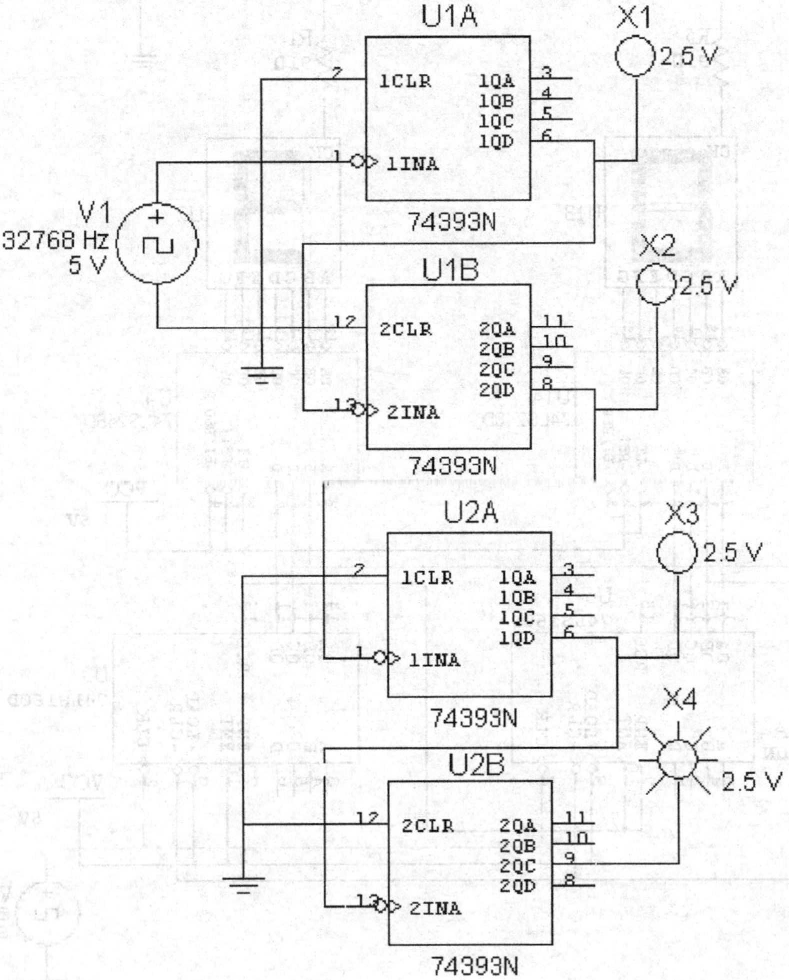

U1A
X1
2.5 V
1CLR
1QA
1QB
1QC
1QD
1INA
74393N
V1
32768 Hz
5 V
X2
2.5 V
U1B
2CLR
2QA
2QB
2QC
2QD
2INA
74393N
U2A
X3
2.5 V
1CLR
1QA
1QB
1QC
1QD
1INA
74393N
X4
U2B
2.5 V
2CLR
2QA
2QB
2QC
2QD
2INA
74393N

图 4-2-13　分频器电路

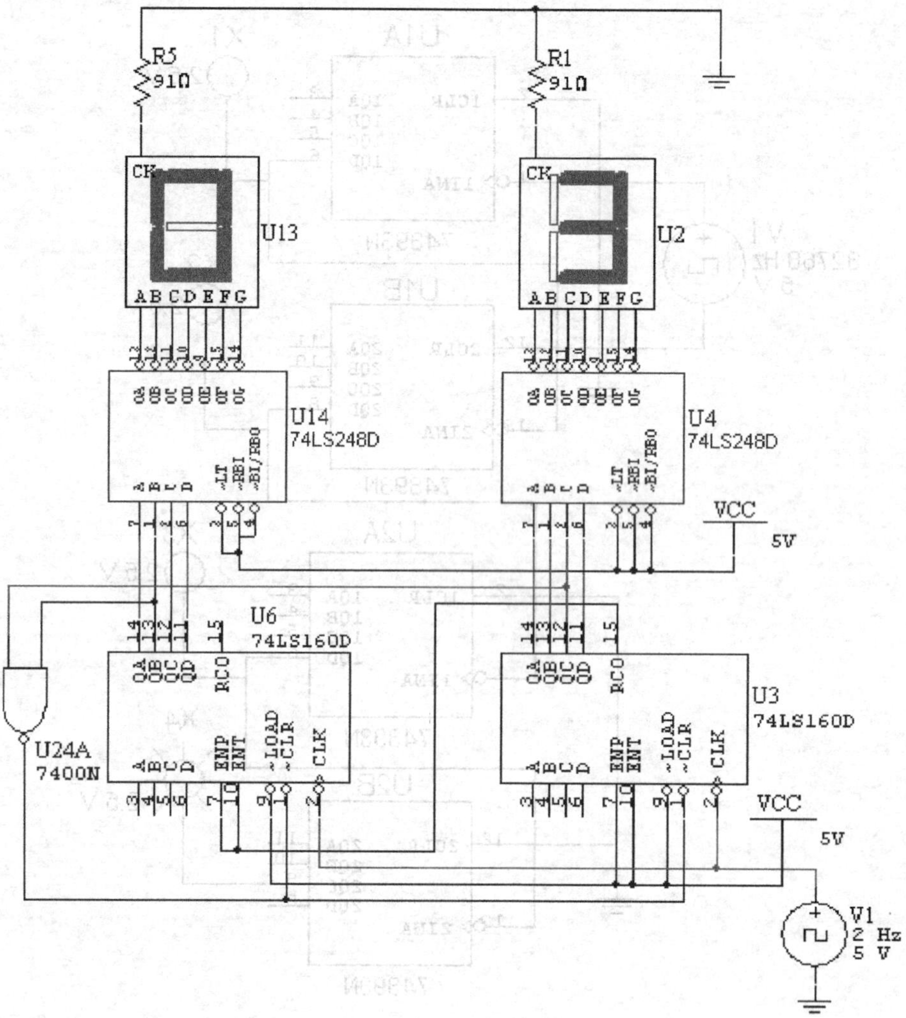

图 4-2-14 二十四进制计数器和译码显示电路

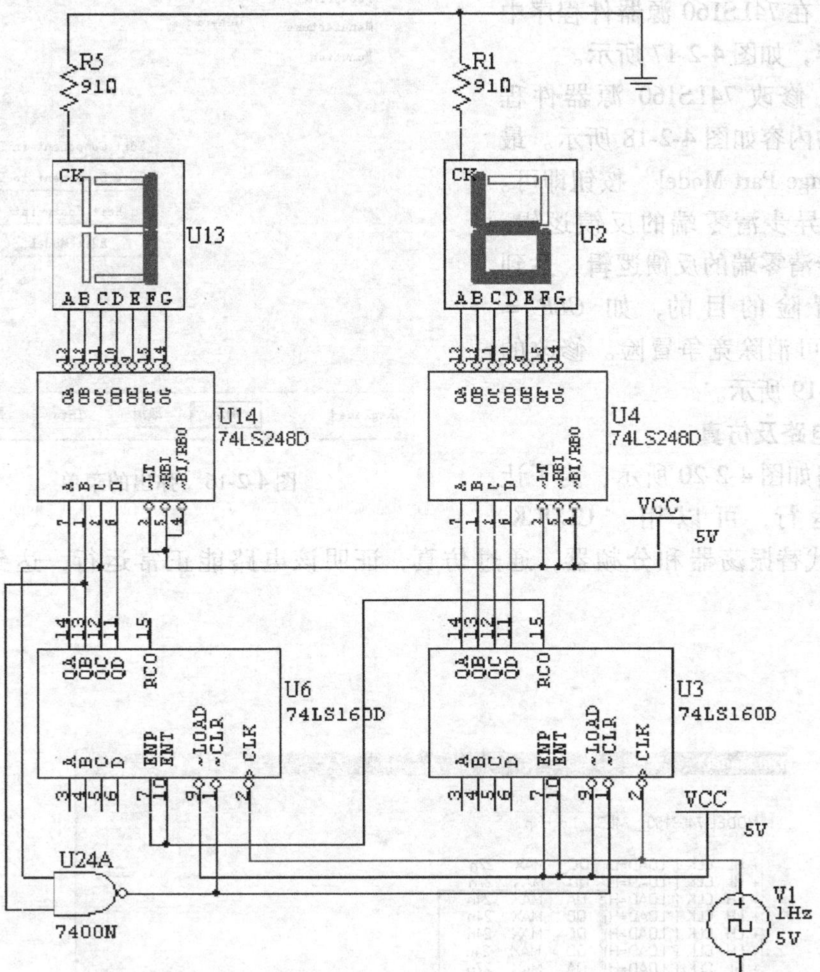

图 4-2-15　六十进制计数器和译码显示电路

1）调整 74LS160 上升沿与下降沿时间（原理：缩短上升沿和下降沿时间，破坏竞争冒险形成条件）。

第一步，双击“74LS160”，在弹出的菜单里选择“Edit Model”，如图 4-2-16 所示。

第二步，在 74LS160 源器件程序中找到图示内容，如图 4-2-17 所示。

第三步，修改 74LS160 源器件程序，已修改的内容如图 4-2-18 所示。最后单击“Change Part Model”按钮即可。

2）修改异步清零端的反馈逻辑。通过修改异步清零端的反馈逻辑，达到消除竞争冒险的目的，如 $\overline{CLR}=Q_CQ_B\overline{Q_A}$，即可消除竞争冒险。修改的电路如图 4-2-19 所示。

4. 整机电路及仿真

整机电路如图 4-2-20 所示，为了让电路正常运行，可以用“CLOCK-VOLTAGE”代替振荡器和分频器，通过仿真，证明该电路能正常运行，达到了设计要求。

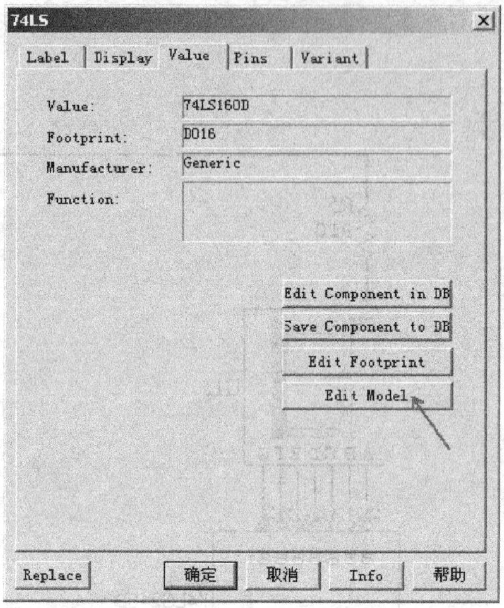

图 4-2-16　弹出的菜单

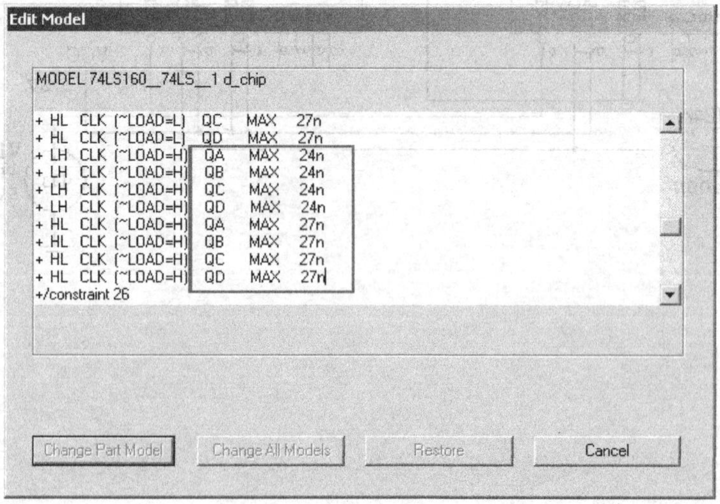

图 4-2-17　74LS160 源器件程序

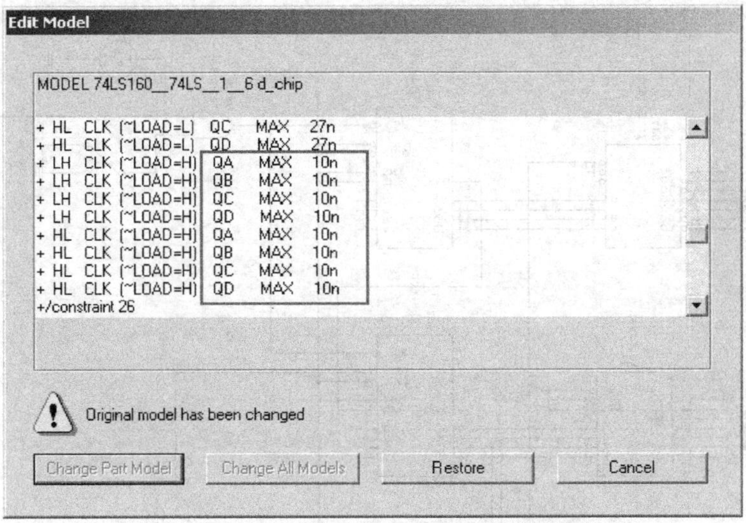

图 4-2-18　已修改的 74LS160 源器件程序

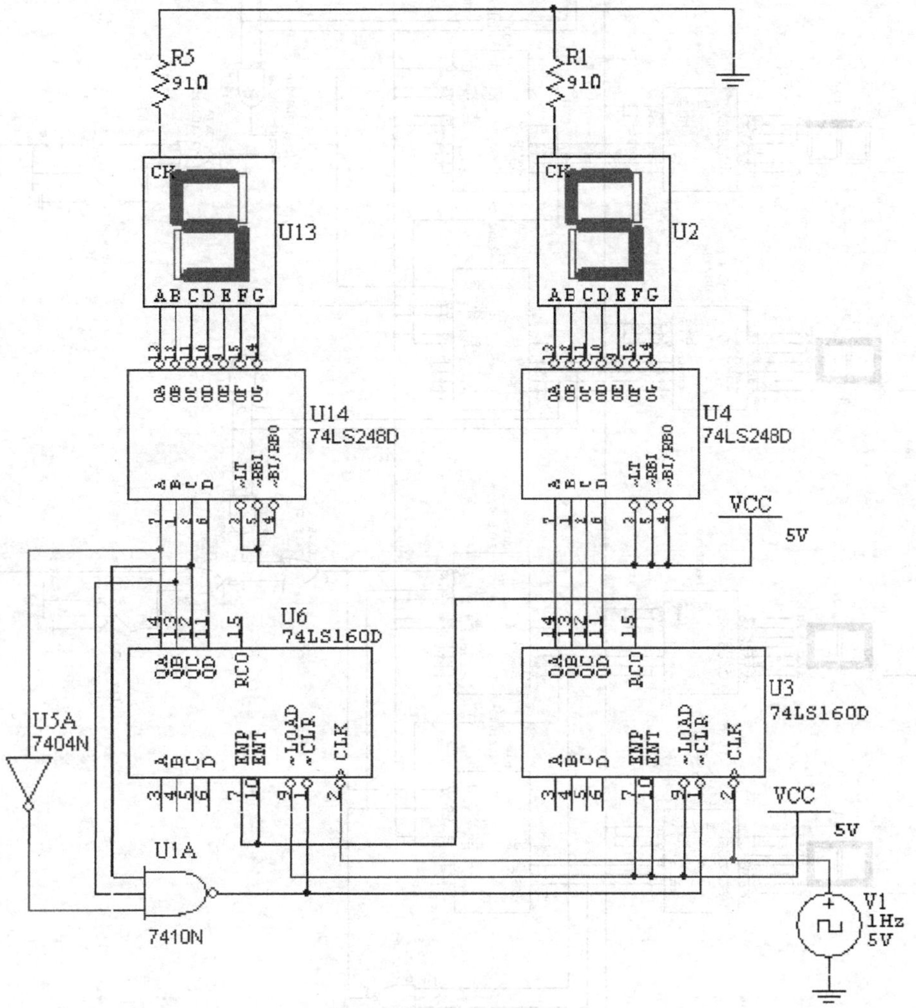

图 4-2-19　修改的电路

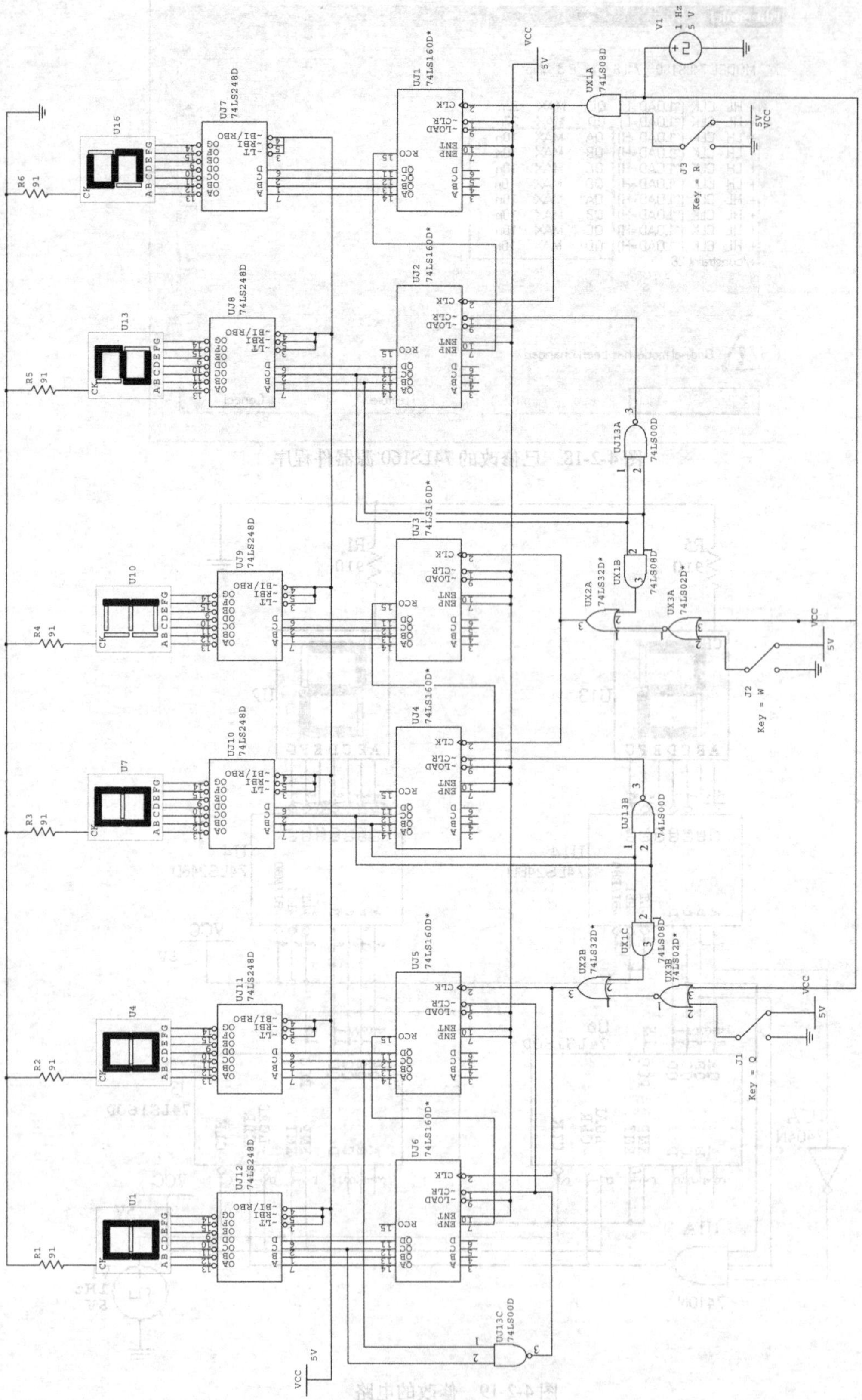
UJ1
74LS160D*
UJ2
74LS160D*
UJ3
74LS160D*
UJ4
74LS160D*
UJ5
74LS160D*
UJ6
74LS160D*
UJ7
74LS248D
UJ8
74LS248D
UJ9
74LS248D
UJ10
74LS248D
UJ11
74LS248D
UJ12
74LS248D
U16
U13
U10
U7
U4
U1
R1 91
R2 91
R3 91
R4 91
R5 91
R6 91
UX1A 74LS08D
UX1B 74LS08D
UX1C 74LS08D
UX2A 74LS32D*
UX2B 74LS32D*
UX3A 74LS02D*
UX3B 74LS02D*
UJ13A 74LS00D
UJ13B 74LS00D
UJ13C 74LS00D
V1 1 Hz 5 V
J1 Key = Q
J2 Key = W
J3 Key = R
VCC 5V

图 4-2-20　整机电路

4.2.4　基于 VHDL 语言的数字钟的设计

本节主要介绍的是用 CPLD 设计数字钟的方法，应用 VHDL 语言编程，采用 Max + plus Ⅱ进行仿真，并下载到 EDA 实验箱进行验证。设计中采用自顶向下的设计方法，将整个系统分为几个各具不同功能的单元模块：SECOND 秒模块，实现秒计数及向高位进位；MINUTE 分模块，实现分钟计数及向高位的进位；HOUR 时模块，实现小时的计数；FEN10 及 FEN2 分别实现十分频及二分频，100kHz 的时钟信号经五个十分频后得到秒信号，100kHz 的时钟信号经两个十分频再二分频得到 500Hz 的信号，用于报时功能；模块 SST 为整点报时提供控制信号；模块 BBB 对应不同的片选信号送出不同的要显示的数据；模块 DISP 是七段译码器；模块 SEL 提供数码管片选信号。数字钟的总体框图如图 4-2-21 所示。

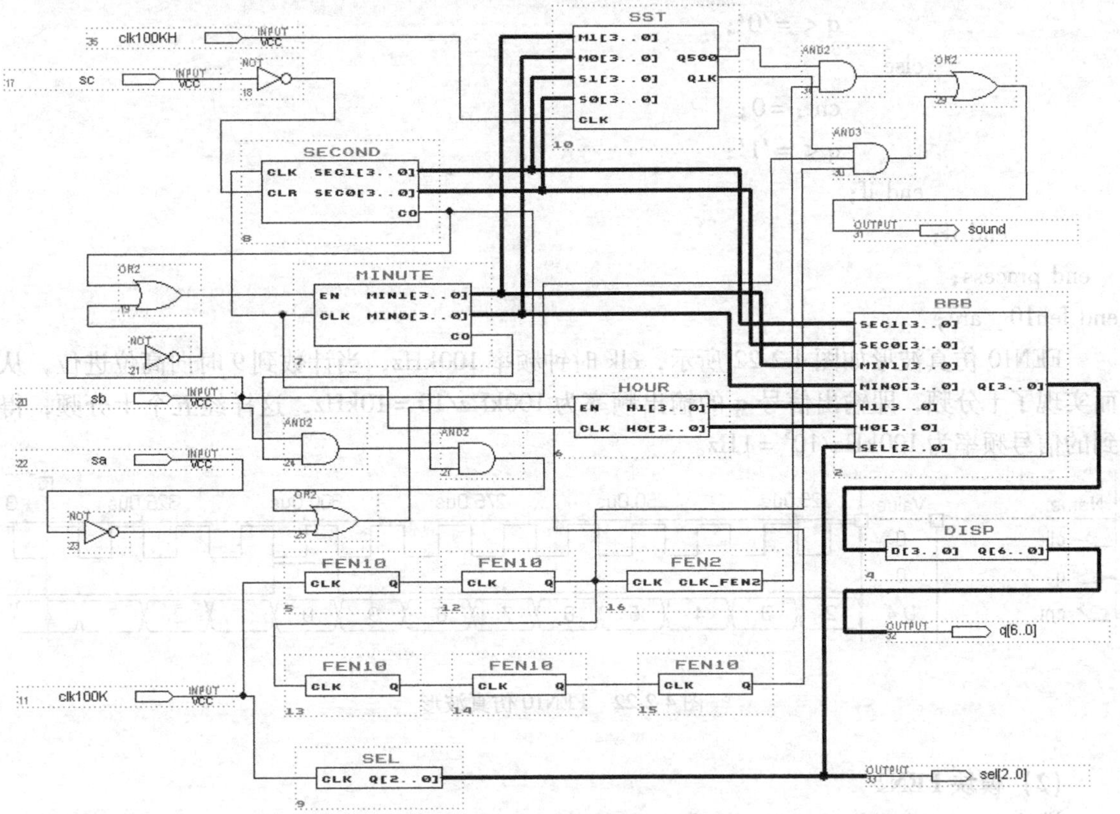

图 4-2-21　数字钟的总体框图

1. 数字钟的 VHDL 设计及仿真

（1）模块 FEN10

模块 FEN10 实现十分频，时钟频率为 100kHz，经五个十分频，得到 1Hz 的秒信号，分别送到 SECOND、MINUTE、HOUR 模块的 clk，用于实现计数。VHDL 描述如下：

```
library ieee;
use ieee. std _ logic _ 1164. all;
entity fen10 is
    port(clk: in std _ logic;
```

```
        q: out std_logic);
end fen10;
architecture fen10_arc of fen10 is
begin
  process(clk)
  variable cnt:integer range 0 to 9;
  begin
        if(clk'event and clk='1')then
              if(cnt<9)then
                      cnt:=cnt+1;
                      q<='0';
              else
                      cnt:=0;
                      q<='1';
              end if;
        end if;
  end process;
end fen10_arc;
```

FEN10 仿真波形如图 4-2-22 所示，clk 时钟频率 100kHz，当计数到 9 时向高位进位，从而实现了十分频，即输出信号 q 的输出频率为 100kHz/10 = 10kHz，这样经五个十分频，得到的信号频率为 $100\text{kHz}/10^5 = 1\text{Hz}$。

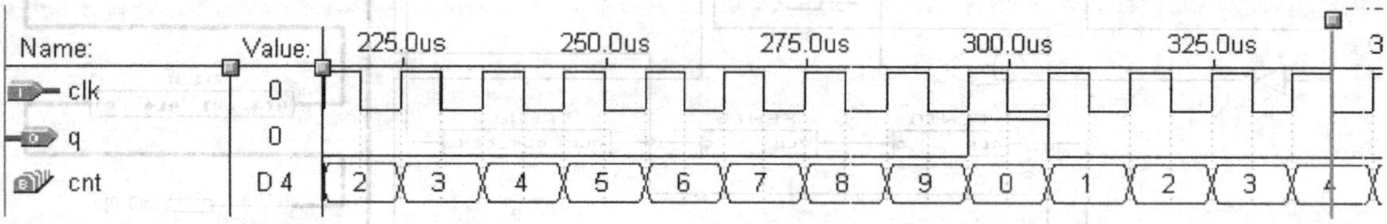

图 4-2-22　FEN10 仿真波形

(2) 模块 FEN2

模块 FEN2 用于实现二分频，产生 500Hz 的信号。VHDL 描述如下：

```
library ieee;
use ieee.std_logic_1164.all;
use ieee.std_logic_arith.all;
use ieee.std_logic_unsigned.all;
entity fen2 is
   port(clk: in std_logic;
        clk_fen2:out std_logic);
end fen2;
architecture rtl of fen2 is
```

```
  signal clk_temp:std_logic;
begin
    process(clk)
    begin
      if(clk'event and clk='1')then
         clk_temp<=not clk_temp;
      end if;
    end process;
  clk_fen2<=clk_temp;
end rtl;
```

FEN2 的仿真波形同于 FEN10，故省略。

（3）模块 SECOND

模块 SECOND 如图 4-2-23 所示，该模块为六十进制加法计数器，计时输出为秒的数值。在计时到 59 时送出进位信号 CO，因为硬件有延时，所以模块 MINUTE 在此模块变为 00 时加 1，符合实际。VHDL 描述如下：

```
library ieee;
use ieee.std_logic_1164.all;
use ieee.std_logic_unsigned.all;

entity second is
    port(clk,clr: in std_logic;
         sec1,sec0: out std_logic_vector(3 downto 0);
         co: out std_logic);
end second;

architecture second_arc of second is
begin
    process(clk,clr)
    variable cnt1,cnt0:std_logic_vector(3 downto 0);
    begin
        if(clr='1')then
              cnt1:="0000";
              cnt0:="0000";
        elsif(clk'event and clk='1')then
              if(cnt1="0101" and cnt0="1000")then
                    co<='1';
                    cnt0:="1001";
              elsif(cnt0<"1001")then
                    cnt0:=cnt0+1;
```

```
              else
                 cnt0: ="0000";
              if(cnt1 <"0101") then
                 cnt1: =cnt1 +1;
              else
                 cnt1: ="0000";
                 co < ='0';
          end if;
          end if;
        end if;
        sec1 < =cnt1;
        sec0 < =cnt0;
    end process;
end second_arc;
```

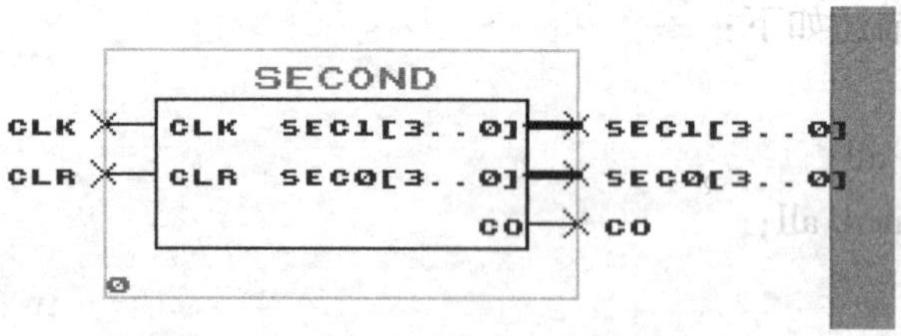

图 4-2-23　模块 SECOND

SECOND 仿真波形如图 4-2-24 所示，clr 外接 sc 键可用于校秒，clk 为 1Hz，当计数到 59 时向高位产生进位，即为分信号。

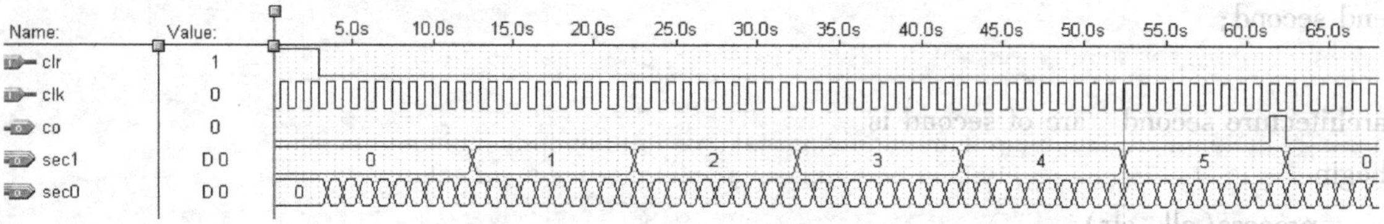

图 4-2-24　SECOND 仿真波形

（4）模块 MINUTE

模块 MINUTE 如图 4-2-25 所示，为六十进制计数，计时输出为分的数值。在 EN 信号有效且时钟到来时，计数器加 1。在 sb 键按下时，EN 信号有效，计数值以秒的速度增加，从而实现对分钟的设置。VHDL 描述如下：

```
library ieee;
use ieee.std_logic_1164.all;
use ieee.std_logic_unsigned.all;

entity minute is
```

```
    port(en,clk:in std_logic;
        min1,min0:out std_logic_vector(3 downto 0);
        co: out std_logic);
end minute;

architecture minute_arc of minute is
begin
    process(clk)
    variable cnt1,cnt0:std_logic_vector(3 downto 0);
    begin
        if(clk'event and clk='1')then
        if(en='1')then
            if(cnt1="0101" and cnt0="1000")then
                co<='1';
                cnt0:="1001";
            elsif(cnt0<"1001")then
                cnt0:=cnt0+1;
            else
                cnt0:="0000";
            if(cnt1<"0101")then
                cnt1:=cnt1+1;
            else
                cnt1:="0000";
                co<='0';
            end if;
            end if;
        end if;
        end if;
        min1<=cnt1;
        min0<=cnt0;
    end process;
end minute_arc;
```

仿真波形同模块SECOND，只是在时钟的设置上不同，这里省略。

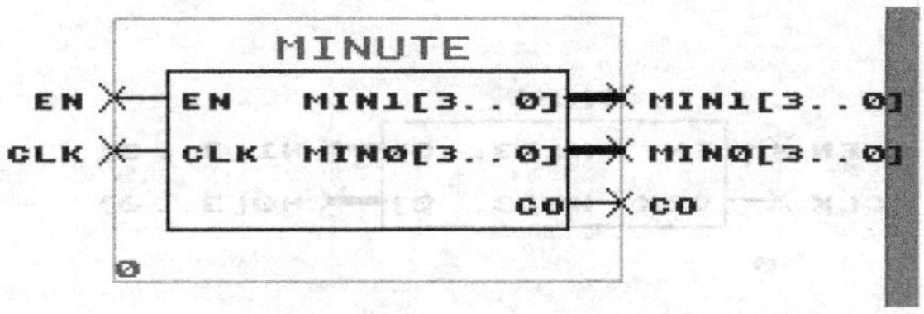

图4-2-25　模块MINUTE

(5) 模块 HOUR

模块 HOUR 如图 4-2-26 所示，为二十四进制计数器，计时输出为小时的数值。设置功能的原理同模块 MINUTE。VHDL 描述如下：

```
library ieee;
use ieee.std_logic_1164.all;
use ieee.std_logic_unsigned.all;

entity hour is
    port(en,clk: in std_logic;
        h1,h0: out std_logic_vector(3 downto 0));
end hour;

architecture hour_arc of hour is
begin
    process(clk)
    variable cnt1,cnt0:std_logic_vector(3 downto 0);
    begin
        if(clk'event and clk = '1') then
            if(en = '1') then
                if(cnt1 = "0010" and cnt0 = "0011") then
                    cnt1: = "0000";
                    cnt0: = "0000";
                elsif(cnt0 < "1001") then
                    cnt0: = cnt0 + 1;
                else
                    cnt0: = "0000";
                    cnt1: = cnt1 + 1;
                end if;
            end if;
        end if;
        h1 < = cnt1;
        h0 < = cnt0;
    end process;
end hour_arc;
```

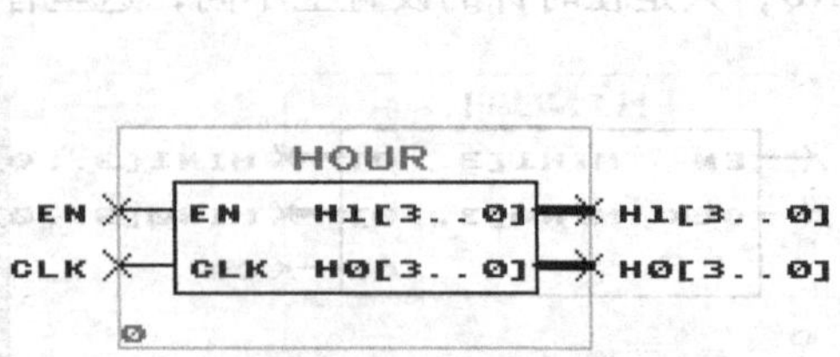

图 4-2-26 模块 HOUR

仿真波形略。

（6）模块 SEL

模块 SEL 如图 4-2-27 所示，它提供数码管片选信号。VHDL 描述如下：

```
library ieee;
use ieee. std _ logic _ 1164. all;
use ieee. std _ logic _ unsigned. all;

entity sel is
    port(clk: in std _ logic;
        q: out std _ logic _ vector(2 downto 0));
end sel;

architecture sel _ arc of sel is
begin
    process(clk)
    variable cnt:std _ logic _ vector(2 downto 0);
    begin
        if(clk'event and clk = '1') then
            cnt: = cnt + 1;
        end if;
        q < = cnt;
    end process;
end sel _ arc;
```

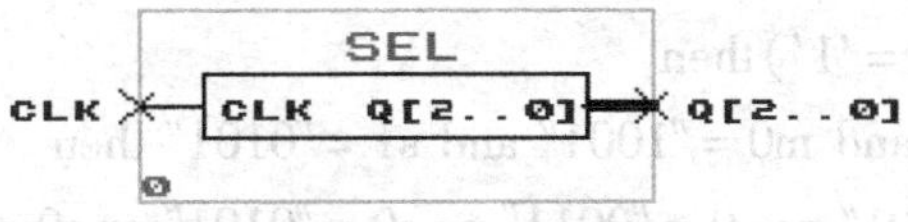

图 4-2-27　模块 SEL

模块 SEL 仿真波形如图 4-2-28 所示。

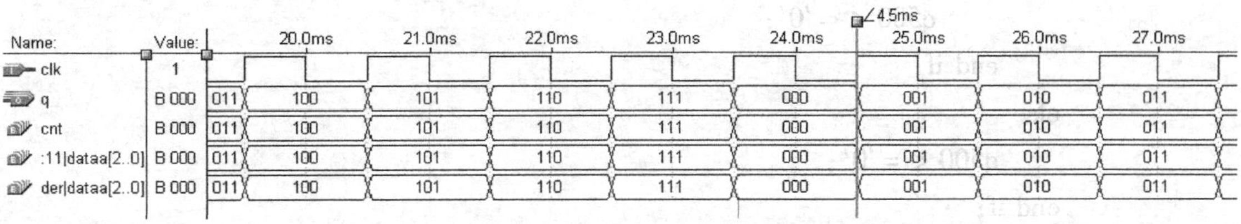

图 4-2-28　模块 SEL 仿真波形

（7）模块 SST

模块 SST 如图 4-2-29 所示，为整点报时提供控制信号，当 59 分，秒为 51、53、55、

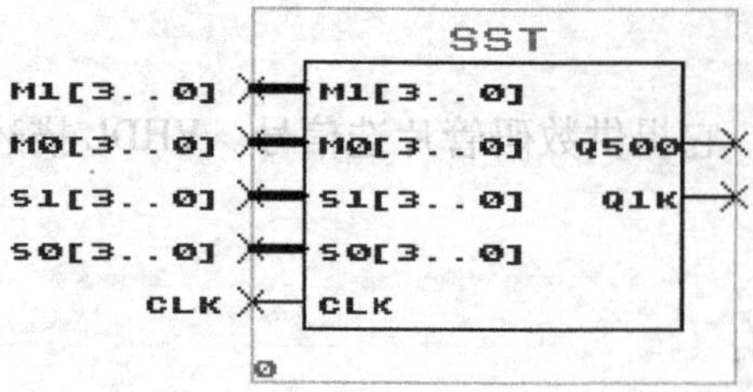

图 4-2-29　模块 SST

57、59 秒时，Q500 输出“1”，到达 59 分 60 秒时，Q1K 输出“1”。这两个信号经过逻辑门电路实现报时。VHDL 描述如下：

```
library ieee;
use ieee. std _ logic _ 1164. all;

entity sst is
    port(m1,m0,s1,s0: in std _ logic _ vector(3 downto 0);
        clk: in std _ logic;
        q500,q1k: out std _ logic);
end sst;

architecture sst _ arc of sst is
begin
    process(clk)
    begin
        if(clk'event and clk = '1')then
            if m1 ="0101" and m0 ="1001" and s1 ="0101" then
                if s0 ="0001" or s0 ="0011" or s0 ="0101" or s0 ="0111" or s0 ="1001" then
                    q500 < ='1';
                else
                    q500 < ='0';
                end if;
            else
                q500 < ='0';
            end if;
            if m1 ="0000" and m0 ="0000" and s1 ="0000" and s0 ="0000" then
                q1k < ='1';
            else
                q1k < ='0';
            end if;
```

```
        end if;
    end process;
end sst_arc;
```

模块 SST 仿真波形如图 4-2-30 所示。

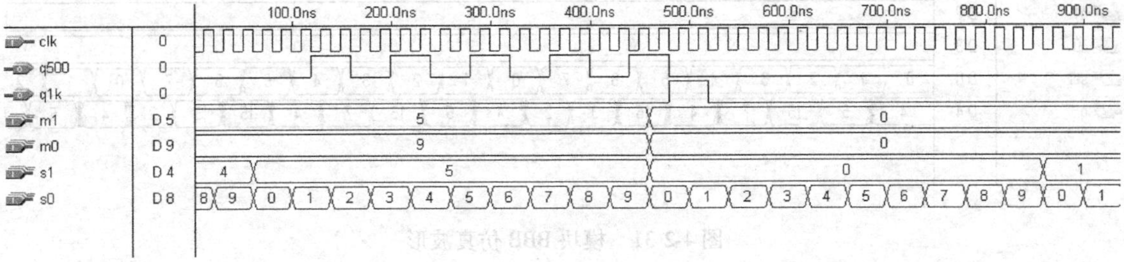

图 4-2-30　模块 SST 仿真波形

(8) 模块 BBB

模块 BBB 对应不同的片选信号送出不同的要显示的数据。VHDL 描述如下:

```
library ieee;
use ieee.std_logic_1164.all;

entity bbb is
    port(sec1,sec0,min1,min0,h1,h0: in std_logic_vector(3 downto 0);
         sel: in std_logic_vector(2 downto 0);
         q: out std_logic_vector(3 downto 0));
end bbb;

architecture bbb_arc of bbb is
begin
    process(sel)
    begin
         case sel is
              when "000" => q <= sec0;
              when "001" => q <= sec1;
              when "011" => q <= min0;
              when "100" => q <= min1;
              when "110" => q <= h0;
              when "111" => q <= h1;
              when others => q <= "1111";
         end case;
    end process;
end bbb_arc;
```

模块 BBB 仿真波形如图 4-2-31 所示。

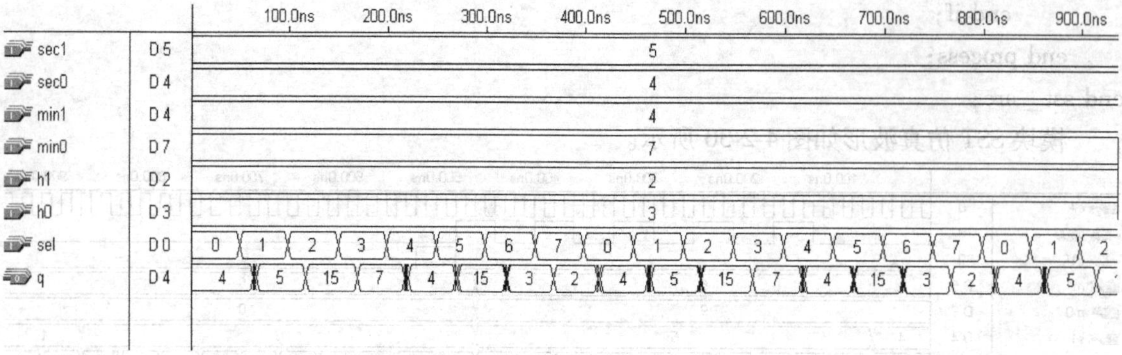

图 4-2-31　模块 BBB 仿真波形

（9）模块 DISP

模块 DISP 是七段译码器。VHDL 描述如下：

```
library ieee;
use ieee. std _ logic _ 1164. all;
entity disp is
    port (d: in std _ logic _ vector (3 downto 0);
          q: out std _ logic _ vector (6 downto 0));
end disp;

architecture disp _ arc of disp is
begin
    process (d)
        begin
            case d is
                when "0000" = >q < ="1000000";
                when "0001" = >q < ="1111001";
                when "0010" = >q < ="0100100";
                when "0011" = >q < ="0110000";
                when "0100" = >q < ="0011001";
                when "0101" = >q < ="0010010";
                when "0110" = >q < ="0000010";
                when "0111" = >q < ="1011000";
                when "1000" = >q < ="0000000";
                when "1001" = >q < ="0010000";
                when others = >q < ="1111111";
            end case;
    end process;
end disp _ arc;
```

模块 DISP 仿真波形如图 4-2-32 所示。

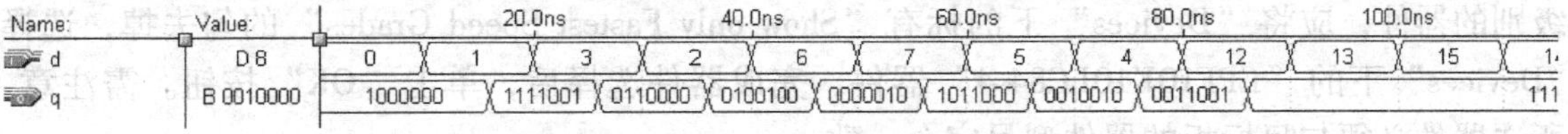

图 4-2-32　模块 DISP 仿真波形

2. 设计步骤

（1）为本设计建立文件夹

任何一项设计都是一项工程，都必须首先为此工程建立一个放置与此工程相关的所有文件的文件夹，比如数字钟可起名 clock，此文件夹被 EDA 软件默认为工作库。一个设计项目可以包含多个设计文件，一般不同的设计项目最好放在不同的文件夹中，且文件名不能使用中文，并且不能带空格。

（2）输入设计项目并命名

1）打开 Max + plus Ⅱ，单击“file”菜单，将鼠标移到“New”选项，单击，出现对话框如图 4-2-33 所示。选择“Graphic Editor file”则进入原理图编辑方式，本设计中总体电路采用原理图输入的方法。选择“Text Editor file”则为文本输入方式，本设计中各子模块均为文本输入方式。

2）进入文本输入方式后，单击“file”菜单，选中下拉菜单中“Project”→“Name”，即为该项目命名，命名原则可根据该项目的实际意义，比如十分频，命名为 FEN10，但注意同一个项目中的所有文件均需存在同一文件夹下，例如需将 FEN10 存入前面建立的 clock 文件夹下，如图 4-2-34 所示。单击“OK”按钮即进入文本编辑状态，注意应用 VHDL 文本编辑，扩展名为“ * . vhd”。

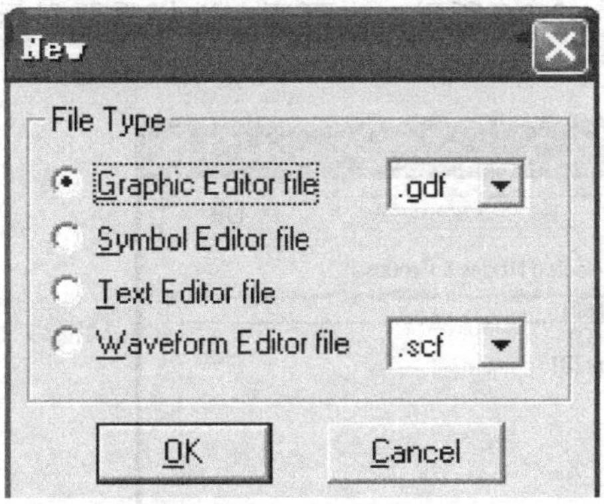

图 4-2-33　建立 New Proiect

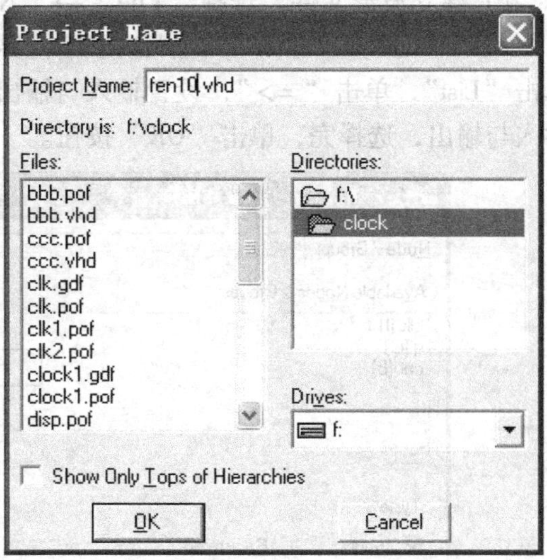

图 4-2-34　Project 命名

（3）选择目标器件并编译

1）文本输入完成后，在编译前需选择目标器件。选择“Assign”→“Device”，如图

4-2-35 所示。在“Device Family”中选定目标器件对应的序列“FLEX10K”，为得到所有速度级别的器件，应将“Devices”下的标有“Show only Fastest Speed Grades”的勾去掉，选择“Devices”下的“EPF10K10LC84-4”器件，完成器件选择后，单击“OK”按钮。需注意，所选器件必须与目标板的器件型号完全一致。

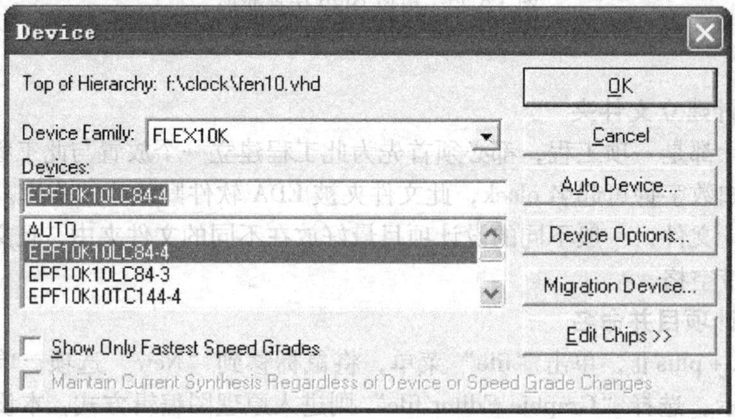

图 4-2-35　选择目标器件

2）器件选择完后，选择“File”→“Project”→“Set Project to Current File”，然后选择“File”→“Project”→“Save&Compile”进行编译。如果程序出现错误需再进行修改，直至编译通过。

（4）时序仿真

1）建立波形文件。选择“File”→“New”→“Waveform Editor file”或“Max + puls Ⅱ”→“Waveform Editor”，进入波形编辑界面。单击右键，选择“Enter Nodes from SNF”，单击“List”，单击“=>”，设置输入与输出，如图 4-2-36 所示。也可逐一选择需要显示的输入与输出，选择完，单击“OK”按钮。

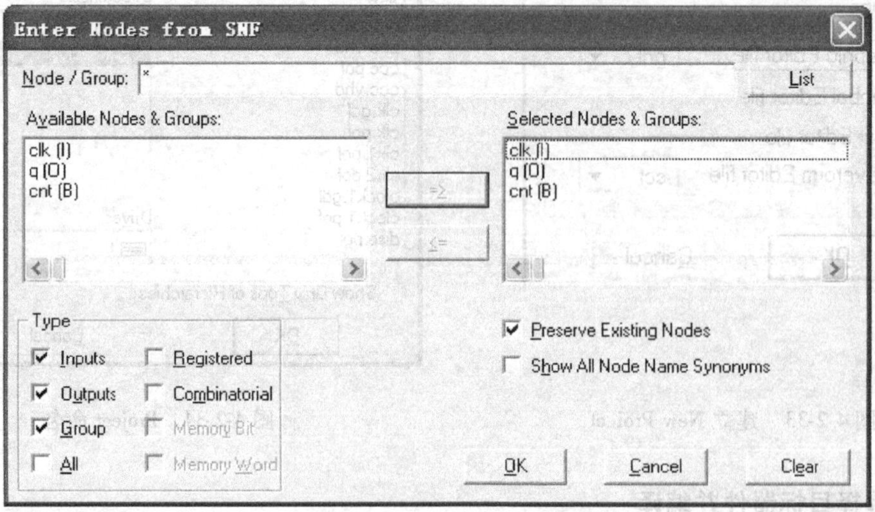

图 4-2-36　设置输入与输出

2）选择“File”→“End Time”设置仿真时间宽度。

3）选择“Options”→“Grid Size”设置时间间隔，以便于时钟及信号的设置。

4）设置输入波形，选择“File”→“Project”→“Save&Simulate”进行时序仿真。

（5）引脚锁定

选择“Assign”→“Pin/location/Chip”，如图 4-2-37 所示，进行引脚锁定。在“Node Name”栏中用键盘输入模块的端口名，如果输入正确，在“Chip Resource”栏将显示该信号的属性。输入以后，设定完成以后再运行一次程序。

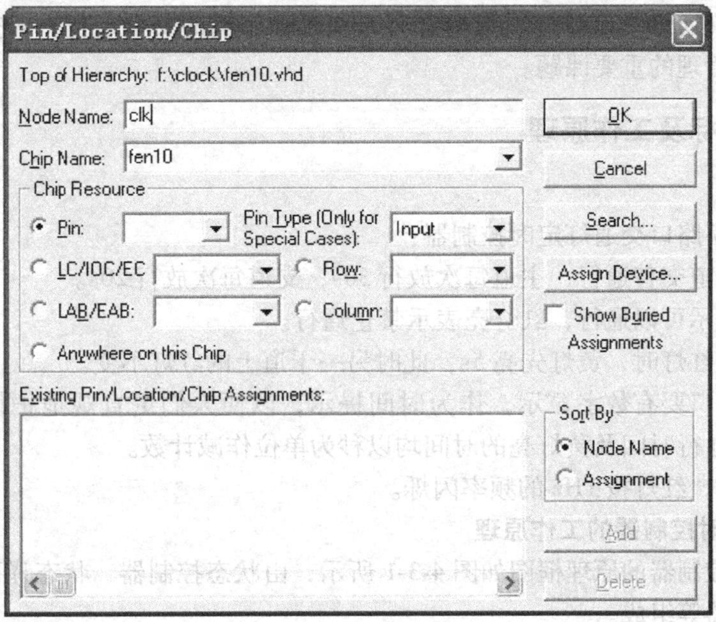

图 4-2-37　引脚锁定

（6）编程下载

1）用下载线将计算机的打印机口与目标板（EDA 实验箱）之间连接好，打开电源。

2）下载方式设定，选择“Max + plus Ⅱ”→“Programmer”，然后选择“Option”→“Hardware Setup”硬件设置选项进行硬件设置，设置完，单击“OK”按钮。最后单击“start”按钮进入下载模式，等到下载完成，在试验箱中进行调试，以验证是否正确。

4.2.5　电路的安装与调试

首先测试所有的集成电路，然后在面包板或实验板上组装电路，安装时集成电路的方向要保持一致，器件引脚的连接要正确，“清零端”、“置数端”、“悬空端”要正确处理，然后按照单元电路的先后顺序进行分级装调与联调。

调试步骤如下：

1）用示波器检测石英晶体振荡器输出信号波形和频率，晶体振荡器输出频率应为 32768Hz。

2）将频率为32768Hz的信号送入分频器，并用示波器或指示灯检查分频器输出频率是否是1Hz。

3）将1秒信号分别送入“时”、“分”、“秒”计数器，检查各级计数器的工作情况。

4）检查校时电路的功能是否满足设计要求。

5）最后观察整机电路是否准确正常地工作。

4.3 基于Multisim的交通灯控制器的设计

十字路口的交通灯（红绿灯）指挥着行人和各种车辆的安全运行，对交通灯进行自动控制是城市交通管理的重要课题。

4.3.1 设计指标及工作原理

1. 设计指标

设计一个十字路口交通灯定时控制器：

1）主、支干道交替通行，主道每次放行30s，支道每次放行20s。

2）绿灯亮表示可以通行，红灯亮表示禁止通行。

3）当绿灯变红灯时，黄灯先亮5s，此时另一干道上的红灯不变。

4）主、支路口要有数字显示，作为时间提示，以便人们更直观地把握时间。具体要求：主、支干道通行时间及黄灯亮的时间均以秒为单位作减计数。

5）黄灯亮时，红灯按1Hz的频率闪烁。

2. 交通灯定时控制器的工作原理

交通灯定时控制器的原理框图如图4-3-1所示，由状态控制器、状态译码器、减法计数器、秒信号发生器等组成。

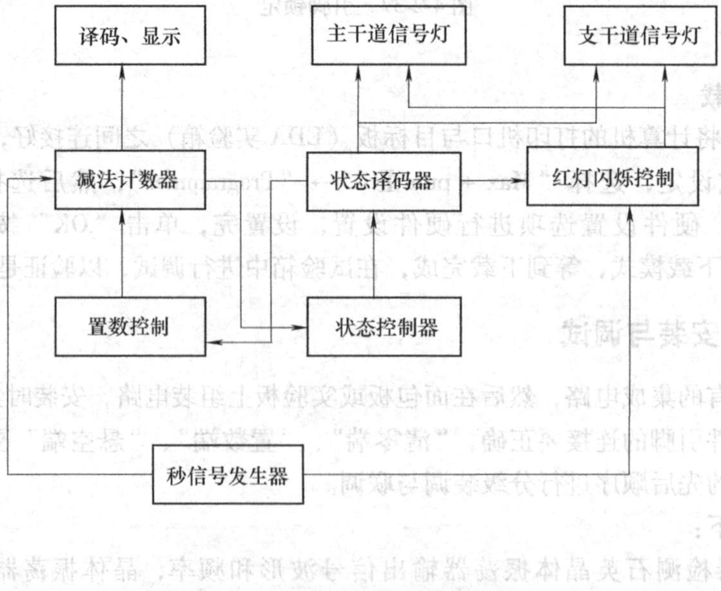

图4-3-1　交通灯定时控制器的原理框图

状态控制器主要用于记录十字路口交通灯的工作状态，通过状态译码器分别点亮相应状态的信号灯。秒信号发生器产生整个定时系统的时基脉冲，通过减法计数器实现减计数，控制每一种工作状态的持续时间。减法计数器的回零脉冲使状态控制器完成状态转换，同时状态译码器根据系统下一个工作状态决定减法计数器下一次减计数的初始值。减法计数器的状态由 BCD 译码器译码、数码管显示。在黄灯亮期间，状态译码器将秒脉冲引入红灯闪烁控制电路，使红灯闪烁。

4.3.2　单元电路设计

1. 秒信号发生器

秒信号发生器可采用石英晶体振荡器和分频器组成，此部分内容可参见数字钟的 Multisim 仿真部分。本设计利用 555 定时器组成秒信号发生器，如图 4-3-2 所示。R_1、R_2 和 C_1 是外接定时元件，将 555 定时器的高电平触发端 THR 与低电平触发端 TRI 连接在一起，接到 R_2 和 C_1 的连接处，将放电端 DIS 接到 R_1、R_2 的连接处，CON 端接有 10nF 的滤波电容，以提高电路的稳定性，也可不接。

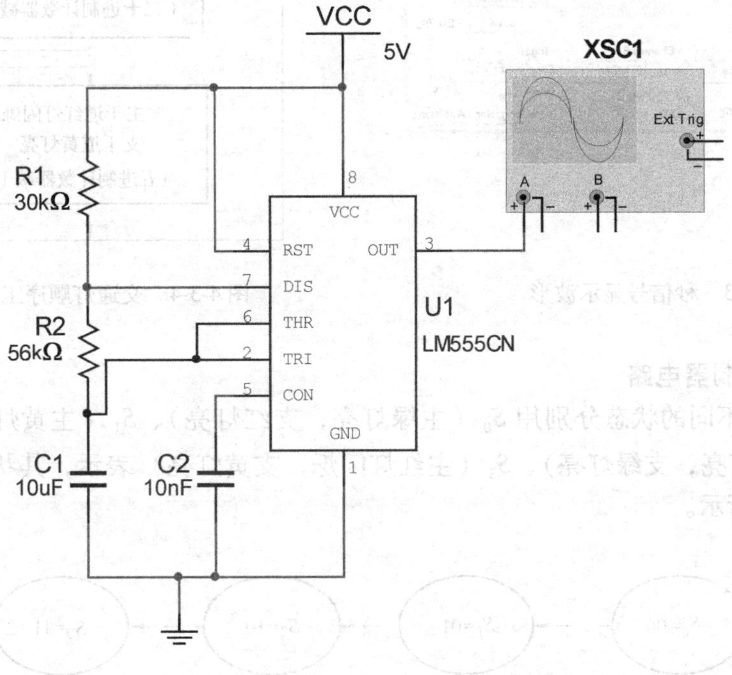

图 4-3-2　秒信号发生器

电路输出脉冲的周期为

$$T = 0.7(R_1 + 2R_2)C_1$$

若 $T = 1\text{s}$，令 $C_1 = 10\mu\text{F}$，$R_1 = 33\text{k}\Omega$，则 $R_2 = 56\text{k}\Omega$，使输出脉冲周期为 1s，用示波器观察到图 4-3-3 所示的秒信号的波形。

2. 状态控制器

(1) 交通灯顺序工作流程

交通灯顺序工作流程如图 4-3-4 所示。

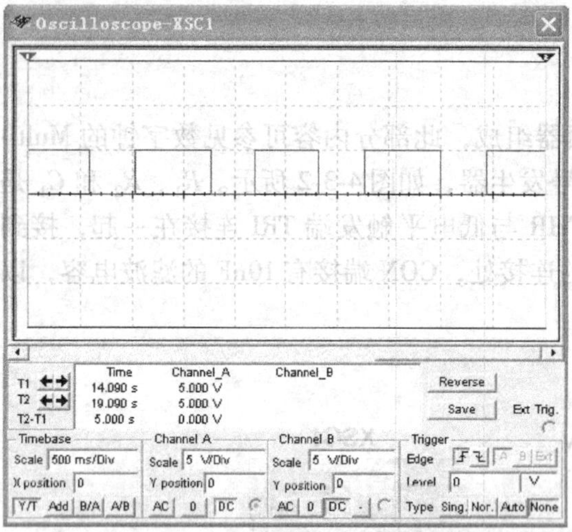

图 4-3-3　秒信号显示波形

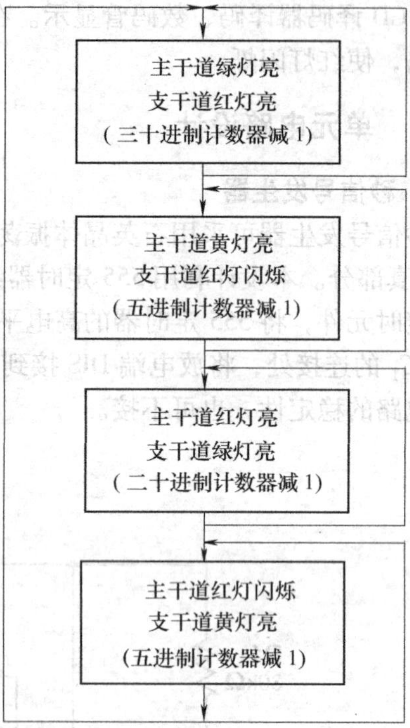

图 4-3-4　交通灯顺序工作流程

(2) 状态控制器电路

交通灯四种不同的状态分别用 S_0（主绿灯亮，支红灯亮）、S_1（主黄灯亮，支红灯闪烁）、S_2（主红灯亮，支绿灯亮）、S_3（主红灯闪烁，支黄灯亮）表示，其状态编码及状态转换如图 4-3-5 所示。

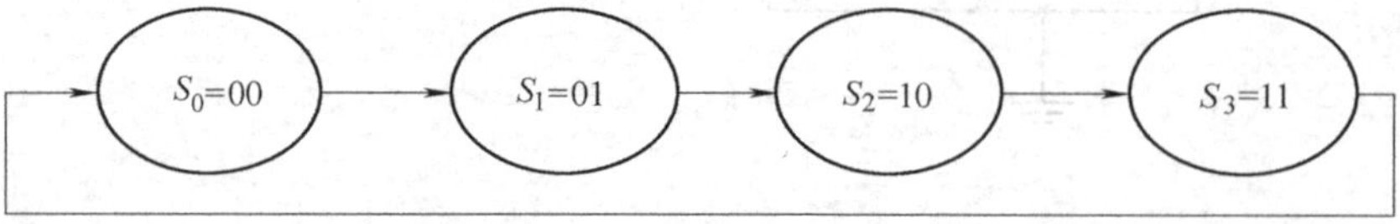

图 4-3-5　交通灯状态编码及状态转换

S_0 状态用 $Q_2Q_1=00$ 表示，S_1 状态用 $Q_2Q_1=01$ 表示，S_2 状态用 $Q_2Q_1=10$ 表示，S_3 状态用 $Q_2Q_1=11$ 表示，显然，这是一个二位二进制计数器。可采用中规模 CD4029 或 74LS161 二进制计数器等实现，这里可以应用 74LS162 来实现。74LS162 是同步四位十进制计数器，功能表见表 4-3-1，具有同步清零功能。当 $CLR=0$，在 CLK 脉冲的上升沿到来时，将输出端

Q_A、Q_B、Q_C、Q_D 清为低电平，表中“×表示可取任意电平，即为 0 或为 1 均可，a、b、c、d 分别为 A、B、C、D 端相应的输入电平。

表 4-3-1　74LS162 的功能表

输入									输出			
CLK	*CLR*	*LOAD*	*ENP*	*ENT*	*A*	*B*	*C*	*D*	Q_A	Q_B	Q_C	Q_D
↑	0	×	×	×	×	×	×	×	0	0	0	0
↑	1	0	×	×	*a*	*b*	*c*	*d*	*a*	*b*	*c*	*d*
×	1	1	0	1	×	×	×	×	保持			
×	1	1	×	0	×	×	×	×	保持（*CO*=0）			
↑	1	1	1	1	×	×	×	×	计数			

根据需要对照功能表连接电路，用反馈归零法设计二位二进制加法计数器，74LS162 的输出端 Q_A、Q_B 经与非门接同步清零端 *CLR*，交通灯状态控制电路如图 4-3-6 所示。$Q_1=Q_A$，$Q_2=Q_B$ 用 A 代表Q_1，B 代表Q_2，A'代表$\overline{Q_1}$，B'代表$\overline{Q_2}$。秒信号发生器暂时选择 1Hz 的时钟源，用指示灯可以观察 74LS162 的工作情况。

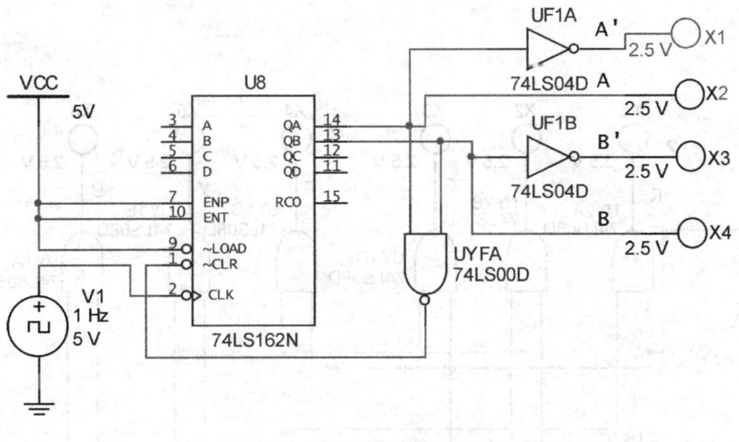

图 4-3-6　交通灯状态控制器电路

3. 状态译码器

主、支干道上的交通灯红、黄和绿、黄信号灯的状态主要取决状态控制器的输出状态。它们之间的关系见表 4-3-2。对于信号灯的状态，“1” 表示灯亮，“0” 表示灯灭。

表 4-3-2　信号灯信号真值表

状态控制器输出		主干道信号灯			支干道信号灯		
Q_2	Q_1	*R*（红）	*Y*（黄）	*G*（绿）	*r*（红）	*y*（黄）	*g*（绿）
0	0	0	0	1	1	0	0
0	1	0	1	0	1	0	0
1	0	1	0	0	0	0	1
1	1	1	0	0	0	1	0

根据真值表，可求出各信号灯的逻辑函数表达式为：

$$R = Q_2\overline{Q_1} + Q_2Q_1 = Q_2 \qquad \overline{R} = \overline{Q_2}$$

$$Y = \overline{Q_2}Q_1 \qquad \overline{Y} = \overline{\overline{Q_2}Q_1}$$

$$G = \overline{Q_2}\,\overline{Q_1} \qquad \overline{G} = \overline{\overline{Q_2}\,\overline{Q_1}}$$

$$r = \overline{Q_2}\,\overline{Q_1} + \overline{Q_2}Q_1 = \overline{Q_2} \qquad \overline{r} = \overline{\overline{Q_2}}$$

$$y = Q_2Q_1 \qquad \overline{y} = \overline{Q_2Q_1}$$

$$g = Q_2\overline{Q_1} \qquad \overline{g} = \overline{Q_2\overline{Q_1}}$$

交通灯状态译码器及信号灯显示电路如图 4-3-7 所示。根据设计任务要求，当黄灯亮时，红灯应按 1Hz 的频率闪烁。从真值表 4-3-2 中看出，黄灯亮时，Q_1 必为高电平；而红灯点亮信号与 Q_1 无关。现利用 Q_1 信号去控制一个三态门电路（或模拟开关），当 Q_1 为高电平时，将秒信号脉冲引到驱动红灯的与非门的输入端，使红灯在黄灯亮期间闪烁；反之将其隔离，红灯信号不受黄灯信号的影响。根据信号灯真值表及逻辑函数表达式，设计交通灯状态译码器电路。

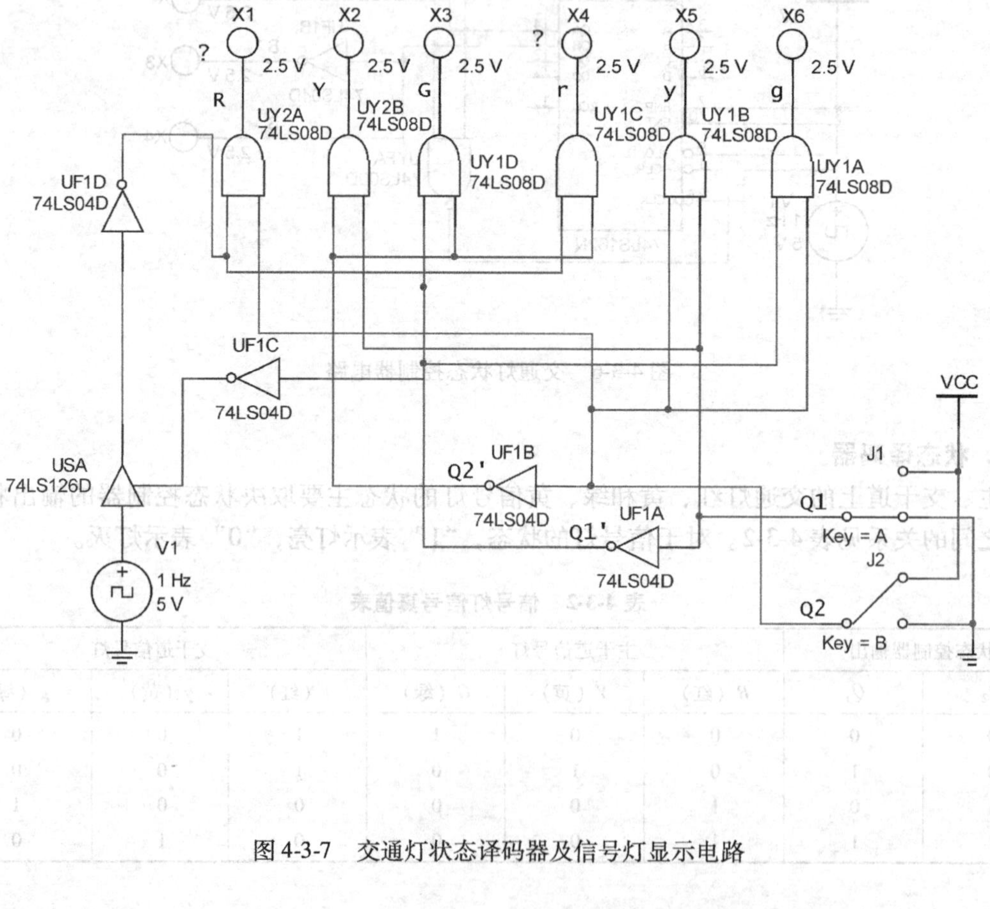

图 4-3-7　交通灯状态译码器及信号灯显示电路

两个状态控制信号 A、B 分别应该接图 4-3-6 中的 A、B，仿真时临时选用两个手动开关键入。秒信号发生器选择 1Hz 的时钟源。

输出端用彩色指示灯表示，彩色指示灯是单端高电平输入有效，如选择 "indicators" → "Probe"，选择 "Probe _ Green"，当电路中它的输入是高电平时，指示灯就会变成绿色。

4. 定时系统

根据设计要求，交通灯定时控制系统要有一个能自动装入不同定时时间的定时器，来完成 30s、20s、5s 的定时任务。采用 74LS190 同步十进制加/减计数器，它可进行加法、减法计数，它有计数使能控制输入，有级联脉动时钟输出，有预置数、禁止计数等功能，但无清零功能。

(1) 74LS190 的功能

74LS190 的主要功能见表 4-3-3，下面作简要说明：

1) 预置数。当置数端 LOAD 为低电平时，若时钟上升沿到来，数据输入端 A、B、C、D 将对内部触发器直接置位或复位，结果使 $Q_A=A$、$Q_B=B$、$Q_C=C$、$Q_D=D$，而与其他控制端的电平无关。

2) 计数。在允许端 *CTEN* 为低电平，置数端无效（*LOAD* = 1）的条件下，若加/减输入端 *U/D* 为低电平，则可进行加计数，若加/减输入端 *U/D* 为高电平，可进行减计数。

3) 禁止计数。当允许端 *CTEN* 为高电平时，计数被禁止。值得注意的是，允许端的电平应在 *CP* 为高电平时发生变化。

4) 级联。为了便于进行级联，采用了两个输出：脉动时钟输出（RCO）和最大/最小（MAX/MIN）计数输出。当计数器发生溢出或下溢时，脉动时钟输出将产生一个低电平输出脉冲，其宽度为时钟输入的低电平部分，而最大/最小计数输出将产生一个高电平输出脉冲，其宽度为时钟脉冲的整个周期。

表 4-3-3　74LS190 的功能表

输入								输出			
LOAD	*CTEN*	*U/D*	*CLK*	*A*	*B*	*C*	*D*	Q_A	Q_B	Q_C	Q_D
1	0	0	↑	×	×	×	×	加法计数			
0	×	×	↑	*a*	*b*	*c*	*d*	*a*	*b*	*c*	*d*
1	0	1	↑	×	×	×	×	减法计数			
1	1	×	×	×	×	×	×	保持			

(2) 五进制减法计数器

五进制减法计数器如图 4-3-8 所示，四个开关分别接 74LS190 的 D、C、B、A 端。如果把时间设为 5s，开关 *DCBA* 分别接 0101，数据输入端信号 *DCBA* = 0101，置数端 *LOAD* 为低电平，当时钟上升沿到来时，把开关 Space 接到高电平，结果使 Q_D、Q_C、Q_B、Q_A = *DCBA* = 0101，74LS190 从 5 开始进行减法计数。

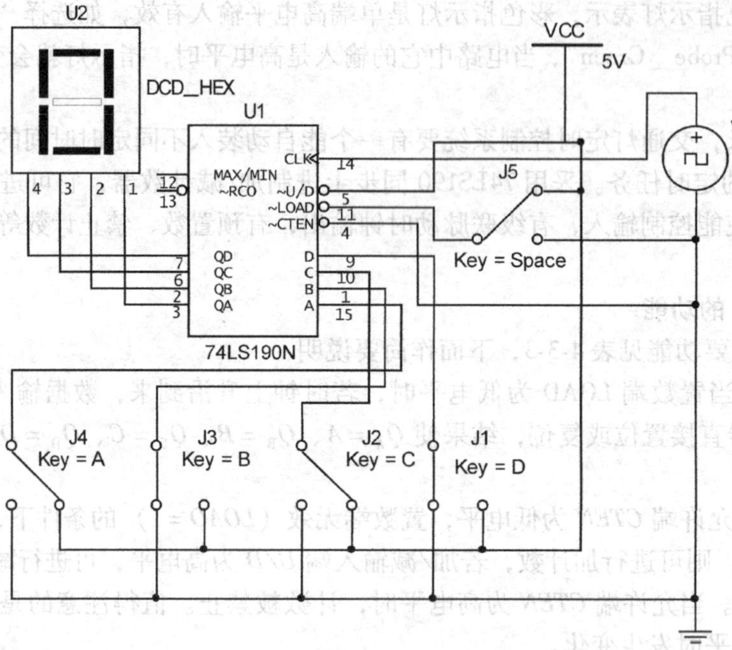

图 4-3-8　五进制减法计数器

（3）二十进制减法计数器

二十进制减法计数器如图 4-3-9 所示，先选用两个 74LS190 芯片级联成一个从可任意设定时间 00 ~ 99 倒计至 00 的计数器。其中，作为个位数的 74LS190 芯片的 CLK 接秒信号发生器（频率为 1Hz），把个位数 74LS190 的芯片输出端的 MAX/MIN 用一个非门连起来，再接在十位数的 74LS190 芯片的 CLK 端，八个开关 H、G、F、E、D、C、B、A 分别接十位数和个位数 74LS190 的芯片的 D、C、B、A 端。如果时间设为 20s，十位数的 74LS190 芯片的开关 $HGFE=0010$，个位数的 74LS190 芯片的开关 $DCBA=0000$，置数端 $LOAD$ 为低电平，当时钟上升沿到来时，结果使十位数的 74LS190 芯片 $Q_DQ_CQ_BQ_A=0010$，个位数的 74LS190 芯片 $Q_DQ_CQ_BQ_A=0000$，把开关 Space 接到高电平，计数器从 20 开始进行减法计数。

（4）三十进制减法计数器

三十进制减法计数器如图 4-3-10 所示，先选用两个 74LS190 芯片级联成一个从可任意设定时间 00 ~ 99 倒计至 00 的计数器。其中，作为个位数的 74LS190 芯片的 CLK 接秒信号发生器（频率为 1），把个位数的 74LS190 芯片输出端的 MAX/MIN 用一个非门连起来，再接在十位数 74LS190 芯片的 CLK 端，八个开关 H、G、F、E、D、C、B、A 分别接十位数和个位数的 74LS190 芯片的 D、C、B、A 端。如果时间设为 30s，十位数的 74LS190 芯片的开关 $HGFE=0011$，个位数的 74LS190 芯片的开关 $DCBA=0000$，置数端 $LOAD$ 为低电平，当时钟上升沿到来时，结果使十位数的 74LS190 芯片 $Q_DQ_CQ_BQ_A=0011$，个位数的 74LS190 芯片 $Q_DQ_CQ_BQ_A=0000$，把开关 Space 接到高电平，计数器从 30 开始进行减法计数。

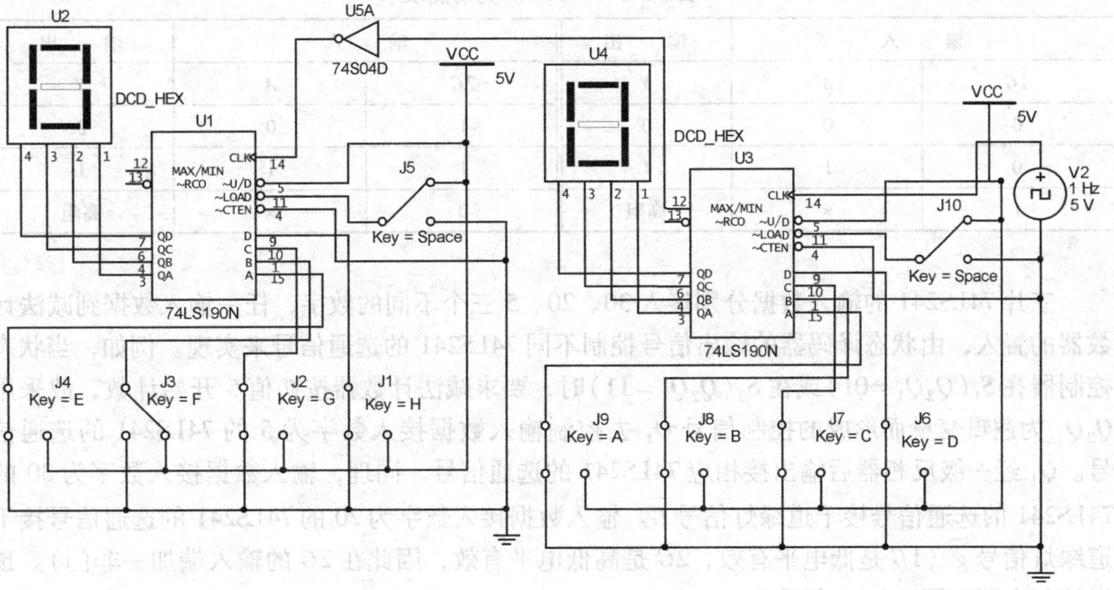

图 4-3-9　二十进制减法计数器

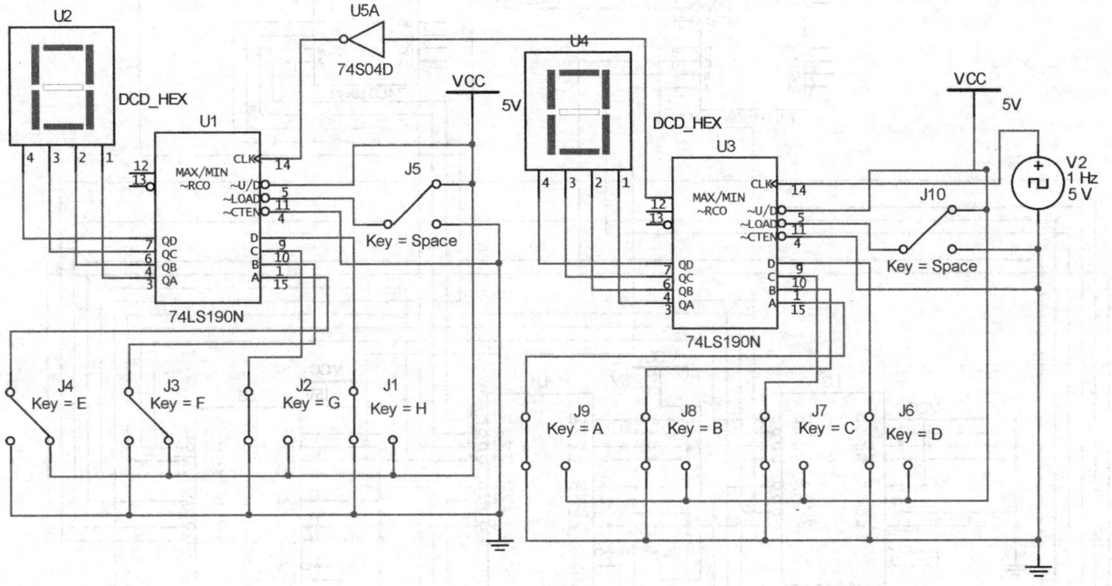

图 4-3-10　三十进制减法计数器

5. 预置控制电路

预置到减法计数器的时间通过三片 74LS241 三态八缓冲器/线驱动器/线接收器来实现，74LS241 的功能表见表 4-3-4，1G 是使能控制输入端，接低电平时工作，接高电平输出高阻。2G 是使能控制输入端，接低电平时输出高阻，接高电平工作。

表 4-3-4　74LS241 的功能表

输入		输出	输入		输出
1*G*	*A*	*Y*	2*G*	*A*	*Y*
0	0	0	1	0	0
0	1	1	1	1	1
1	×	高阻	0	×	高阻

三片 74LS241 的输入数据分别接入 30、20、5 三个不同的数字，任一输入数据到减法计数器的置入，由状态译码器的输出信号控制不同 74LS241 的选通信号来实现。例如，当状态控制器在 $S_1(Q_2Q_1=01)$或在 $S_3(Q_2Q_1=11)$时，要求减法计数器按初值 5 开始计数，故采用 Q_2Q_1 为逻辑变量而形成的控制信号 Q_1 去控制输入数据接入数字为 5 的 74LS241 的选通信号。Q_1 经一级反相器后输出接相应 74LS241 的选通信号。同理，输入数据接入数字为 30 的 74LS241 的选通信号接干道绿灯信号 $\overline{G}$。输入数据接入数字为 20 的 74LS241 的选通信号接干道绿灯信号 $\overline{g}$（1*G* 是低电平有效，2*G* 是高低电平有效，因此在 2*G* 的输入端加一非门）。预置控制电路如图 4-3-11 所示。

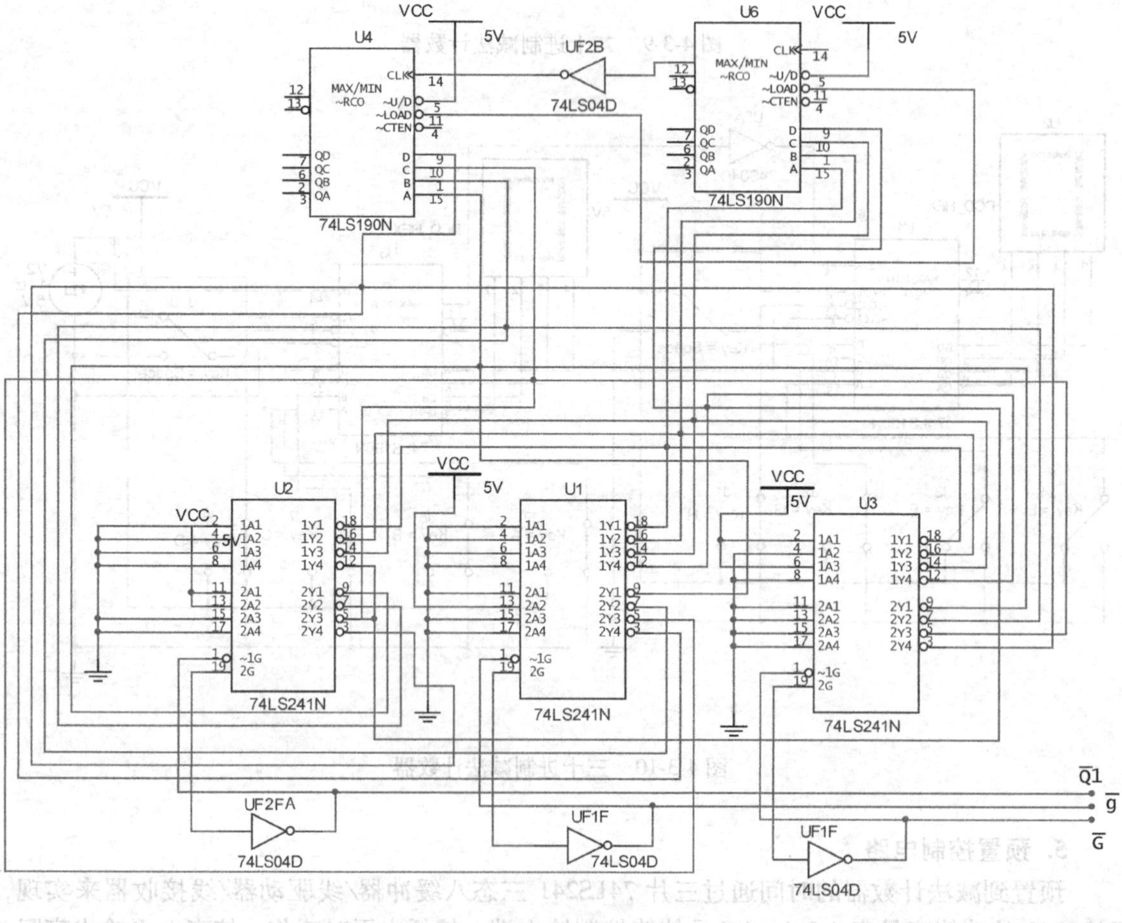

图 4-3-11　预置控制电路

将秒信号引入定时系统电路脉冲输入端，在秒脉冲作用下，将三个 74LS241 的置数选通端依次接地，计数器以三个不同的置数输入为进制体制，完成减法计数，两位数码管应有相应的显示。否则，应查找原因。

6. 译码和显示电路

译码和显示电路由 74LS248 和七段数码管组成。各计数器的输出端输出的 BCD 编码，分别送给对应的 74LS248，经过 74LS248 译码输出的七段 LED 数码管的十进制数显示代码，使共阴七段 LED 数码管显示出对应的十进制数。一个 74LS248 和七段数码管组成的译码和显示电路如图 4-3-12 所示。

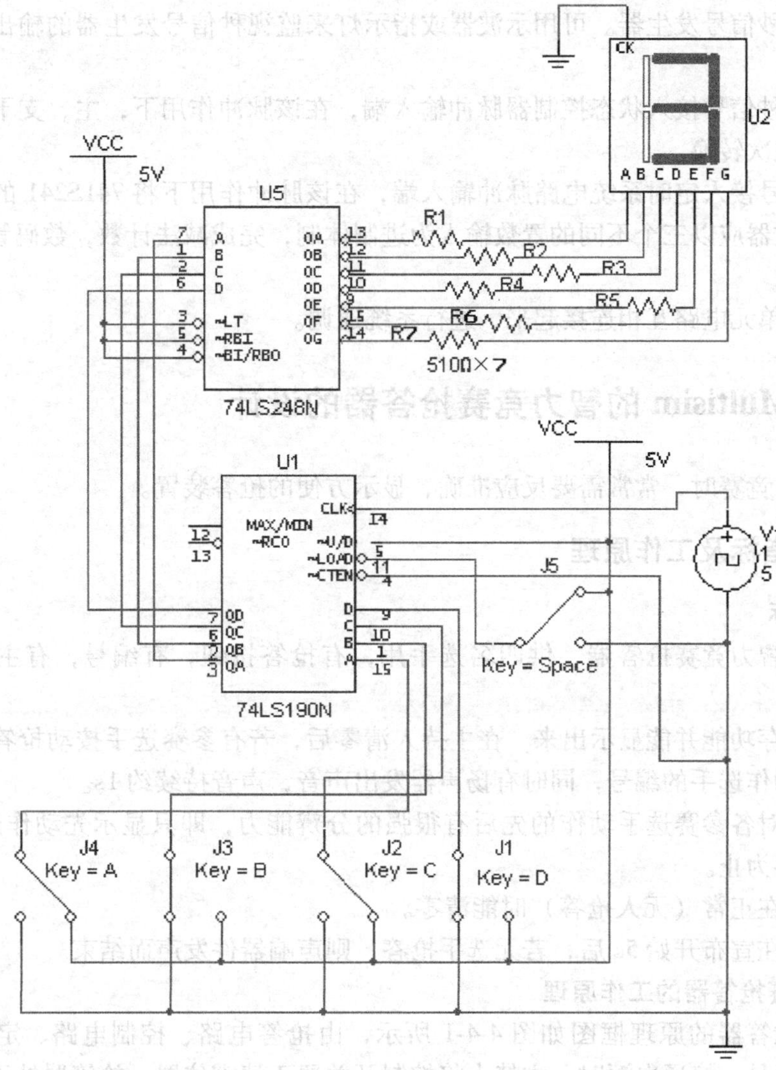

图 4-3-12　译码和显示电路

4.3.3 整机电路及仿真

把各个单元电路互相连接起来，整机电路如图4-3-13所示，通过仿真，证明该电路能正常运行，达到了设计要求。

4.3.4 电路的安装与调试

首先测试所有的数字集成电路、电阻和电容，然后在面包板或实验板上组装电路。安装时集成电路的方向要保持一致，“清零端”、“置数端”、“悬空端”等要正确处理，并检查电源接线是否正确，然后按照单元电路的先后顺序进行分级装调与联调。调试步骤如下：

1）先调试秒信号发生器。可用示波器或指示灯来监视秒信号发生器的输出，输出信号的周期应为1s。

2）直接将秒信号接入状态控制器脉冲输入端，在该脉冲作用下，主、支干道的三色信号灯应按要求依次转换。

3）将秒信号接入定时系统电路脉冲输入端，在该脉冲作用下将74LS241的置数选通端依次接地，计数器应以三个不同的置数输入为进制体制，完成减法计数，数码管应有相应的显示。

4）把各个单元电路互相连接起来，进行系统通调。

4.4 基于 Multisim 的智力竞赛抢答器的设计

在进行智力竞赛时，常常需要反应准确、显示方便的抢答装置。

4.4.1 设计指标及工作原理

1. 设计指标

1）设计一智力竞赛抢答器，供四名选手用，有抢答按钮，有编号，有主持人清零按钮。

2）具有锁存功能并能显示出来，在主持人清零后，若有参赛选手按动抢答按钮，应立即显示出最先动作选手的编号，同时有扬声器发出声音，声音持续约1s。

3）抢答器对各参赛选手动作的先后有很强的分辨能力，即只显示先动作选手的编号，直到主持人清零为止。

4）主持人在正常（无人抢答）时能清零。

5）主持人在宣布开始5s后，若无选手抢答，则声响器件发声而结束。

2. 智力竞赛抢答器的工作原理

智力竞赛抢答器的原理框图如图4-4-1所示，由抢答电路、控制电路、定时电路等组成。其工作过程是：接通电源时，主持人将控制开关置于清零位置，抢答器处于禁止工作状态，编号显示器灭灯，定时显示器显示设定的时间。当主持人宣布抢答题目后，说一声“抢答开始”，同时将控制开关拨到“开始”位置，扬声器给出声响提示，抢答器处于工作状态，定时器倒计时。当定时时间到，却没有人抢答时，系统报警，并封锁输入电路，禁止

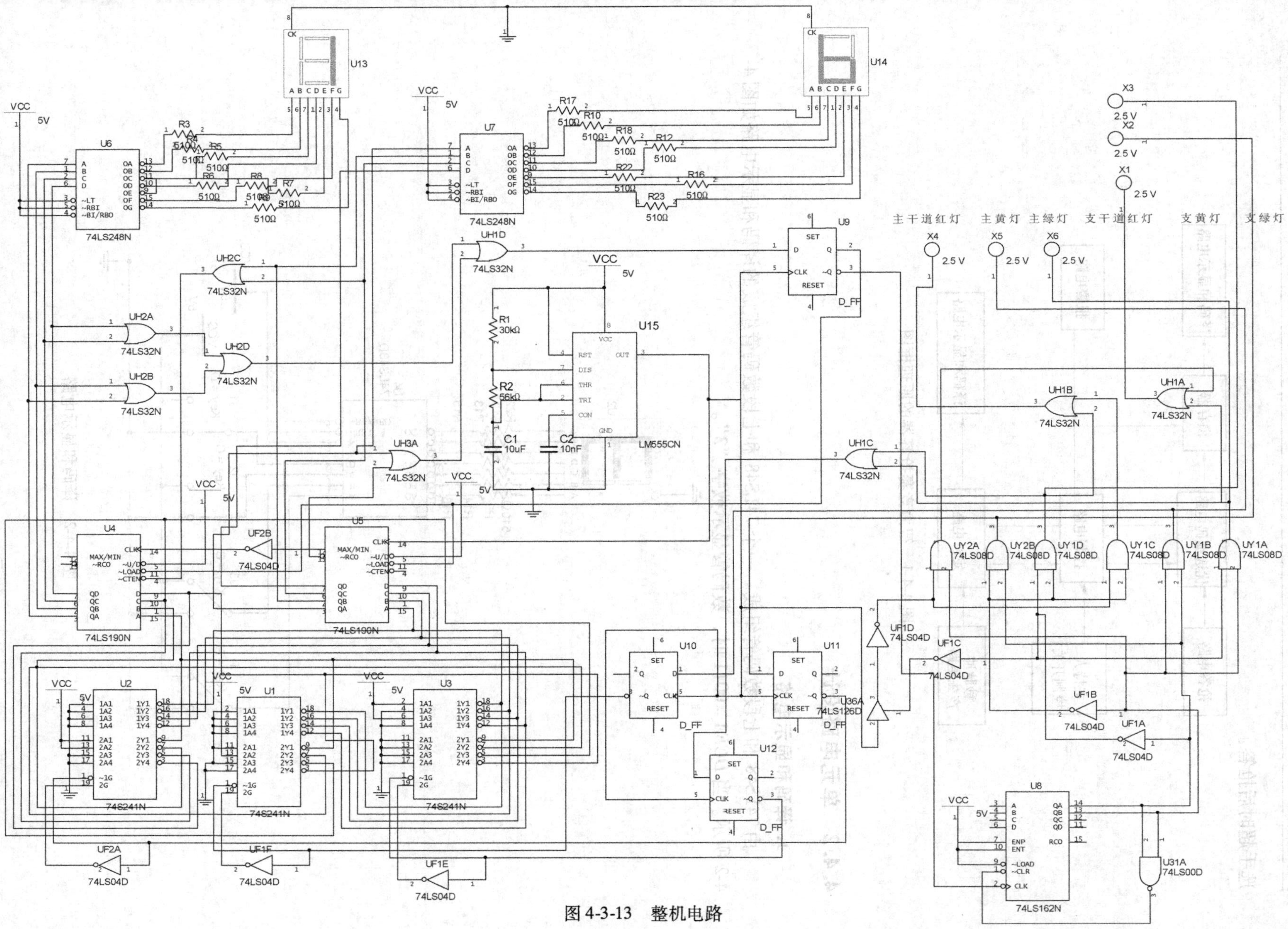

U13
U14
U6
74LS248N
U7
74LS248N
U4
74LS190N
U5
74LS190N
U2
74S241N
U1
74S241N
U3
74S241N
U15
LM555CN
R1 30kΩ
R2 56kΩ
C1 10uF
C2 10nF
UH1A
UH1B
UH1C
UH1D
UH2A
UH2B
UH2C
UH2D
UH3A
74LS32N
UY1A
UY1B
UY1C
UY1D
UY2A
UY2B
74LS08D
UF1A
UF1B
UF1C
UF1D
UF1E
UF1F
UF2A
UF2B
74LS04D
U36A
74LS126D
U31A
74LS00D
U8
74LS162N
U9
U10
U11
U12
D_FF
VCC
5V
X1
X2
X3
X4
X5
X6
2.5 V
主干道红灯
主黄灯
主绿灯
支干道红灯
支黄灯
支绿灯

图 4-3-13　整机电路

选手超时后抢答。

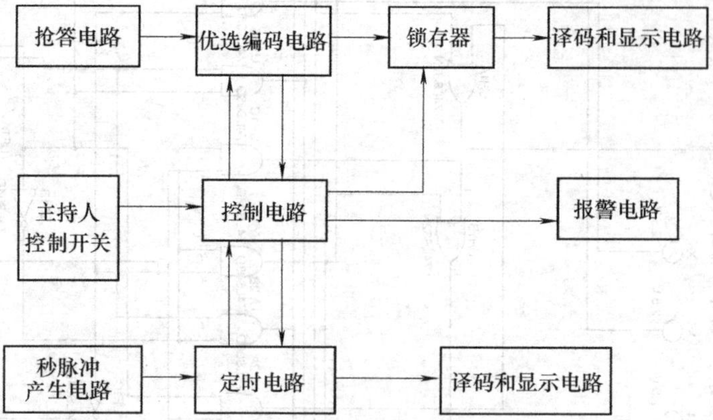

图 4-4-1　智力竞赛抢答器的原理框图

4.4.2　单元电路设计

1. 译码和显示电路

由 74LS48 和七段数码管组成。一个 74LS48 和七段数码管组成的译码和显示电路如图 4-4-2 所示。当 *DCBA* = 0011 时，数码管显示数字“3”。

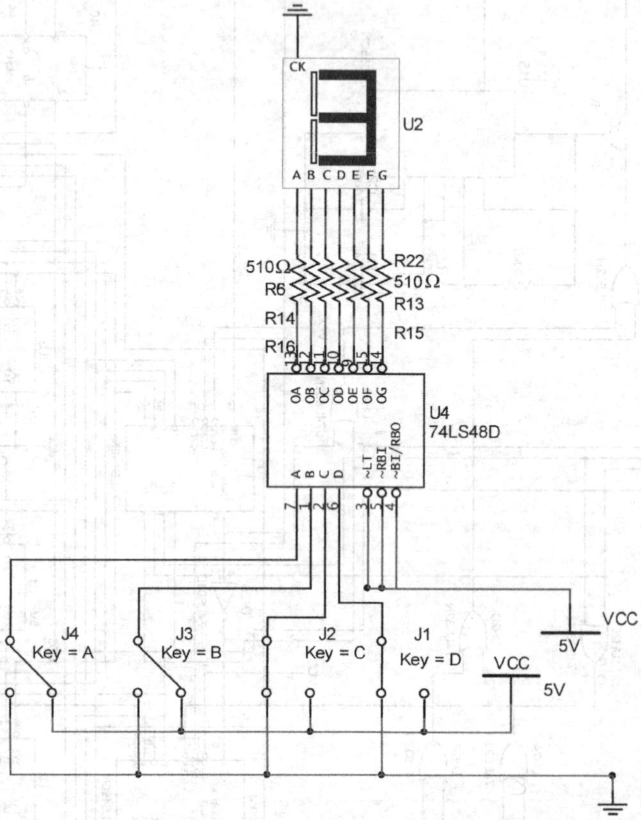

图 4-4-2　译码和显示电路

2. 抢答电路

抢答电路的功能有两个：一是能分辨抢答按钮的先后，并锁存优先抢答者的编号，供译码显示电路工作用；二是要使其他选手的抢答按钮无效。选用74LS148 8 线-3 线优先编码器和74LS279 RS 锁存器可以完成上述功能。74LS148 引脚图如图 4-4-3 所示。

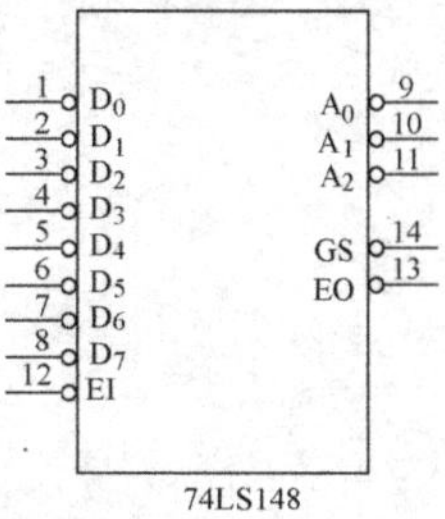

图 4-4-3　74LS148 引脚图

74LS148 功能表见表 4-4-1，74LS279 功能表见表 4-4-2。

抢答电路如图 4-4-4 所示。当主持人控制开关处于清零位置时，RS 触发器的 R 端为低电平，74LS279 四个输出端（$Q_4 \sim Q_1$）全部低电平。于是译码器 74LS48 的$\overline{BI}=0$，显示器灭灯；当主持人把开关拨到“开始”位置时，优先编码电路和锁存电路同时处于工作状态，即抢答器处于等待状态，等待输入端 $D_3 \sim D_0$ 输入信号。

表 4-4-1　74LS148 的功能表

输入									输出				
EI	D_0	D_1	D_2	D_3	D_4	D_5	D_6	D_7	A_2	A_1	A_0	GS	EO
1	×	×	×	×	×	×	×	×	1	1	1	1	1
0	1	1	1	1	1	1	1	1	1	1	1	1	0
0	×	×	×	×	×	×	×	0	0	0	0	0	1
0	×	×	×	×	×	×	0	1	0	0	1	0	1
0	×	×	×	×	×	0	1	1	0	1	0	0	1
0	×	×	×	×	0	1	1	1	0	1	1	0	1
0	×	×	×	0	1	1	1	1	1	0	0	0	1
0	×	×	0	1	1	1	1	1	1	0	1	0	1
0	×	0	1	1	1	1	1	1	1	1	0	0	1
0	0	1	1	1	1	1	1	1	1	1	1	0	1

当有选手把抢答按钮按下时，如 D_2 按下，74LS148 的输出 $A_2A_1A_0=101$，$GS=0$，经 RS 锁存器后，$Q_4Q_3Q_2Q_1=1001$，74LS48 的输入 $DCBA=0010$，经 74LS48 译码器后，显示器显示“2”，此外，74LS48 的 EI 为高电平，74LS48 处于禁止工作状态，封锁其他抢答按钮的输入。

表 4-4-2　74LS279 的功能表

输入			输出
S_1	S_2	R	Q
0	0	0	1　$\overline{Q}=1$
0	×	1	1
×	0	1	1
1	1	0	0
1	1	1	不变

3. 秒脉冲产生电路

产生秒脉冲的电路有多种形式，现利用 555 定时器组成秒脉冲产生电路，如图 4-4-5 所示。R_1、R_2 和 C_f 是外接定时元件，将 555 定时器的高电平触发端 THR 与低电平触发端 TRI 连接在一起，接到 R_2 和 C 的连接处，将放电端 DIS 接到 R_1、R_2 的连接处，CON 端接有 0.01μF 的滤波电容，以提高电路的稳定性，也可不接。

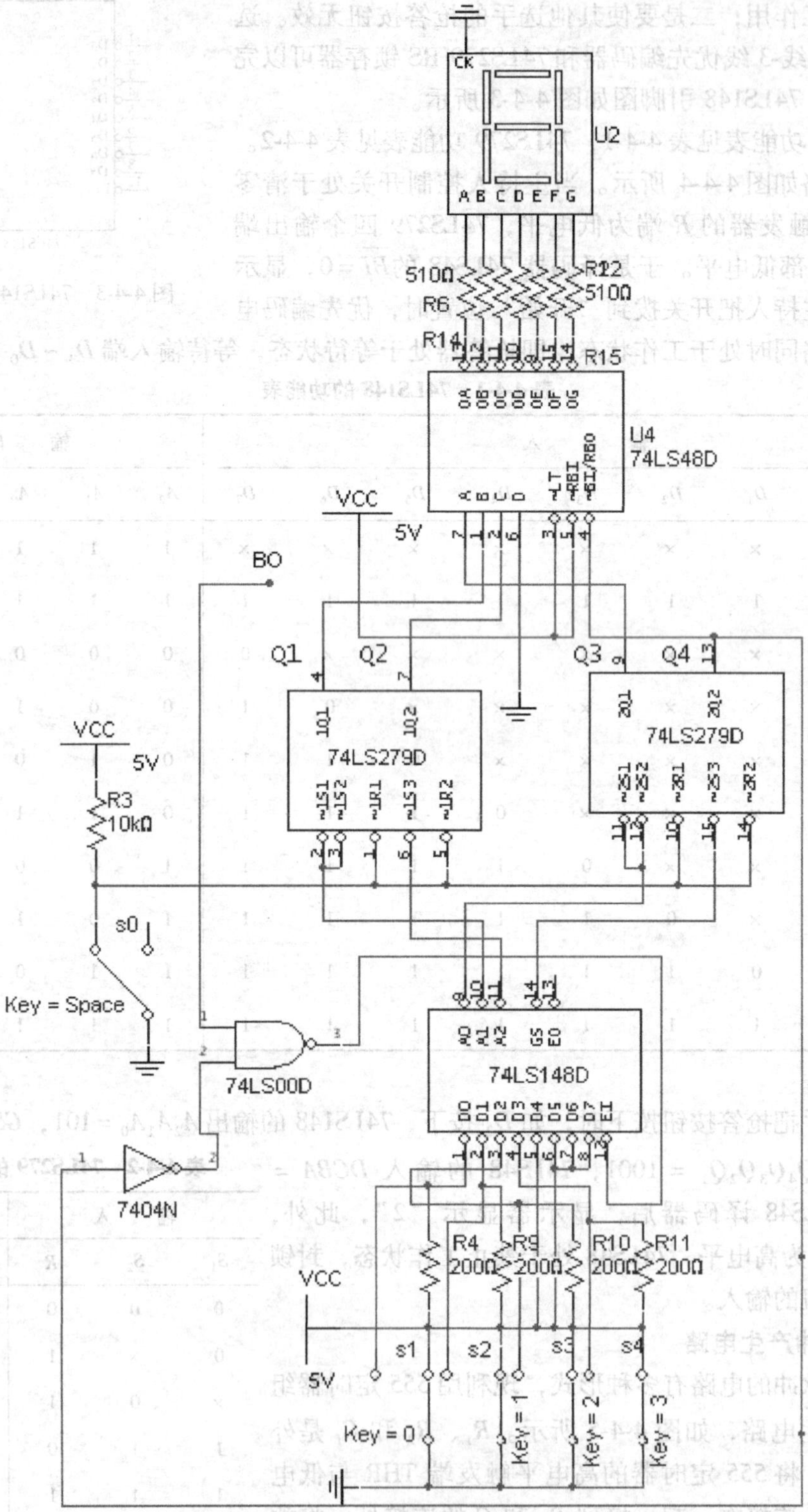

图 4-4-4 抢答电路

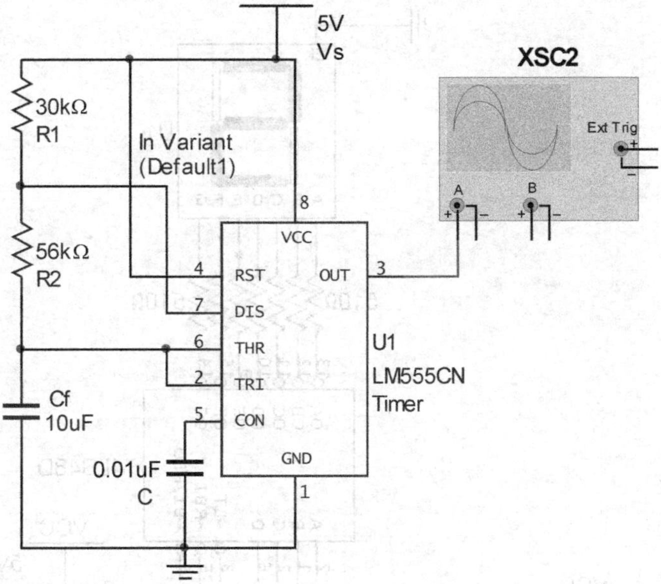

图 4-4-5　秒脉冲产生电路

该电路输出脉冲的周期为

$$T = 0.7(R_1 + 2R_2)C_f$$

若 $T=1\text{s}$，令 $C_f = 10\mu\text{F}$，$R_1 = 30\text{k}\Omega$，则 $R_2 = 56\text{k}\Omega$，使输出脉冲周期为 1s。

用示波器可观察到秒脉冲的波形，如图 4-4-6 所示。

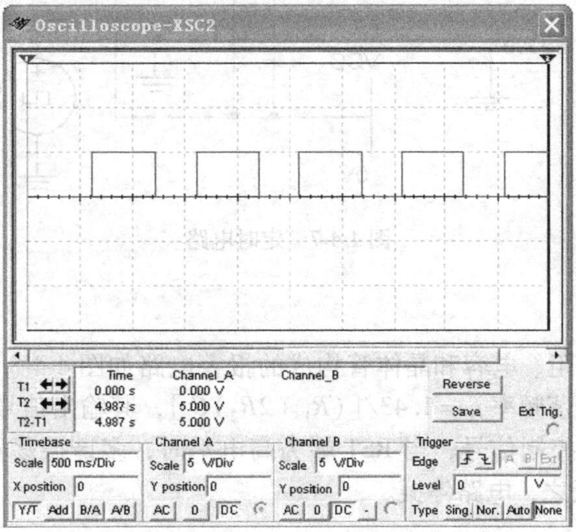

图 4-4-6　秒脉冲的波形

4. 定时电路

预置抢答时间是 5s，选用 74LS192 同步可逆（加/减）计数器进行设计，计数器的时钟脉冲由秒脉冲产生电路提供。定时电路如图 4-4-7 所示。

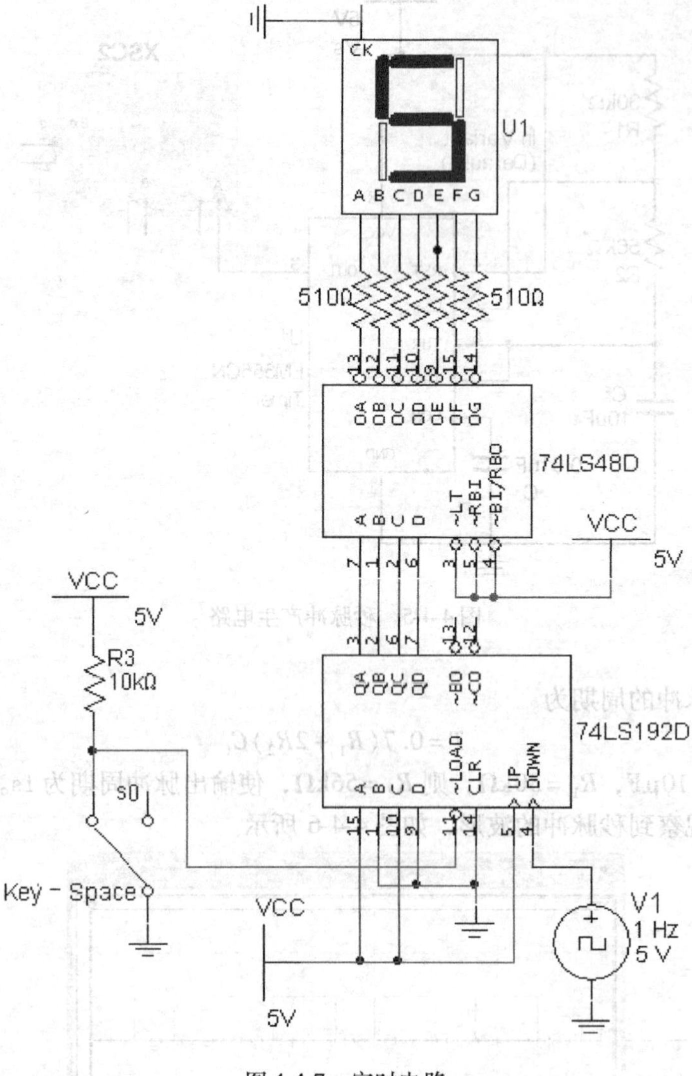

图 4-4-7　定时电路

5. 报警电路

由 555 定时器、电阻、电容和晶体管构成的报警电路如图 4-4-8 所示。其中，555 定时器构成多谐振荡器，振荡频率 $f_0 = 1.43/[(R_1 + 2R_2)C_f]$，其输出信号经晶体管推动扬声器。555 定时器的 RST 端接控制信号，当 RST 端为高电平时，多谐振荡器工作，从而发出报警声（用信号灯代替）反之，电路停振。

6. 时序控制电路

时序控制电路是抢答器设计的关键，它主要完成三项功能：

1）主持人将控制开关拨到“开始”位置时，扬声器发声，抢答电路和定时电路进入正常工作状态。

2）当参赛选手按动抢答按钮抢答时，扬声器发声，同时抢答电路和定时电路停止工作。

3）当设定的抢答时间到，无人抢答时，扬声器发声，同时抢答电路和定时电路停止工作。

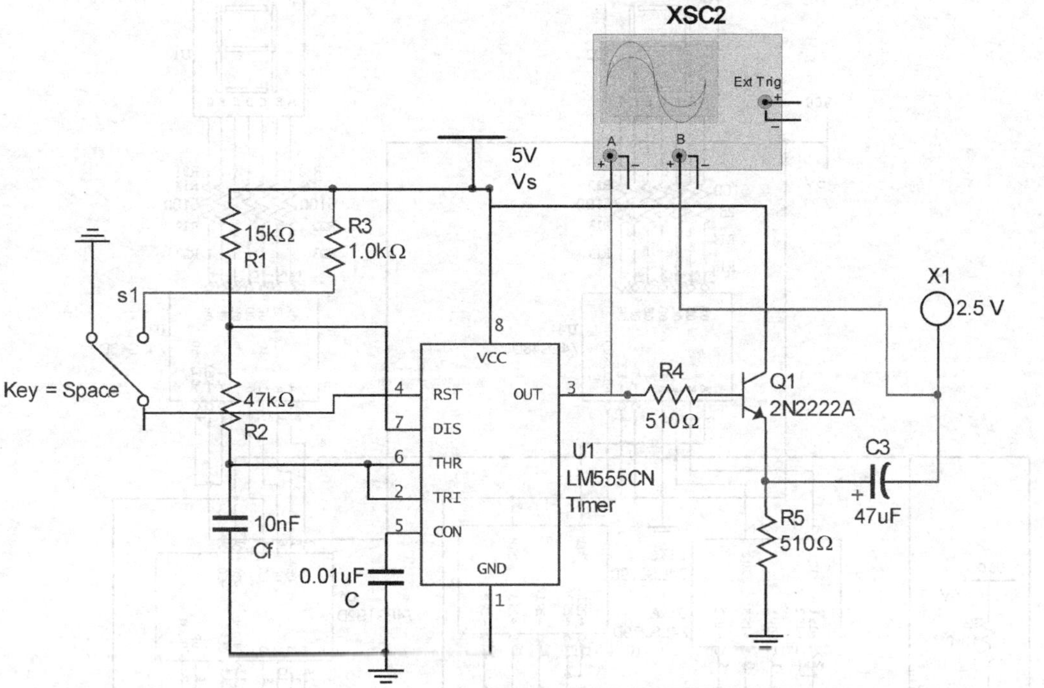

图 4-4-8 报警电路

根据上面的功能要求，设计时序控制电路如图 4-4-9 所示。图中，G_{1A}的作用是控制时钟信号 *CP* 的放行与禁止，门 G_{2A}的作用是控制 74LS148 的输入使能端 *EI*。主持人控制开关从“清除”位置拨到“开始”位置时，74LS279 的输出 *CTR* =0，经 G_{3A}反相，则 555 定时器输出端来的时钟信号 *CP* 能够加到 74LS192 的 CP_D 时钟输入端（*DOWN* 端），定时电路进行递减计时，在定时时间未到时，74LS192 的借位 *BO* = 1，门 G_{2A}的输出使 *EI* = 0，74LS148 处于正常工作状态，从而实现功能 1）的要求；当选手在定时时间内按动抢答按钮时，*CTR* = 1，经 G_{3A}反相，封锁 *CP* 信号，定时器处于保持状态，门 G_{2A}的输出 *EI* = 1，74LS148 处于禁止状态，从而实现功能 2）的要求；当定时时间到来时，来自 74LS192 的 *BO* =0，*EI* =1，74LS148 处于禁止工作状态，禁止选手进行抢答，门 G_{1A}同时处于关门状态，封锁 *CP* 信号，使定时电路为“0”状态，从而实现功能 3）的要求。

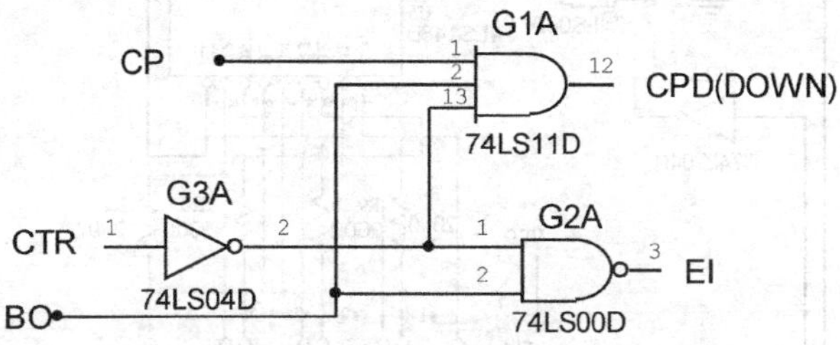

图 4-4-9 时序控制电路

4.4.3 整机电路及仿真

把各个单元电路互相连接起来，整机电路如图 4-4-10 所示，通过仿真，证明该电路能正常运行，达到了设计要求。

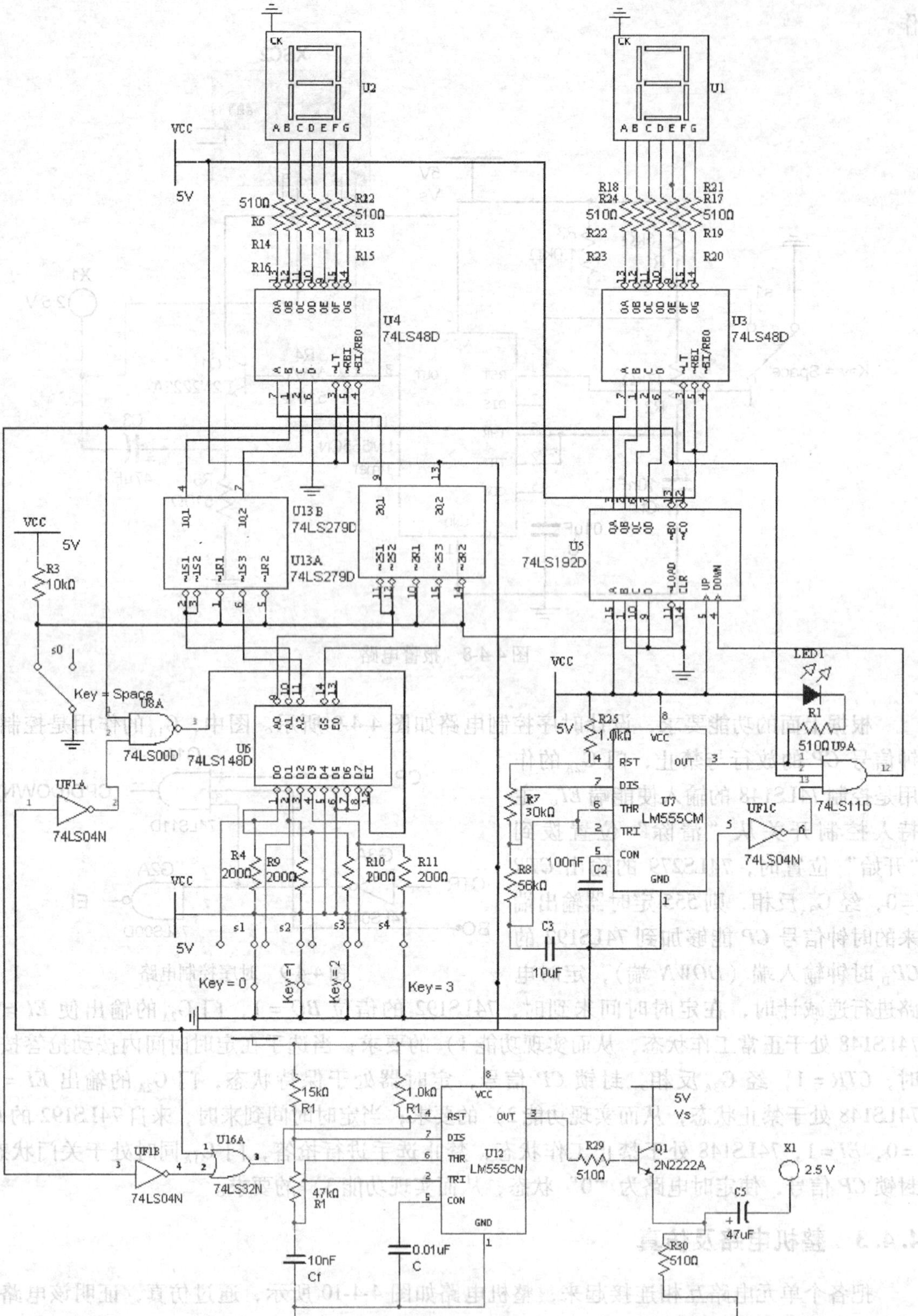
U2
U1
VCC
5V
U4
74LS48D
U3
74LS48D
U13B
74LS279D
U13A
74LS279D
U5
74LS192D
R3
10kΩ
s0
Key = Space
U8A
74LS00D
U6
74LS148D
UF1A
74LS04N
R4 200Ω
R9 200Ω
R10 200Ω
R11 200Ω
s1
s2
s3
s4
Key = 0
Key = 1
Key = 2
Key = 3
LED1
R1
510Ω
U9A
74LS11D
R25
1.0kΩ
U7
LM555CM
R7
30kΩ
R8
56kΩ
100nF
C2
C3
10uF
UF1C
74LS04N
UF1B
74LS04N
U16A
74LS32N
15kΩ
47kΩ
1.0kΩ
U12
LM555CN
10nF
Cf
0.01uF
C
R29
510Ω
Q1
2N2222A
5V
Vs
X1
2.5 V
C5
47uF
R30
510Ω

图 4-4-10　整机电路

4.4.4　电路的安装与调试

首先测试所有的数字集成电路、电阻和电容，然后在面包板或实验板上组装电路。安装时集成电路的方向要保持一致，“清零端”、“置数端”、“悬空端” 等要正确处理，并检查电源接线是否正确，然后按照单元电路的先后顺序进行分级装调与联调。调试步骤如下：

1）先调试译码和显示电路，当译码的输入端 DCBA 为不同的数字时，观察数码管显示的数字。

2）调试抢答电路看能否完成以下的功能：

①一是能分辨抢答按钮的先后，并锁存优先抢答者的编号，供译码显示电路工作用。

②二是要使其他选手的抢答按钮无效。

3）调试秒脉冲产生电路。可用示波器或指示灯来检测秒信号发生器的输出，输出信号的周期应为 1s。

4）直接将秒信号接入定时电路，观察电路定时电路是否定时 5s，并进行减计数。

5）调试由 555 定时器和晶体管构成的报警电路。

6）把各个单元电路互相连接起来，进行系统通调。

4.5　基于 Multisim 的数字频率计的设计

频率计是直接用十进制数字显示被测信号频率的一种测量装置，在测量转速、振动频率等方面得到了广泛的应用。

4.5.1　设计指标及工作原理

1. 设计指标

1）设计一个 4 位数字显示的频率计。

2）可以通过多路开关选择挡位，量程分为多挡：×1、×1000 等。

3）被测信号为方波、正弦波、三角波，测量信号幅度为 0.5 ~5V。

4）可以控制测量电路开始工作以强制清零。

5）频率测得后要求稳定显示输出结果。

2. 数字频率计的工作原理

信号的频率是在单位时间内所产生的脉冲个数，其表达式为

$$f = N/T$$

式中，f 是被测信号的频率，N 是计数器所累计的脉冲个数；T 是产生 N 个脉冲所需的时间。

计数器所记录的结果，就是被测信号的频率。例如，在 1s 内记录了 1000 个脉冲，则被测信号的频率为 1000Hz。图 4-5-1a 所示为门控计数电路，图 4-5-1b 所示为门控计数时序波形，频率数为在 1s 内通过与门的脉冲个数。例如，在 0.1s 内记录 1000 个脉冲，则被测信号的频率为 1000 ×10Hz = 10000Hz。

数字频率计的原理框图如图 4-5-2 所示，主要由放大整形电路、时基电路、闸门电路、逻辑控制电路、计数器、锁存器、译码显示器等组成。工作波形如图 4-5-3 所示。

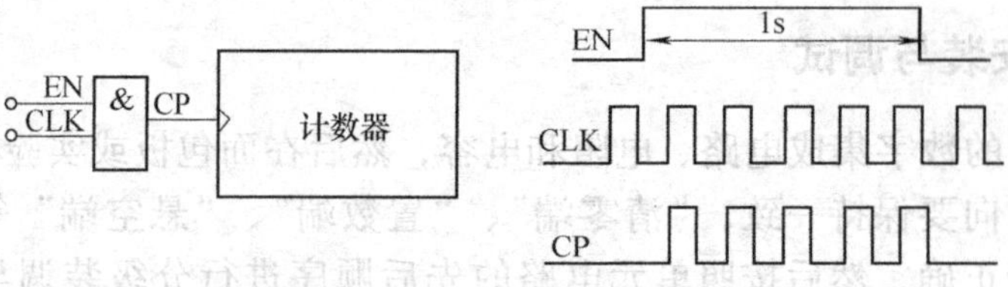

a) 门控计数电路　　　　b) 计数时序波形图

图 4-5-1　门控计数电路及计数时序波形

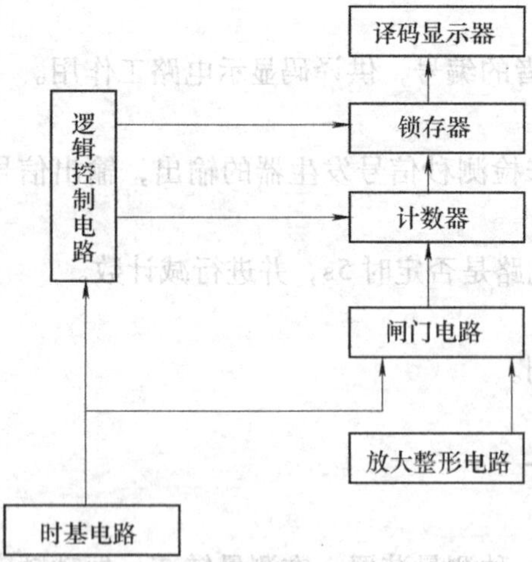

图 4-5-2　数字频率计的原理框图

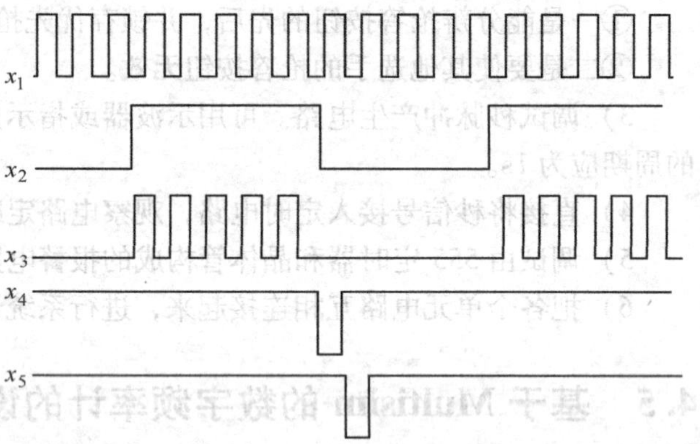

图 4-5-3　工作波形

首先，把被测信号（以正弦波为例，频率为 f_x），通过放大整形电路将其转换成同频率的脉冲信号，如图 4-5-3 中的 x_1 波形，然后将它加到闸门电路的一个输入端。时基电路输出标准时间信号 x_2，假如其高电平持续时间是 1s，把它加到闸门的另一个输入端，只有标准时间信号 x_2 为高电平时，闸门被打开，被测量的脉冲 x_1 通过闸门进入到计数器进行计数，则计数器的计数时间就为 1s，计数器计得的脉冲数 N（如图 x_3 所示）就是被测信号的频率。逻辑控制单元的作用有两个：其一，产生锁存信号，如图中 x_4，使显示器上的数字稳定不变；其二，产生清“0”脉冲，如图中 x_5，使计数器每次从零开始计数。

4.5.2　单元电路设计

1. 放大整形电路

放大整形电路的作用是将输入的周期性信号如正弦波、三角波或者其他呈周期性变化的波形转换成脉冲波，其周期不变。对于输入幅度比较小的信号，要测量其频率大小，首先要进行放大整形，变换成同频方波信号。实现此功能的放大整形电路如图 4-5-4 所示。信号首先经过两只二极管 VD_1、VD_2 进行输入钳位限幅，然后通过晶体管组成的共发射极放大器进行放大，接着，应将此信号变换成同频的方波。将其他的波形变换成方波的电路有多种，如施密特触发器、电压比较器、单稳态触发器等。这里采用 74HC14 施密特触发器，从而可得到与输入信号同频率的矩形脉冲。输入及整形后的波形如图 4-5-5 所示。

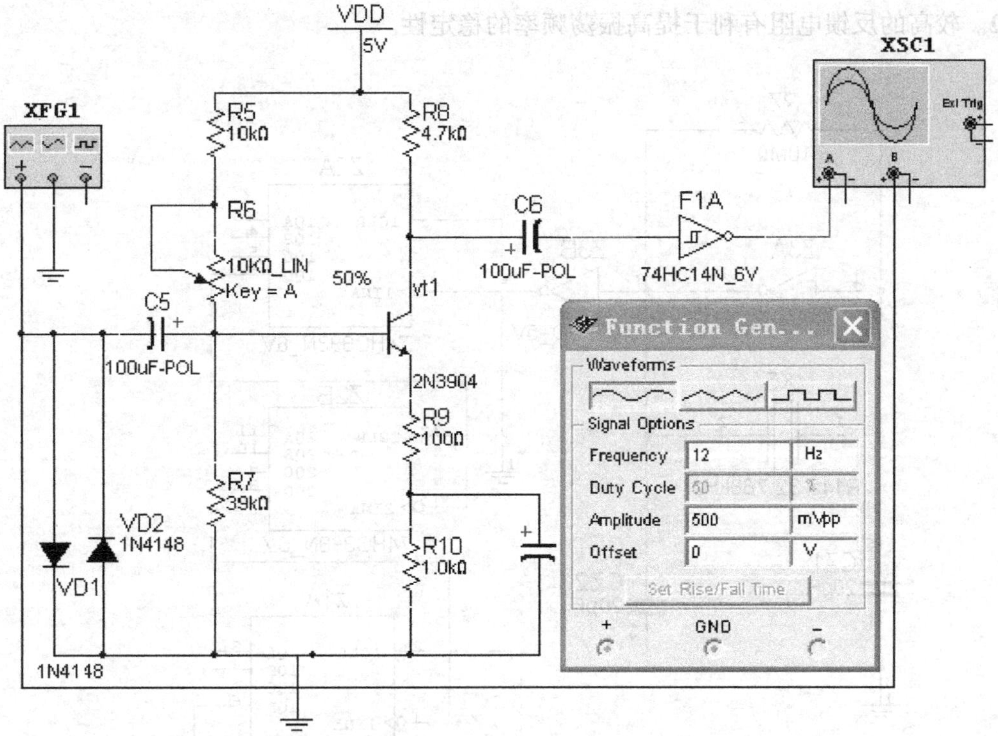

图 4-5-4　放大整形电路

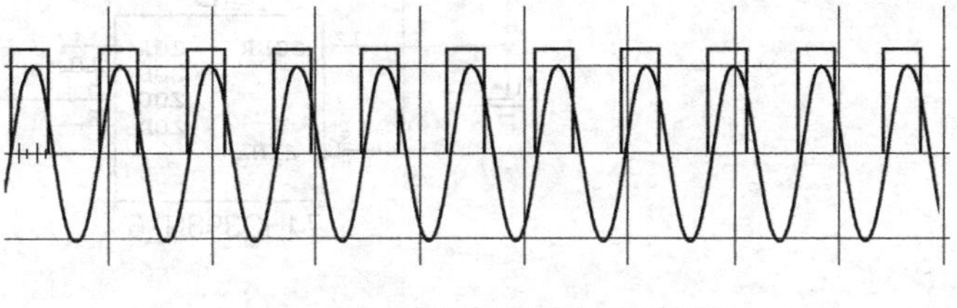

图 4-5-5　输入及整形后的波形

2. 时基电路

（1）振荡器

为了得到高精度、高稳定度的时基信号，需要有一个高稳定的高频信号源。振荡器的稳定度和频率的精准度决定了频率计的准确度，所以通常选用石英晶体来构成振荡器电路。可选择的石英晶体振荡电路较多，石英晶体也较多，如 $f_0 = 32768\text{Hz}$、10MHz 等的石英晶体。本设计选用 $f_0 = 32768\text{Hz}$ 的石英晶体和两个 4069 非门、电阻和电容组成振荡器，如图 4-5-6 所示。图中，由 Z3B 的 4 脚输出的频率为 32768Hz 的方波。Z3B 实现整形功能，将振荡器输出的近似于正弦波的波形转换为较理想的方波。输出反馈电阻 R_{Z1} 为非门提供偏置，使电路工作于放大区域，即非门的功能近似于一个高增益的反相放大器。电容 C_{Z1}、C_{Z2} 与晶体构成一个谐振型网络，实现对振荡频率的控制功能，同时提供了一个 180°相移，从而和非门构成一个正反馈网络，实现了振荡器的功能。由于晶体具有较高的频率稳定性及准确性，从而保证了输出频率的稳定和准确。由于 CMOS 电路的输入阻抗极高，因此反馈电阻 R_{Z1} 可选为

10MΩ。较高的反馈电阻有利于提高振荡频率的稳定性。

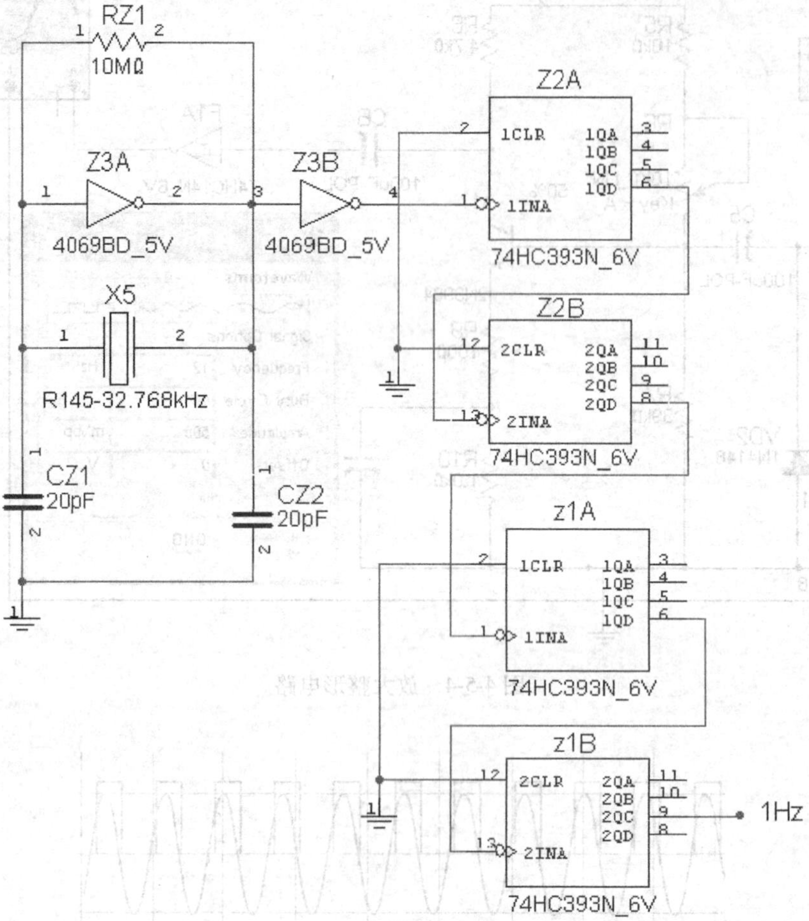

图 4-5-6　石英晶体振荡器及分频器

(2) 分频器

由于石英晶体振荡器产生的频率很高，要得到时基信号（秒脉冲），需要用分频电路。如选用的石英晶体振荡电路产生的是32768Hz 的信号，需要经过 15 级二分频电路，便可得到频率为 1Hz 的秒脉冲信号。可选用二进制计数器，如 74HC161、74HC393，也可选用两片 8 位的二进制计数器 74HC867 通过级联来实现。本设计选用两个 74HC393 组成分频器。74LS393 是双 4 位二进制计数器，32768Hz 的方波与 Z2A 的 1 脚相连，输入时钟脉冲，两个 74HC393 组成分频器，$32768 = 2^{15}$，因此由 9 脚输出时基信号（秒脉冲）。

值得一提的是，也可以选用 10MHz 的石英晶体，在 Multisim 元件库中没有 10MHz 的石英晶体，可以自己编辑 10MHz 的石英晶体的模型，经过多级十分频电路，通过选择量程开关得到不同周期的时基信号，如周期分别是 0.001s、0.01s、0.1s、1s、10s 时基信号，以实现量程的选择。如果时基信号为标准的秒脉冲，可以将测量的信号经过多级十分频电路，实现量程的选择。本设计选择后一种方式。

3. 闸门及逻辑控制电路

闸门及逻辑控制电路的功能是：在时标脉冲的作用下，首先输出一个标准时间（例如1s），在这个时间内，计数器记录下输入脉冲的个数；然后逻辑控制电路发出一锁存保持信号，使记录下的脉冲个数被显示一段时间，以便观察者看清并记录下来；接下来逻辑控制电路给出清零脉冲，使计数器的原记录数据被清零，准备下次计数。电路如图 4-5-7 所示。

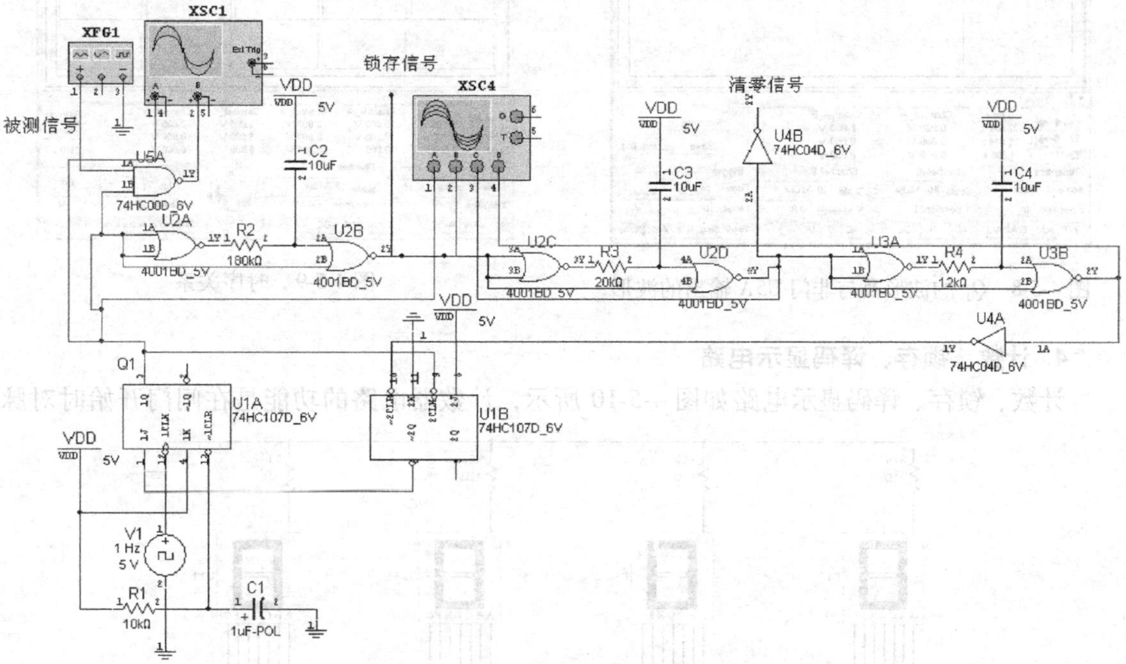

图 4-5-7　闸门及逻辑控制电路

在图 4-5-7 电路中，74HC107 双 JK 触发器为 U1A 和 U1B，U1A 触发器产生计数门控脉冲，当 Q_1 为高电平时被测量的脉冲就通过闸门 U5A 送入计数器。若 U1A 的时钟 *CP* 选用周期为 1s 的时基信号，Q_1 输出门控信号的高电平宽度为 1s，这时计数器记录的便是 1s 内的输入脉冲个数，即输入信号的频率，Q_1 的波形及与非门 U5A 输出的波形如图 4-5-8 所示。U1B 是闭锁触发器，它保证在 U1A 形成一次门控信号后，需要间隔显示和清零两段时间后，才可再形成下一次门控信号。电路中有三个单稳态触发器分别决定了显示、清零及等待三阶段的时间。单稳态触发器采用积分型单稳态电路，第一个单稳态触发器由 U2A、U2B、R_2、C_2 组成，此单稳态触发器输出脉冲的宽度 $t_W = 0.7R_2C_2$，如果选 $R_2 = 180\text{k}\Omega$，$C_2 = 10\mu\text{F}$，则 $t_W = 0.7 \times 0.10 \times 10^6 \times 10 \times 10^{-6}\text{s} = 0.7\text{s}$，此单稳态触发器的输出产生锁存信号，接到 74HC273 锁存器的 *CLK* 端。第二个单稳态触发器称为清零单稳态触发器，输出脉冲的宽度 $t_W = 0.7 \times 0.02 \times 10^6 \times 10 \times 10^{-6}\text{s} = 0.14\text{s}$，输出产生清零信号，接到 74HC160 的 *CLR* 端，供多位十进制计数器清零用。第三个单稳态触发器称为等待单稳态触发器，输出脉冲的宽度 $t_W = 0.7 \times 0.012 \times 10^6 \times 10 \times 10^{-6}\text{s} = 0.08\text{s}$，它的作用仅是解除 U1B 的闭锁作用，以便使 U1A 形成新的门控信号。门控信号及显示、清零、等待信号的时序关系如图 4-5-9 所示。图中，R_1，C_1 网络是开机复零电路，目的是使 U1A 的初始状态处于“0”状态。

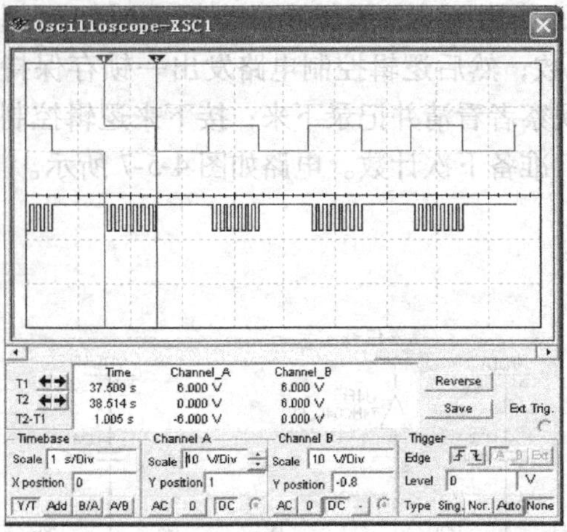

图 4-5-8　Q_1 的波形及与非门 U5A 输出的波形

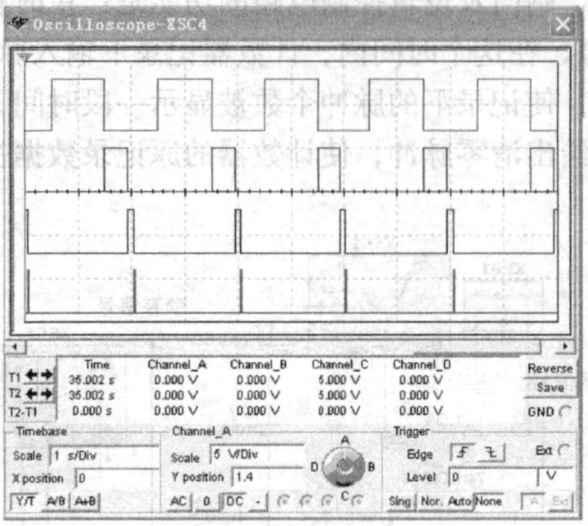

图 4-5-9　时序关系

4. 计数、锁存、译码显示电路

计数、锁存、译码显示电路如图 4-5-10 所示，计数器电路的功能是在闸门开始时对脉

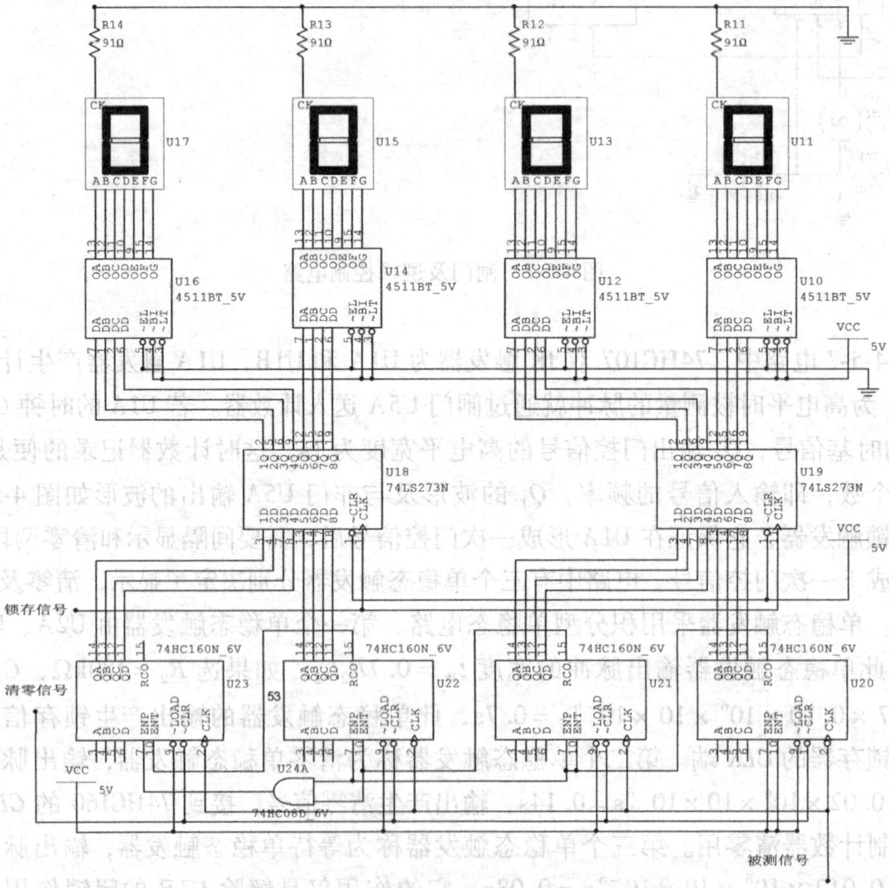

图 4-5-10　计数、锁存、译码显示电路

冲信号进行计数并输出，由于频率显示是十进制的，因此这里采用四个 74HC160 通过级联，组成四位十进制计数器，采用 HC 系列的快速肖特基管更有利于对频率较高的信号进行计数。

本设计的译码显示电路由 CD4511 和七段数码管组成。此电路共需要四个 CD4511 和四个七段数码管，CD4511 的译码输出端通过限流电阻与数码管相连，以防电流过大烧坏发光二极管。考虑到在每一级中串联电阻使仿真电路图不清楚，采用了在公共端串联限流电阻的方法，只画出一个 91Ω 的限流电阻。

为了保证显示的稳定，在 CD4511 的前一级加上一级数据锁存器，这里使用的是 74HC273，实现数据锁存。

5. 分频器及量程选择

分频器是由多级计数器完成，目的是得到不同标准的脉冲信号。分频器及量程选择如图 4-5-11 所示。本设计中采用三级 74HC160 同步级联，将信号频率缩至$\frac{1}{1000}$实现单位为 kHz 的频率挡测量（×1000），S_1 为量程选择开关，如若要测量 Hz 挡，只要直接将开关 S_1 切换到信号输入处（×1）。当输入信号的频率是 1kHz 时，F_2 的输出端 Q_D 和 F_3 的输出端 Q_D 的波形如图 4-5-12 所示。

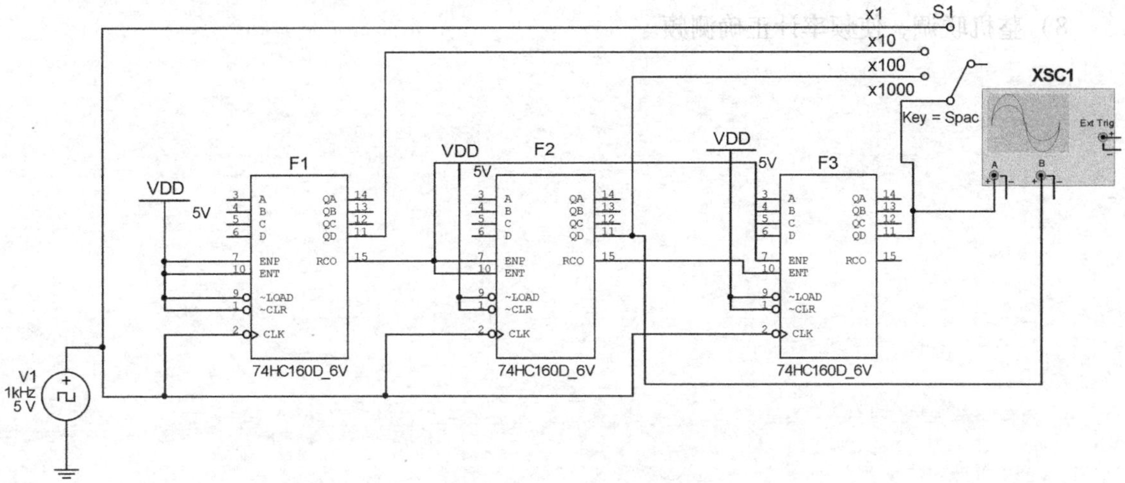

图 4-5-11　分频器及量程选择

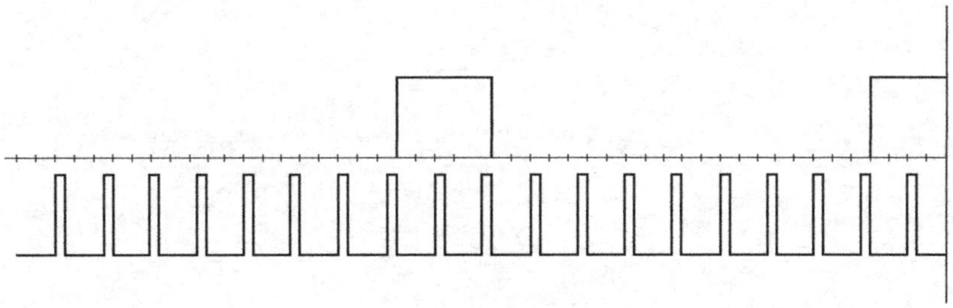

图 4-5-12　分频器及输出波形

4.5.3　整机电路及仿真

把各个单元电路互相连接起来，构成的整机电路如图 4-5-13 所示。通过仿真，证明该电路能正常运行，达到了设计要求。

4.5.4　电路的安装与调试

所有的电子器件在安装前要测试一遍，然后在面包板或实验板上组装电路，所有集成电路的方向要一致，缺口朝左，电解电容标志最好方向一致，“清零端”、“置数端”、“悬空端”等要正确处理，并检查电源接线是否正确，正确判断晶体管的三个极，然后按照单元电路的先后顺序进行分级装调与联调。调试步骤如下：

1）调节放大整形电路，使之输出合适的方波。

2）用示波器检查晶体振荡电路是否正常振荡。

3）用示波器或指示灯来检测秒信号产生器的输出，输出信号的周期应为 1s。

4）用示波器观察各闸门时间是否正确。

5）用示波器观察单稳 1 和单稳 2 输出，并使之正常工作。

6）检查计数器、锁存器、译码器、显示器，并使之正常工作。

7）向闸门送方波频率信号，检查频率计部分，使之准确计算频率。

8）整机联调，使频率计正确测频。

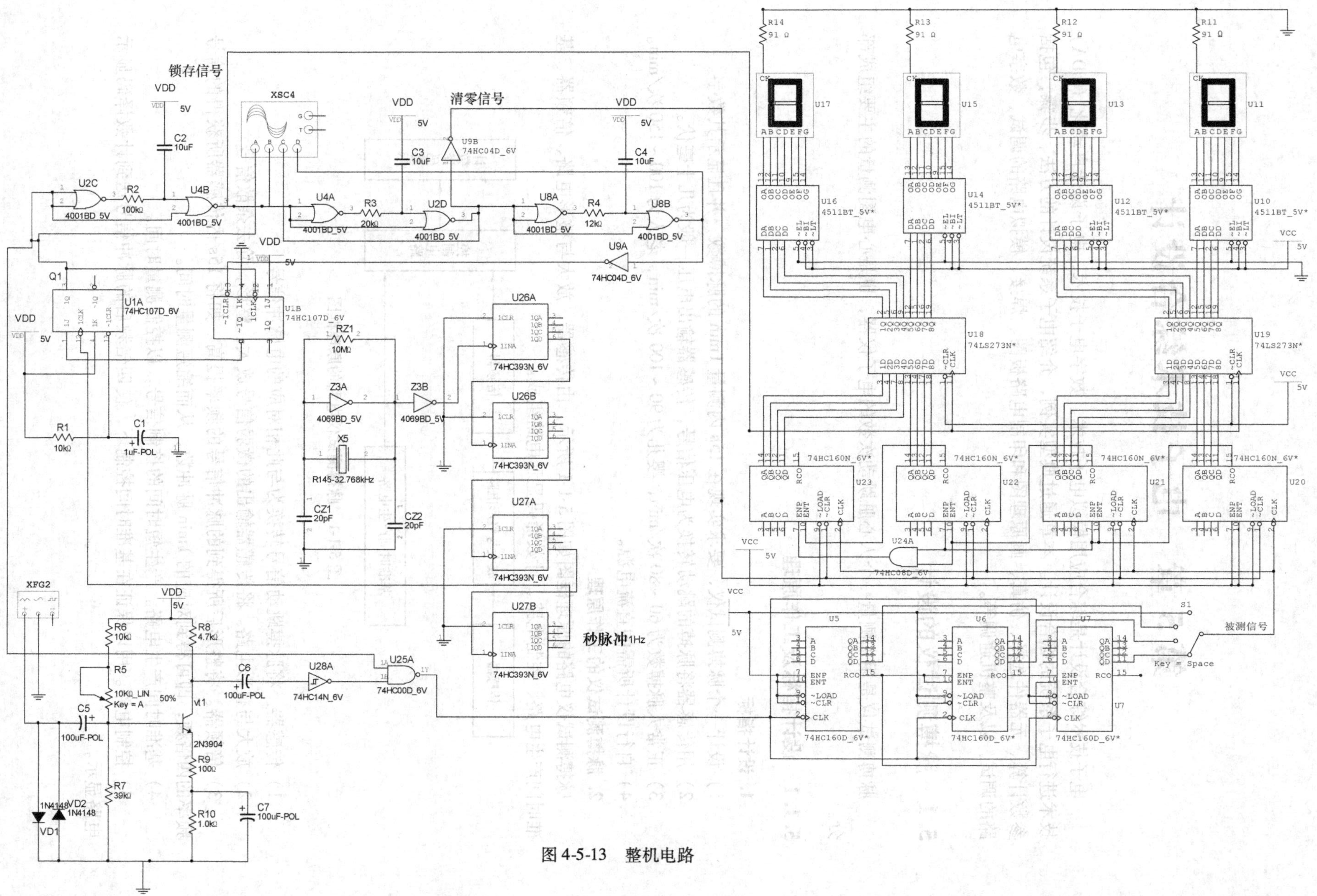
锁存信号
清零信号
秒脉冲1Hz
被测信号
XSC4
XFG2
U2C
U4B
U4A
U2D
U8A
U8B
U9A
U9B
U1A
U1B
U26A
U26B
U27A
U27B
U28A
U25A
U24A
U5
U6
U7
U10
U11
U12
U13
U14
U15
U16
U17
U18
U19
U20
U21
U22
U23
Z3A
Z3B
X5
R145-32.768kHz
RZ1
10MΩ
CZ1
20pF
CZ2
20pF
4001BD_5V
74HC04D_6V
74HC107D_6V
74HC393N_6V
4069BD_5V
74HC14N_6V
74HC00D_6V
74HC08D_6V
74HC160D_6V*
74HC160N_6V*
74LS273N*
4511BT_5V*
2N3904
VDD
VCC
5V
S1
Key = Space
R1 10kΩ
R2 100kΩ
R3 20kΩ
R4 12kΩ
R5 10kΩ_LIN Key = A 50%
R6 10kΩ
R7 39kΩ
R8 4.7kΩ
R9 100Ω
R10 1.0kΩ
R11 91 Ω
R12 91 Ω
R13 91 Ω
R14 91 Ω
C1 1uF-POL
C2 10uF
C3 10uF
C4 10uF
C5 100uF-POL
C6 100uF-POL
C7 100uF-POL
VD1
VD2
1N4148
Q1
V1

图 4-5-13　整机电路

第 5 章　电子技术综合设计

电子技术综合设计是综合应用模拟电子技术、数字电子技术、电子设计自动化（EDA）技术进行电子系统的综合设计。本章通过典型实例，介绍电子系统设计的方法、步骤，包括参数计算、元器件选择、仿真、画原理图和印制电路板图、焊接、模拟电路的调试、数字电路的调试，以及整机通调等。

5.1　脉搏测试仪的设计

脉搏测试仪是用来测量一个人心脏跳动次数的电子仪器，也是心电图测量的主要组成部分。

5.1.1　设计指标及工作原理

1. 设计指标

1）设计一个脉搏测试仪，要求实现在 15s 内测量 1min 的脉搏数，并且显示其数字。

2）用传感器将脉搏的跳动转换为电压信号，传感器输出电压一般为几十毫伏。

3）正常人脉搏数为 60 ~ 80 次/min，婴儿为 90 ~ 100 次/min，老人为 100 ~ 150 次/min。

4）自行设计所需的直流电源。

2. 脉搏测试仪的工作原理

脉搏测试仪电路的原理框图如图 5-1-1 所示，由传感器、放大与整形电路、倍频器、基准时间产生电路、控制电路、计数译码显示电路组成。

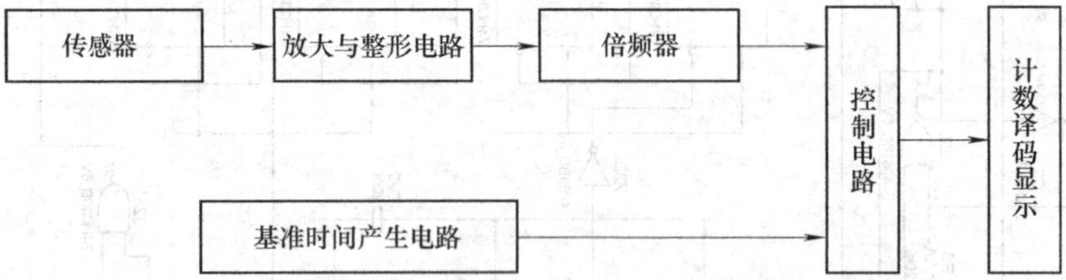

图 5-1-1　脉搏测试仪电路的原理框图

1）传感器。将脉搏跳动信号转换为与此相对应的电脉冲信号。

2）放大与整形电路。将传感器输出的微弱信号放大、整形，除去杂散信号。

3）倍频器。将整形后所得到的脉冲信号的频率提高。如将 15s 内传感器所获得的信号频率的四倍频，即可得到对应的 1min 脉冲数，从而缩短测量时间。

4）基准时间产生电路。产生短时间的控制信号，以控制测量时间。

5）控制电路。用以保证在基准时间控制下，使四倍频后的脉冲信号送到计数译码显示电路显示。

6）计数译码显示电路。用来读出脉搏数，由数码管显示出来。

7）电源电路。提供符合要求的直流电源。

上述测量过程中，由于对脉冲进行了四倍频，计数时间也相应地缩短为 1/4（15s），而数码管显示的数字却是 1min 的脉搏跳动次数。用这种方案测量的时间越短，误差也越大。

上述方案结构简单，易于实现，但测量精度偏低。当然，还有其他的设计方案，如首先测出脉搏跳动 5 次所需的时间，然后再换算为每分钟脉搏跳动的次数，这种测量方法的误差小，可达 ±1 次/min，但电路结构复杂，成本高。

5.1.2　单元电路设计

1. 直流电源的设计

在脉搏测试仪电路的原理框图中没有画出直流电源，各单元电路需要 5V 的直流电源。直流电源是采用桥式整流电路、电容滤波电路及三点式稳压电路组成的 ±5V 直流电源，电路如图 5-1-2 所示。

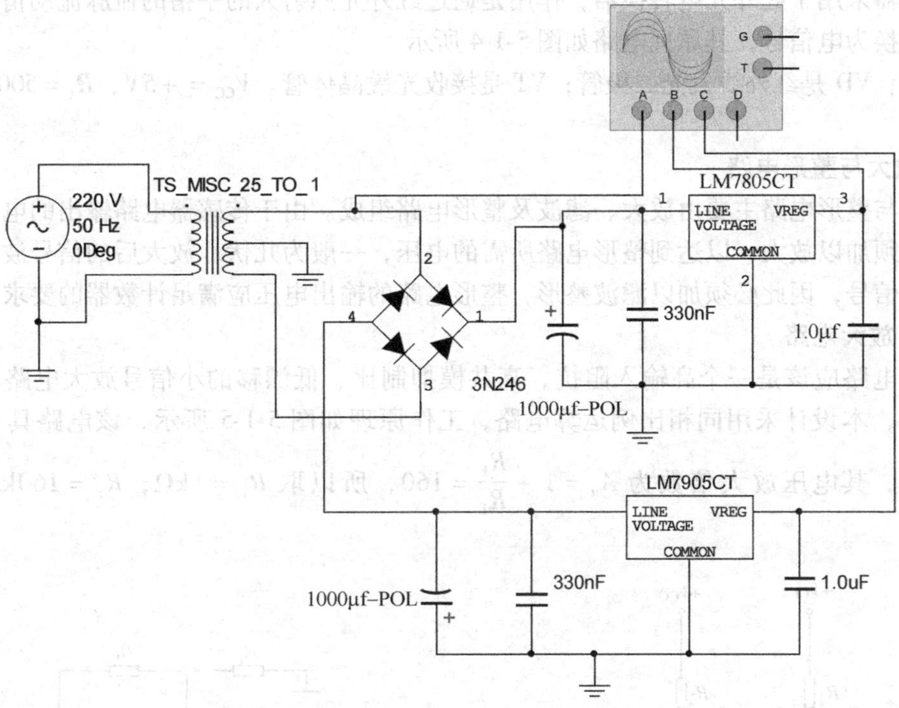

图 5-1-2　±5V 直流电源电路

变压器二次电压的有效值约为 9V，整流部分采用了由四个二极管组成的桥式整流器成品（又称桥堆），型号为 3N246，其最大反向峰值电压为 50V，$I_{VD}=1.5A$；滤波电容选择 1000μF 的电解电容；稳压电源分别选用 LM7805、LM7905。LM7805 输出 +5V 电压，LM7905 输出 −5V 电压。电路中，330nF 的电容用以抵消输入端较长接线的电感效应，防止产生自激振荡，1μF 的电容用于消除输出电压中的高频噪声。变压器二次电压、+5V 输出电压、−5V 输出电压的波形如图 5-1-3 所示。

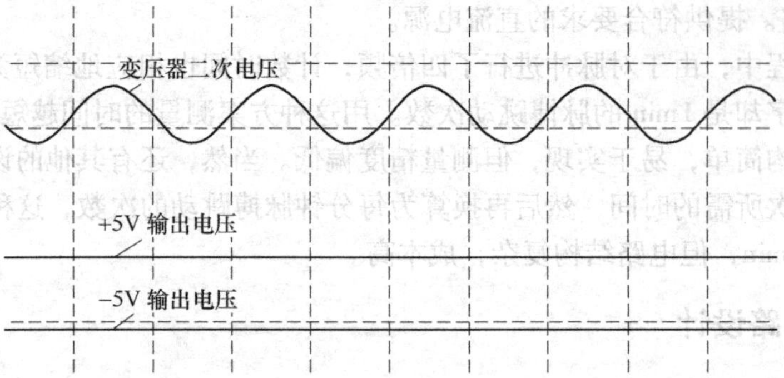

图 5-1-3　变压器二次电压、+5V 输出电压、−5V 输出电压的波形

2. 传感器

传感器电路的功能是由传感器将脉搏信号转换为电信号，一般为几十毫伏。

传感器采用了红外光电转换器，作用是通过红外光照射人的手指的血脉流动情况，把脉搏跳动转换为电信号，其原理电路如图 5-1-4 所示。

图中，VD 是红外线发光二极管；VT 是接收光敏晶体管。$V_{CC}=+5V$，$R_1=500\Omega$，$R_2=10k\Omega$。

3. 放大与整形电路

放大与整形电路主要由放大、滤波及整形电路组成。由于传感器电路输出的电信号比较微弱，必须加以放大，以达到整形电路所需的电压，一般为几伏。放大后的信号波形是不规则的脉冲信号，因此必须加以滤波整形，整形电路的输出电压应满足计数器的要求

（1）放大电路

放大电路应该是一个高输入阻抗、高共模抑制比、低漂移的小信号放大电路。设计方案比较多，本设计采用同相比例运算电路，工作原理如图 5-1-5 所示，该电路具有很高的输入阻抗，其电压放大倍数为 $A_u=1+\dfrac{R_F}{R_1}=160$，所以取 $R_1=1k\Omega$，$R_F=160k\Omega$，$R_2=160k\Omega$。

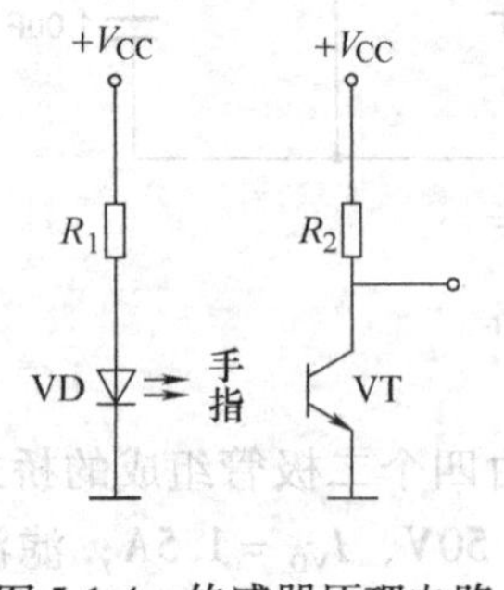

图 5-1-4　传感器原理电路

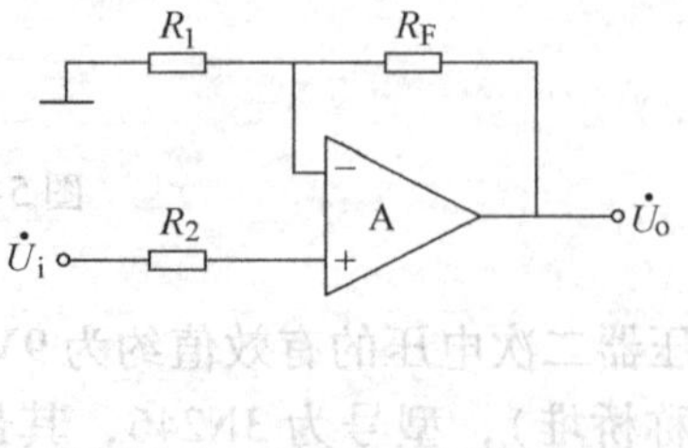

图 5-1-5　同相比例运算电路

（2）二阶有源低通滤波器

本设计采用了二阶压控有源低通滤波器，

工作原理如图5-1-6所示，作用是把脉搏信号中的高频干扰信号去掉，同时把脉搏信号加以放大。考虑到去掉脉搏信号中的干扰尖脉冲，所以有源滤波器的截止频率为1kHz左右。

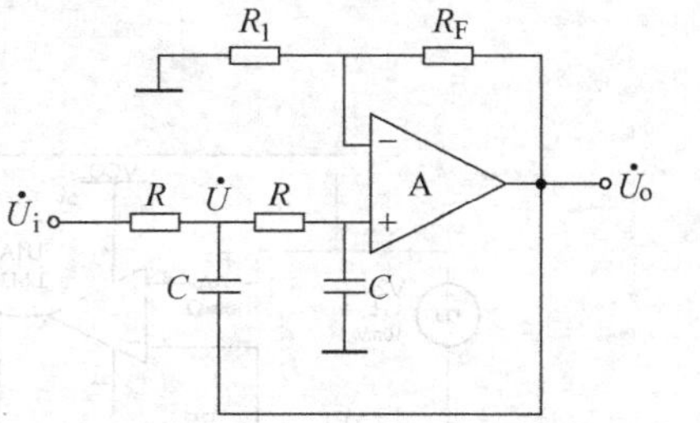

图5-1-6　二阶压控有源低通滤波器

电压放大倍数为

$$\dot{A}_u=\frac{\dot{U}_o}{\dot{U}_i}=\frac{A_{up}}{1+(3-A_{up})j\omega RC+(j\omega RC)^2}$$

$$=\frac{A_{up}}{1-\left(\frac{f}{f_0}\right)^2+j(3-A_{up})\frac{f}{f_0}}$$

$$=\frac{A_{up}}{1-\left(\frac{f}{f_0}\right)^2+j\frac{1}{Q}\frac{f}{f_0}} \tag{5-1-1}$$

品质因数

$$Q=\frac{1}{3-A_{up}} \tag{5-1-2}$$

其中，Q 值按近似特性可有如下分类：$Q=\frac{1}{\sqrt{2}}\approx 0.71$ 为巴特沃思特性，$Q=0.96$ 为切比雪夫特性，本设计选择巴特沃思特性，即

$$Q=\frac{1}{3-A_{up}}=0.71$$

得通带放大倍数

$$A_{up}=1.58$$

因为

$$A_{up}=1+\frac{R_F}{R_1}=1.58$$

所以，取 $R_1=47\text{k}\Omega$，$R_F=27\text{k}\Omega$。

由于 $f_0=\frac{1}{2\pi RC}\approx 1000\text{Hz}$ 如取 $C=4.7\text{nF}$，则取 $R=33\text{k}\Omega$。

（3）整形电路

经过放大滤波后的脉搏信号仍是不规则的脉冲信号，且有低频干扰，仍不满足计数器的要求，必须采用整形电路，如施密特触发器、电压比较器、单稳态触发器等。这里采用74HC14施密特触发器，从而可得到与输入信号同频率的矩形脉冲。

综合（1）~（3）的工作原理，可得放大、滤波与整形电路如图5-1-7所示。电路总的放大倍数为 $160\times1.58=252$，当输入电压为10mV时，放大、滤波的输出高电平为2.52V，大于4069的阈值电压（2.5V）。输入及整形后的波形如图5-1-8所示。当输入的信号叠加高频噪声时的波形如图5-1-9的①所示，放大滤波后的波形如图5-1-9的②所示，整形后的波形如图5-1-9的③所示。从图中可以看出，整形后的波形与待测信号的频率是相同的。

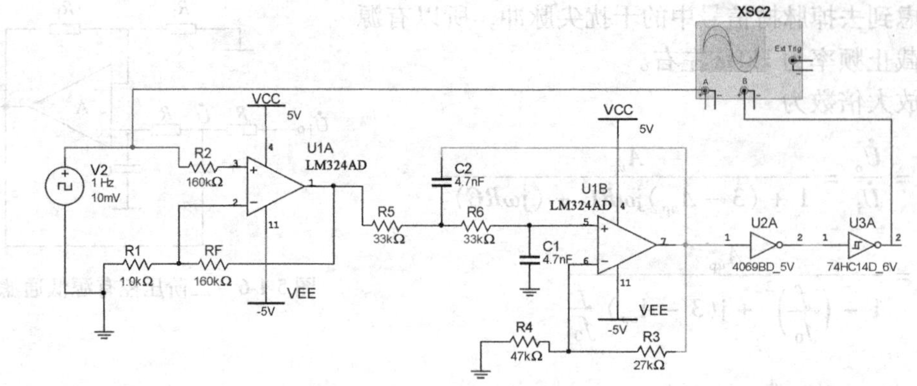

图 5-1-7　放大、滤波与整形电路

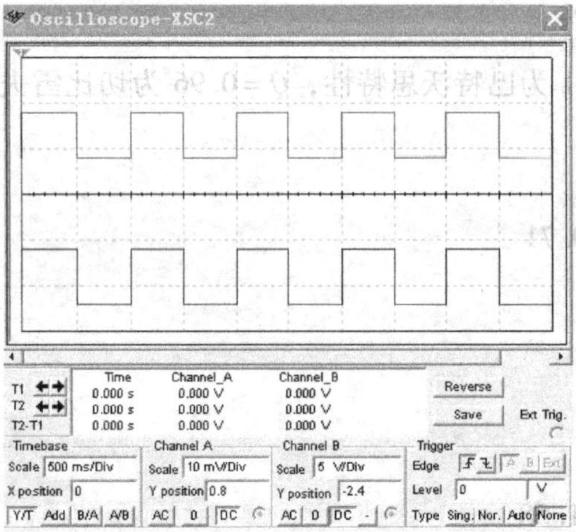

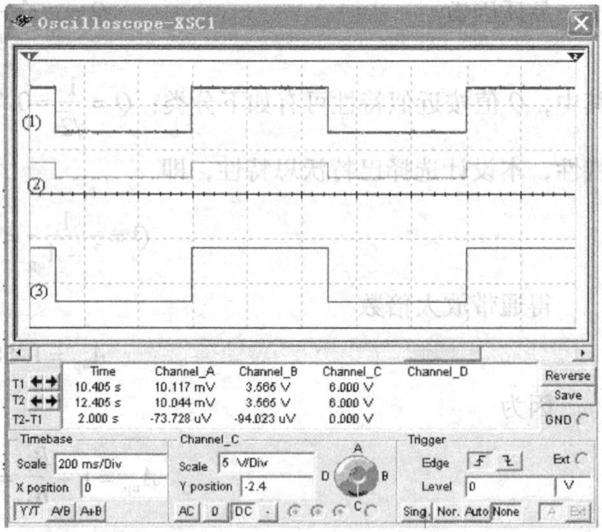

图 5-1-8　输入及整形的波形　　图 5-1-9　叠加高频噪声的输入及滤波整形的波形

4. 倍频电路

倍频电路的作用是对放大整形后的脉搏信号进行四倍频，以便在 15s 内测出 1min 内的人体脉搏跳动次数，从而缩短测量时间，以提高诊断效率。

倍频电路的形式很多，如锁相倍频器、异或门倍频器等，由于锁相倍频器电路比较复杂，成本比较高，所以这里采用了能满足设计要求的异或门组成的四倍频电路，如图 5-1-10 所示。

U1A 和 U1B 构成二倍频电路，利用第一个异或门的延迟时间对第二个异或门产生作用，当输入由“0”变成“1”，或由“1”变成“0”时，都会产生脉冲输出，电容器的作用是为了增加延迟时间，从而加大输出脉冲宽度。根据实验结果选用 $C_{B1}=3.3\mu F$，$R_{B1}=100k\Omega$，由两个二倍频电路就构成了四倍频电路，$C_{B2}=330\text{nF}$，$R_{B2}=100\text{k}\Omega$，其中异或门选用了 CC4070。输入、二倍频及四倍频波形如图 5-1-11 所示。

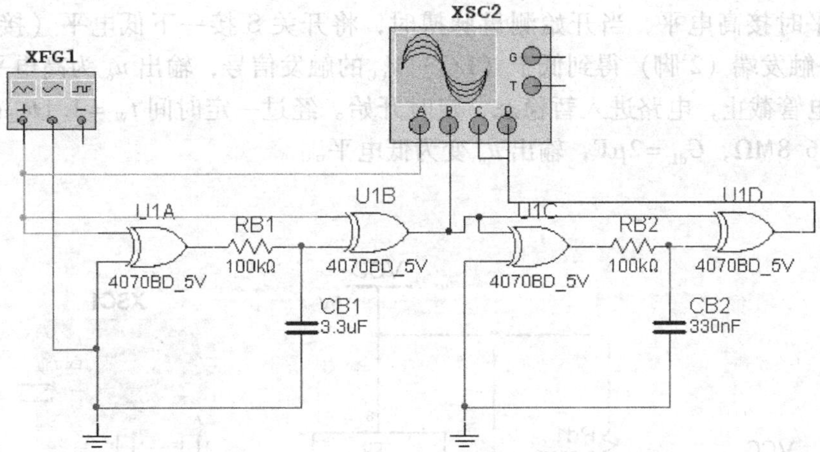

图 5-1-10　倍频电路

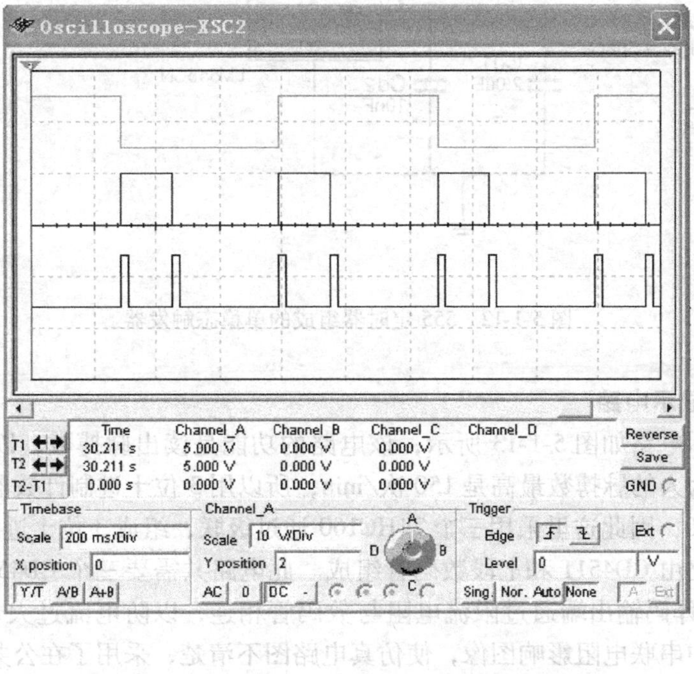

图 5-1-11　输入、2 倍频及 4 倍频波形

5. 基准时间产生电路

基准时间产生电路的功能是脉冲宽度为 15s 的信号，以控制在 15s 内完成 1min 的测量

任务。

实现这一功能的方案很多，可以采用秒脉冲发生器、十五分频电路和二分频电路组成的基准时间产生电路，也可以采用单稳态触发器。本文采用555定时器所组成的单稳态触发器，如图5-1-12所示。

开关S平时接高电平，当开始测量脉搏时，将开关S接一下低电平（接着接到高电平），低电平触发端（2脚）得到低于（1/3）V_{CC}的触发信号，输出u_o为高电平，555定时器内部的放电管截止，电路进入暂稳态，定时开始。经过一定时间$t_W = 1.1R_{d1}C_{d1} = 15s$后，这里的$R_{d1} = 6.8M\Omega$，$C_{d1} = 2\mu F$，输出$u_o$变为低电平。

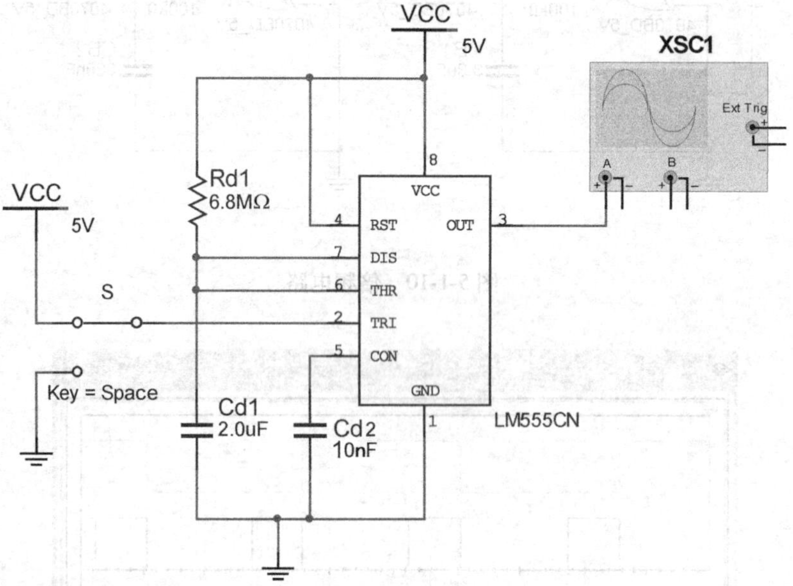

图5-1-12　555定时器组成的单稳态触发器

6. 计数译码显示电路

计数译码显示电路如图5-1-13所示，该电路的功能是读出脉搏数，以十进制数形式用数码管显示。因为人的脉搏数最高是150次/min，所以用3位十进制计数器即可。十进制计数器采用74HC160，因此这里采用三个74HC160通过级联，组成3位十进制计数器。

译码显示电路由CD4511和七段数码管组成。此电路共需要三个CD4511和三个七段数码管。CD4511的译码输出端通过限流电阻与数码管相连，以防电流过大烧坏发光二极管。考虑到在每一极中串联电阻影响图像，使仿真电路图不清楚，采用了在公共端串联限流电阻的方法，只画出一个91Ω的限流电阻。

7. 控制电路

控制电路的作用主要是控制脉搏信号经放大、整形、倍频后进入计数器的时间，此电路只需用单稳态触发器的输出去控制计数器的ENT或ENP端。

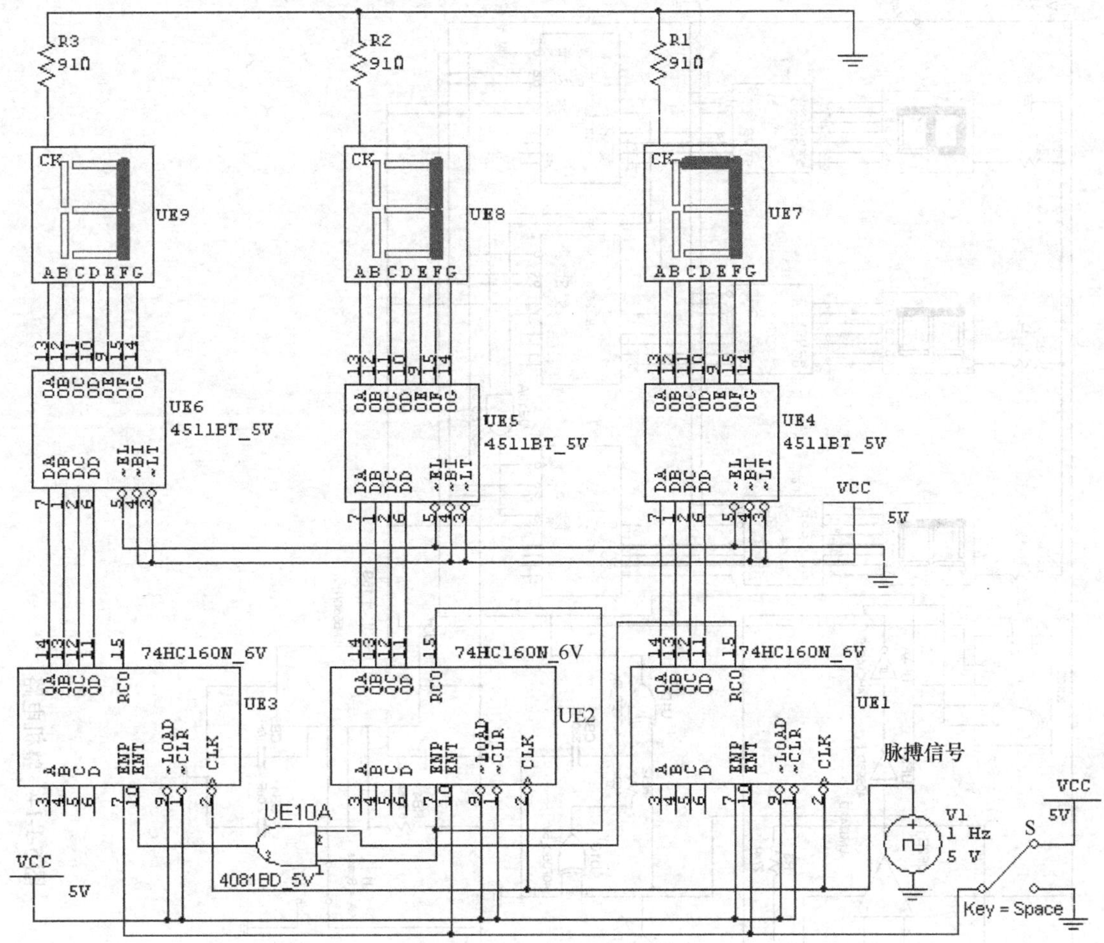

图 5-1-13　计数译码显示电路

5.1.3　整机电路及仿真

整机电路如图 5-1-14 所示，传感器输出的波形用函数发生器仿真矩形波，矩形波幅度为 10mV，频率为 2Hz，脉搏测试仪最后输出的脉搏数是 119 次/min，误差为 1 次/min。得到放大、滤波与整形的波形、二倍频波形、四倍频波形，以及单稳态触发器输出的波形如图 5-1-15 所示。通过仿真的数据证明，该电路达到了设计所要求的各项指标。

5.1.4　电路的安装与调试

1. 电路安装

1）绘制并制作印制电路板。

2）根据整机电路图核对元器件，清除元器件引脚上的氧化层，清除氧化层之后需镀锡。

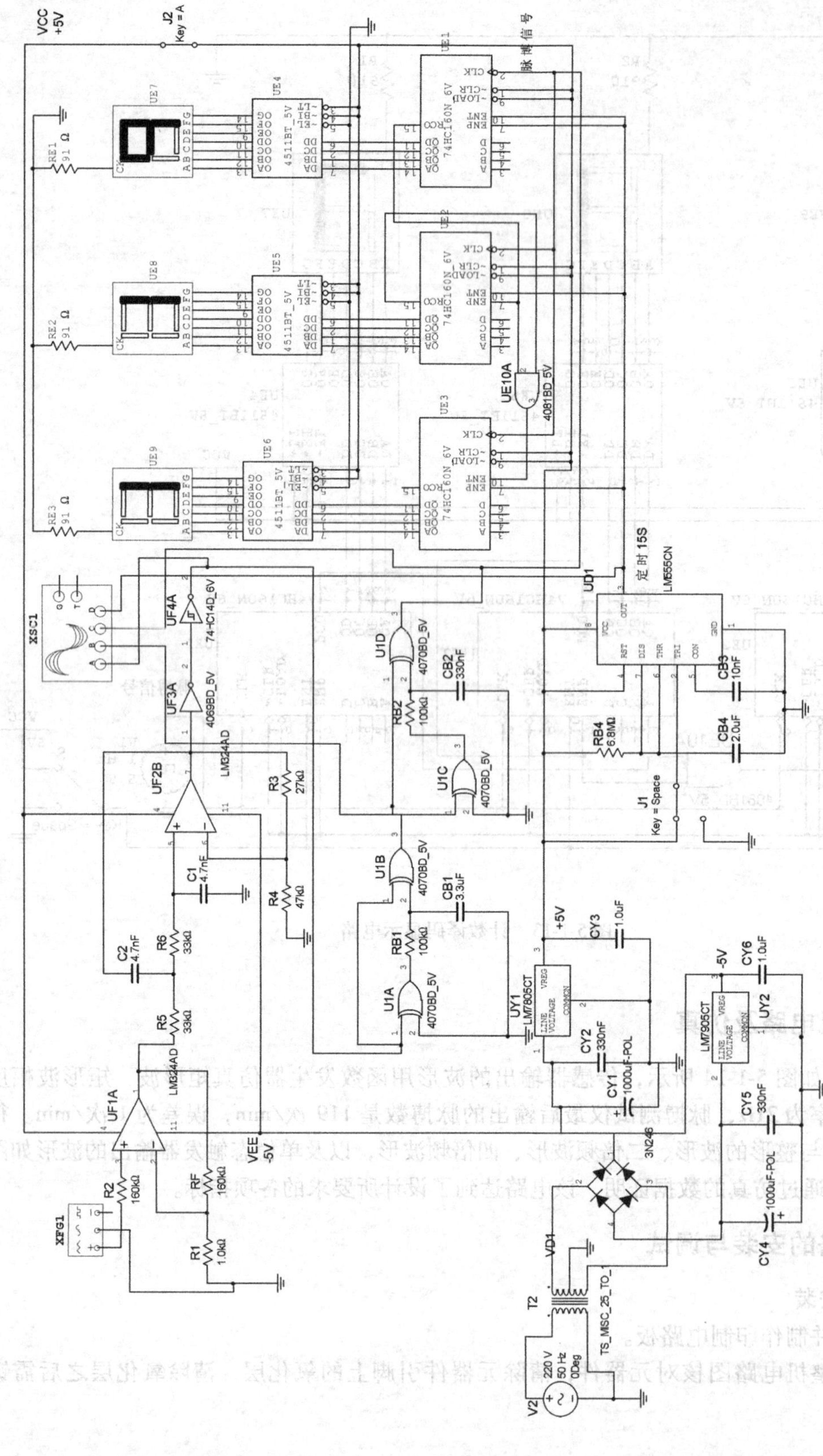
VCC
+5V
J2
Key = A
UE1
UE2
UE3
UE4
UE5
UE6
UE7
UE8
UE9
74HC160N_6V
4511BT_5V
RE1
91 Ω
RE2
91 Ω
RE3
91 Ω
脉搏信号
UE10A
4081BD_5V
XSC1
UF4A
74-IC14D_6V
UF3A
4069BD_5V
UD1
LM555CN
定时15S
RB4
6.8MΩ
CB3
10nF
CB4
2.0uF
J1
Key = Space
U1D
4070BD_5V
CB2
330nF
RB2
100kΩ
U1C
4070BD_5V
UF2B
LM324AD
R3
27kΩ
R4
47kΩ
C1
4.7nF
U1B
4070BD_5V
CB1
3.3uF
RB1
100kΩ
U1A
4070BD_5V
C2
4.7nF
R6
33kΩ
R5
33kΩ
UF1A
LM324AD
VEE
-5V
XFG1
R2
160kΩ
RF
160kΩ
R1
1.0kΩ
+5V
CY3
1.0uF
UY1
LM7805CT
CY2
330nF
CY1
1000uF-POL
-5V
CY6
1.0uF
UY2
LM7905CT
CY5
330nF
CY4
1000uF-POL
3N246
VD1
T2
TS_MISC_25_TO_
V2
220 V
50 Hz
0Deg

图 5-1-14　整机电路

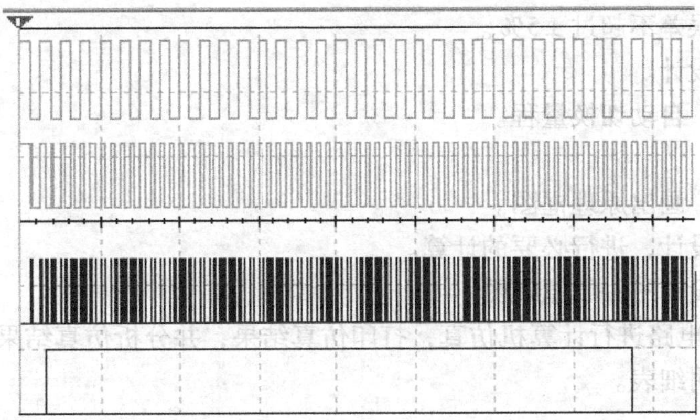

图 5-1-15　输入与输出波形

3）安装电解电容时要注意它们的极性。

4）焊接时要注意，焊点要均匀、饱满，防止虚焊，更不能短路，焊接时间不能太长，以免损坏元器件或使铜箔从印制电路板上剥离。

5）在使用双列直插式集成电路时，最好使用集成电路插座，要先焊插座，最后插集成电路，不要把集成电路插入插座一起焊接，如不使用插座直接焊集成电路，烙铁外壳应可靠接地，防止漏电而损坏集成电路。一定要注意集成电路不能插反。

6）集成电路的“清零端”、“置数端”、“悬空端”等要正确处理，并检查电源接线是否正确。

2. 调试电路

按照单元电路的先后顺序进行分级调试与联调。

1）直流电源。用万用表直流电压挡测量直流电源的输出电压。

2）传感器、放大与整形电路。调节放大与整形电路，用示波器检查输出的波形是否是方波。

3）用示波器检查倍频电路是否正常工作。

4）基准时间产生电路。用示波器观察基准时间产生电路的脉冲宽度是否为 15s 的信号。

5）检查计数译码显示电路，并使之正常工作。

6）整机联调，进行人体脉搏测量，使电路正常工作。

5.2　可选题目

5.2.1　数字电子秤的设计

数字电子秤是日常生活中很常见的一种器具，广泛地用于各个生产领域和人民的日常生活中，与普通秤相比，数字电子秤具有精度高、性能稳定、测量准确、使用方便等优点。

1. 设计指标

1）测量范围：0～1.999kg，0～19.99kg，0～199.9kg，0～1999kg。

2）用数字显示被测重量，小数点位置对应不同的量程显示。

3）测量显示误差不超过 ±5%。

4）直流电源设计。

5）选作内容：自动切换量程。

2. 设计要求

1）总体设计，画出原理框图。

2）单元电路设计，进行必要的计算。

3）电气原理设计——绘原理图。

4）用 EDA 对电路进行计算机仿真，打印仿真结果，并分析仿真结果。

5）列元器件明细表。

6）安装调试：

①用 Protel 绘制印制电路板。

②制作印制电路板并组装、调试电路。

7）撰写设计说明书（应不少于 5000 字）：

①要全面反映以上环节和设计内容。

②课程设计的收获和心得体会以及建议等。

③列出参考资料目录。

3. 关键技术的分析

数字电子秤的原理框图如图 5-2-1 所示，主要由五个部分组成：传感器、信号放大系统、A/D 转换系统、显示器和量程切换系统。

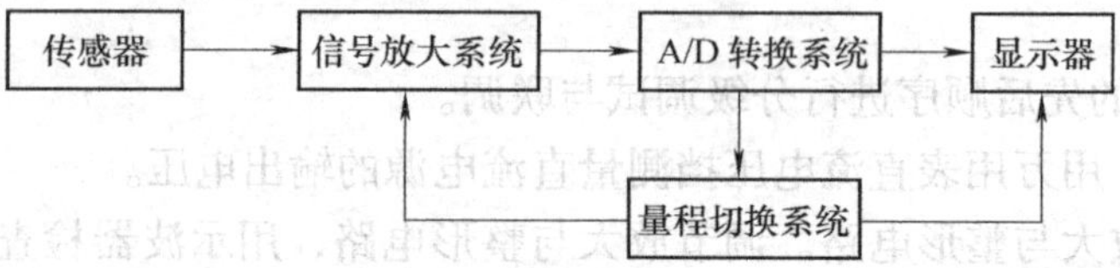

图 5-2-1　数字电子秤的原理框图

电子秤的测量过程是通过传感器将被测物体的重量转换成电压信号输出，信号放大系统把来自传感器的微弱信号放大，放大后的电压信号经过 A/D 转换把模拟量转换成数字量，数字量通过显示器显示重量。由于被测物体的重量相差较大，根据不同的重量可以通过量程切换系统选择不同的量程，显示器的小数点对应不同的量程显示。

4. 解决思路

（1）传感器

电子秤传感器的测量电路通常使用电桥测量电路，若传感器元件为应变片、应变电阻，作为桥臂电阻接在电桥电路中，电子秤的传感器在不加负荷时，桥路的电阻应平衡，输出电压为零；电子秤的传感器加负荷时，电桥失去平衡，有相应电压输出。

（2）信号放大系统

电子秤的信号放大系统是把传感器输出的微弱信号放大，为了测量准确。信号放大系统设计时应保证输入级是高阻，输出级是低阻。系统应具有很高的抑制共模干扰的能力，同时放大的信号应能满足 A/D 转换的要求。

(3) 量程切换系统

如果测量的重量相差较远，可以设置量程切换系统来转换量程。量程切换系统可以采用手动切换，既可以从传感器处采用分压形式，也可以改变放大倍数来进行量程切换。

(4) A/D 转换系统

传感器的输出信号放大后，通过 A/D 转换器把模拟量转换成数字量，该数字量由显示器显示。可选择的 A/D 转换集成电路较多，如 CC7016，CC7017 等。

(5) 显示器

应注意是采用共阴极还是共阳极数码管。

(6) 直流电源

数字电子秤的原理框图中没有画出电源，应设计出电路所需要的直流电源，方案较多，可选用三端集成稳压器。

5.2.2　数字测温计的设计

数字测温计的特点是简单、直观、易于使用，广泛地应用于各个生产领域和人民的日常生活中。

1. 设计指标

1) 温度测量范围：10～100℃。

2) 用数字显示被测温度。

3) 测量显示误差不超过 ±0.1℃。

4) 直流电源设计。

2. 设计要求

1) 总体设计，画出原理框图。

2) 单元电路设计，进行必要的计算。

3) 电气原理设计——绘原理图。

4) 用 EDA 对电路进行计算机仿真，打印仿真结果，并分析仿真结果。

5) 列元器件明细表。

6) 安装调试：

①用 Protel 绘制印制电路板。

②制作印制电路板并组装、调试电路。

7) 撰写设计说明书（应不少于 5000 字）：

①要全面反映以上环节和设计内容。

②课程设计的收获和心得体会以及建议等。

③列出参考资料目录。

3. 关键技术的分析

数字测温计的原理框图如图 5-2-2 所示，主要由四个部分组成：传感器、精密放大电路、A/D 转换电路、译码显示电路。

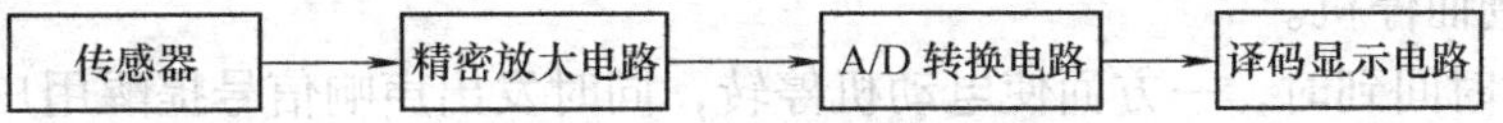

图 5-2-2　数字测温计的原理框图

温度是一种模拟信号，首先用传感器将温度这一非电量转换成电量输出。精密放大电路把来自传感器的微弱信号放大。放大后的电压信号经过 A/D 转换把模拟量转换成数字量。数字量通过译码显示电路显示温度。

4. 解决思路

（1）传感器

实现温度转换为电量的传感器很多，如热电阻、热电偶、热敏电阻、温敏二极管或温敏晶体管等，配合合适的电路即可。

（2）精密放大电路

由于在非电量测量时，传感器输出信号非常小，而其等效内阻却较大，为了提高测量精度以及抗共模信号的能力，放大电路应选择高输入阻抗和低输出阻抗，应具有很高的抑制共模干扰的能力，同时放大的信号应能满足 A/D 转换的要求。

（3）A/D 转换电路

传感器的输出信号放大后，通过 A/D 转换电路把模拟量转换成数字量，A/D 转换电路采用 12 位的转换器，如 AD7896、AD7701 等。

（4）译码显示电路

A/D 转换电路把模拟量转换成数字量，数字量通过译码显示电路显示温度，注意选择共阴极还是共阳极数码管。

（5）直流电源

数字测温计的原理框图中没有画出电源，应设计出电路所需要的直流电源，方案较多，可选用三端集成稳压器。

5.2.3　洗衣机控制器的设计

普通洗衣机的主要控制电路是一个定时器，它按照一定的洗涤程序控制电动机作正向和反向转动。

1. 设计指标

洗衣机控制器可以采用机械式，也可以采用电子式，这里要求用中小规模集成电路设计制作一个电子定时器，来控制洗衣机电动机的运转。

1）要求的运转方式如图 5-2-3 所示。

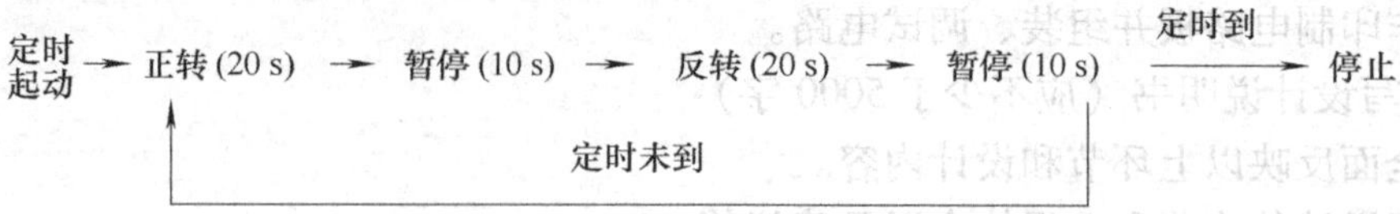

图 5-2-3　运转方式

2）定时时间在 0 ~ 20min 内，由用户设定。

3）用两位数码管显示洗涤的预置时间（分钟数），按倒计时方式对洗涤过程作计时显示，直至时间到而停机。

4）当定时时间到时，一方面使电动机停转，同时发出声响信号提醒用户注意。

5）直流电源设计

2. 设计要求

1）总体设计，画出框图。

2）单元电路设计，进行必要的计算。

3）电气原理设计——绘原理图。

4）用 EDA 对电路进行计算机仿真，打印仿真结果，并分析仿真结果。

5）列元器件明细表。

6）安装调试：

①用 Protel 绘制印制电路板。

②制作印制电路板并组装、调试电路。

7）撰写设计说明书（应不少于 5000 字）：

①要全面反映以上环节和设计内容。

②课程设计的收获和心得体会以及建议等。

③列出参考资料目录。

3. 关键技术的分析

洗衣机控制器的原理框图如图 5-2-4 所示，主要有秒脉冲发生器、六十进制计数器、洗涤时间计数器，以及译码显示电路、控制门、功率放大、继电开关及执行电动机等组成。

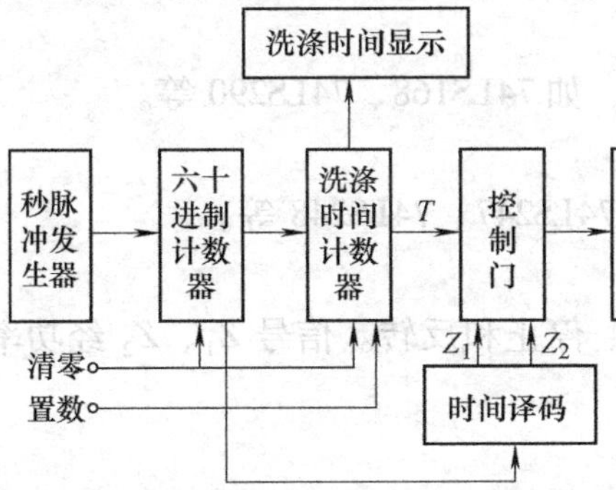

图 5-2-4　洗衣机控制器的原理框图

本洗衣机控制器包含两级定时的概念：一是总洗涤过程的定时；二是在总洗涤过程中又包含电动机的正转、反转和暂停三种定时，并且这三种定时是反复循环直至所设定的总定时时间到为止。依据上述要求，可画出总定时 T 和电动机驱动信号 Z_1、Z_2 的工作波形，如图 5-2-5 所示。

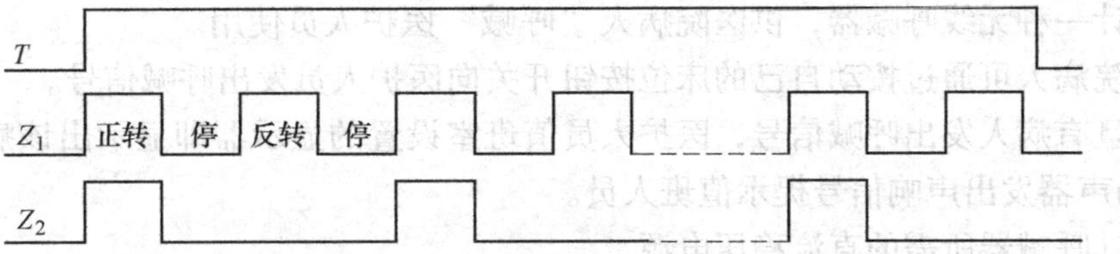

图 5-2-5　总定时 T 和电机驱动信号 Z_1、Z_2 的工作波形

当总定时时间在 0 ~ 20min 以内设定一个数值后，T 为高电平 1，然后用倒计时方法每分

钟减 1 直至 T 变为零。在此期间，若 $Z_1=Z_2=1$，电动机实现正转；若 $Z_1=Z_2=0$，电动机暂停；若 $Z_1=1$、$Z_2=0$，电动机反转。

由图 5-2-4 所示的框图可知，由秒脉冲发生器产生的时钟信号经六十进制计数器分频后，得到分脉冲信号。洗涤定时时间的初值先通过拨盘或数码开关设置到洗涤时间计数器中，每当分脉冲到来时计数器减 1，直至减到定时时间到为止。运行中间，剩余时间经译码后在数码管上进行显示。由于 Z_1 和 Z_2 的定时长度可分解为 10s 的倍数，从秒脉冲到分脉冲变换的六十进制计数器的状态中可以找到 Z_1、Z_2 定时的信号，经译码后得到如波形 Z_1、Z_2 所示的信号。这两个信号以及定时信号 T 经控制门输出后，得到推动电动机的工作信号，此信号经功率放大和继电开关控制电动机的转动。

4. 解决思路

(1) 秒脉冲发生器

产生秒信号的电路很多，可采用石英晶体振荡器和分频器，也可采用 555 定时器组成的振荡器。

(2) 六十进制计数器

可选用十进制加法计数器通过级联来实现，有很多十进制计数器可供选择，如 74LS160、74LS162 等。

(3) 洗涤时间计数器

可选用减法计数器通过级联来实现，如 74LS168、74LS290 等。

(4) 译码显示电路

可选用的译码器较多，如 74LS47、74LS247、74LS248 等。

(5) 功率放大、继电开关

可用两个继电器控制电动机的正转、停止和反转。信号 Z_1、Z_2 经功率放大控制两个继电器的状态。

(6) 直流电源

洗衣机控制器的原理框图中没有画出电源，应设计出电路所需要的直流电源，方案较多，可选用三端集成稳压器。

5.2.4 医院住院病人呼喊器的设计

住院病人经常需要医护人员及时诊治和护理，但医护人员又不能时刻守在病人身边，如输液病人急需医护人员治疗处理时，只需按动床边的呼喊器。

1. 设计指标

1) 设计一种无线呼喊器，供医院病人“呼喊”医护人员使用。

2) 住院病人可通过按动自己的床位按钮开关向医护人员发出呼喊信号。

3) 一旦有病人发出呼喊信号，医护人员值班室设置的显示器即显示出该病人的床位号码，同时扬声器发出声响信号提示值班人员。

4) 设计呼喊器所需的直流稳压电源。

2. 设计要求

1) 总体设计，画出原理框图。

2) 单元电路设计，进行必要的计算。

3）电气原理设计——绘原理图。

4）用 EDA 对电路进行计算机仿真，打印仿真结果，并分析仿真结果。

5）列元器件明细表。

6）安装调试：

①用 Protel 绘制印制电路板。

②制作印制电路板并组装、调试电路。

7）撰写设计说明书（应不少于 5000 字）：

①要全面反映以上环节和设计内容。

②课程设计的收获和心得体会以及建议等。

③列出参考资料目录。

3. 关键技术的分析

呼喊器的原理框图如图 5-2-6 所示，主要由编码器、发射器、接收器、译码驱动电路、显示器、发声“呼喊”电路、直流稳压电源组成。该呼喊器首先要在病床设置床位按钮开关和设置微型发射器。为能准确地判断呼喊信号是哪个床位病人发出的，需对床位开关进行编码，编码信号是二进制代码，通过发射器发出。在医护人员值班室安装信号接收器，接收信号通过译码驱动电路，使显示器显示出病人的床位号码。同时，接收器启动声响电路，使扬声器发出声音通知值班医护人员。

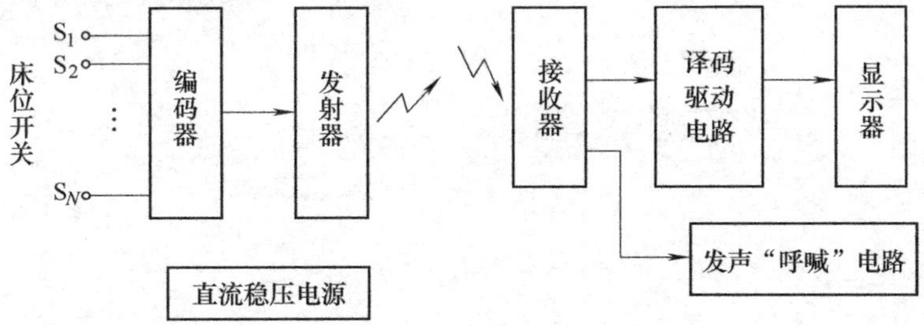

图 5-2-6　呼喊器的原理框图

4. 解决思路

（1）编码器

可采用集成二 - 十进制编码器，能将 0 ~ 9 十个数字编成四位二进制代码。

（2）发射器

集成发射器的型号较多，如可采用 TWH9236，编码器输出的二进制代码作为其输入信号，通过发射器将相应的信号发射出去。

（3）接收器

集成接收器的型号较多，如可采用 TWH9238，输出的 4 位二进制代码经译码显示电路显示相应的十进制数。

（4）译码驱动电路和显示器

可选用的译码器较多，如 CD4511。显示器采用七段数码管。

（5）发声“呼喊”电路

采用一个单稳态触发器和音频振荡器组成发声“呼喊”电路。单稳态触发器可由集成电路，也可由 555 定时器和阻容器件组成。无呼喊信号时，接收器 TWH9238 的 I_0 端为低电平，当有病人发出呼喊信号时，I_0 端由低电平变为高电平，可控制驱动电路产生一个负脉冲去触发单稳态触发器，使其输出一个定时脉冲，控制音频振荡器工作。音频振荡器采用一个低频振荡器和一个高频振荡器，交替输出的两种不同频率信号，使扬声器发出一定时间的两种不同频率的声响，此部分可采用 555 定时器和阻容器件组成多谐振荡器。

（6）直流电源

电网电压通过变压器、整流、滤波后，采用三端集成稳压器，供给呼喊器所需的直流电压。

附　录

附录A　电　阻　器

A.1　电阻器的型号命名方法

根据我国有关标准的规定，我国电阻器的型号命名方法如下：

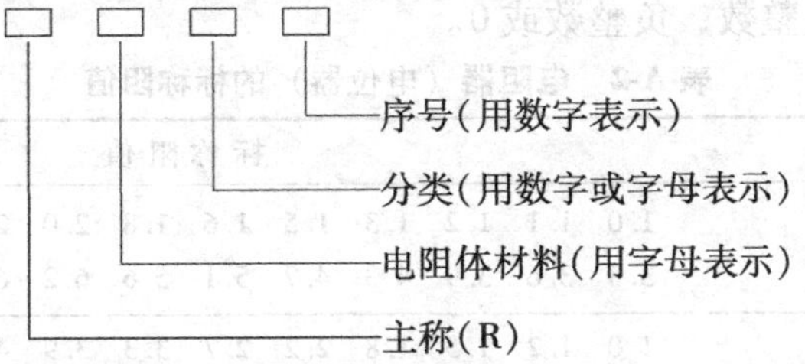

电阻器的型号由三部分或四部分组成，各部分的主要含义见表A-1。

第一部分为主称，用字母R表示。

第二部分为电阻体材料，用字母表示。

第三部分为分类特征，用数字或字母表示。

第四部分为序号，用数字表示，以区别外形尺寸和性能参数。

表A-1　电阻器的型号命名及含义

第一部分 主称		第二部分 电阻体材料		第三部分 分类特征		第四部分 序号
字母	含义	字母	含义	数字或字母	含义	
R	电阻器	H	合成碳膜	1	普通	用数字或无数字表示
				2	普通	
		I	玻璃釉膜	3	超高频	
		J	金属膜	4	高阻	
		N	无机实芯	5	高温	
		G	沉积膜	6	高湿	
		S	有机实芯	7	精密	
				8	高压	
		T	碳膜	9	特殊	
		X	线绕	G	高功率	
				I	被漆	
		Y	氧化膜	J	精密	
		F	复合膜	T	可调	
				X	小型	

电阻器型号举例：RJ73 型精密金属膜电阻器。

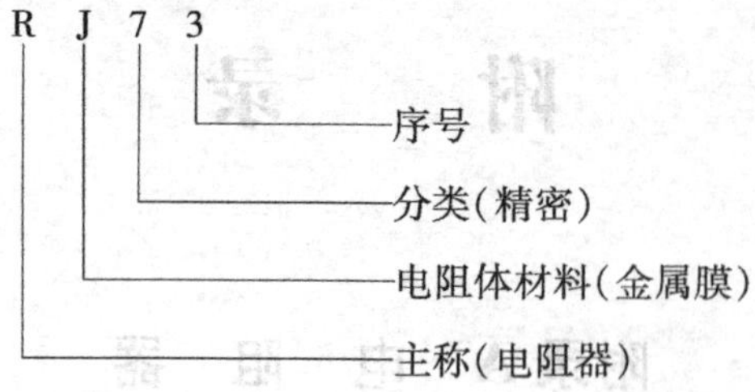

A. 2　电阻器的标称阻值

为了便于生产和使用，国家统一规定了一系列阻值作为电阻器（电位器）阻值的标准值，这一系列阻值叫做电阻的标称阻值，简称标称值。电阻器的标称阻值为表 A-2 所列数字的 10^n 倍，其中，n 为正整数、负整数或 0。

表 A-2　电阻器（电位器）的标称阻值

系列	精度等级	标称阻值
E_{24}	Ⅰ	1.0　1.1　1.2　1.3　1.5　1.6　1.8　2.0　2.2　2.4　2.7　3.0 3.3　3.6　3.9　4.3　4.7　5.1　5.6　6.2　6.8　7.5　8.2　9.1
E_{12}	Ⅱ	1.0　1.2　1.5　1.8　2.2　2.7　3.3　3.9　4.7　5.6　6.8　8.2
E_{6}	Ⅲ	1.0　1.5　2.2　3.3　4.7　6.8

市场上成品电阻器的精度大都为Ⅰ、Ⅱ级，Ⅲ的很少采用。精密电阻器（电位器）的标称阻值为 E_{192}、E_{96}、E_{48}系列，其精度等级分别为005、01 或00、02 或0，仅供精密仪器或特殊电子设备使用。表 A-3 为电阻器（电位器）精度等级所对应的允许偏差。除表中规定外，精密电阻器的允许偏差可分为 ±2%、±1%、±0.5%、±0.2%、±0.1%、±0.05%、±0.02%以及 ±0.01%等。

表 A-3　电阻器（电位器）精度等级与允许偏差的关系

精度等级	005	01 或 00	02 或 0	Ⅰ	Ⅱ	Ⅲ
允许偏差	±0.5%	±1%	±2%	±5%	±10%	±20%

A. 3　电阻器的规格标志方法

1. 直标法

直标法就是将电阻器的类别、标称阻值、允许偏差以及额定功率直接标注在电阻器的外表面上，如图 A-1 所示。

图 A-1a 表示标称值为 20kΩ、允许偏差为 ±0.1%、额定功率为 2W 的线绕电阻器；图 A-1b 表示标称值为 1.2kΩ、允许偏差为 ±10%、额定功率为 0.5W 的碳膜电阻器。

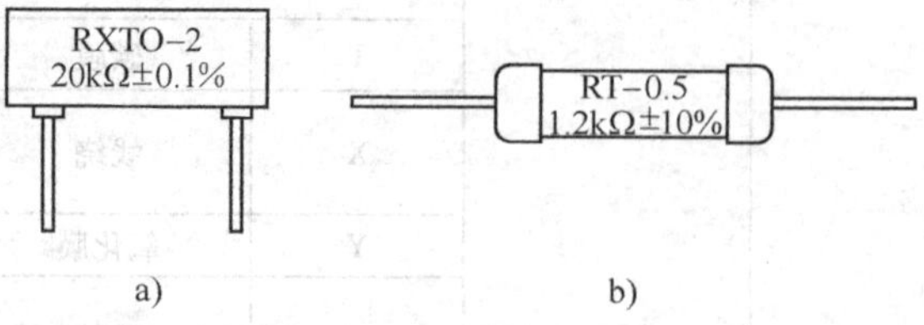

图 A-1　电阻器规格直标法例子

2. 色标法

色标法指的是采用不同颜色的色带或色点，标志在电阻器的表面上，来表示电阻器的电阻值的大小以及允许偏差。小型化的电阻器都采用这种标注方法。各种颜色所对应的数值见表 A-4。

表 A-4　电阻器色标法各种颜色所对应的数值

颜　色	有效数字	倍乘数(10^n)	允许误差(%)
棕	1	1	±1
红	2	2	±2
橙	3	3	—
黄	4	4	—
绿	5	5	±0.5
蓝	6	6	±0.2
紫	7	7	±0.1
灰	8	8	—
白	9	9	—
黑	0	0	—
金	—	-1	±5
银	—	-2	±10
无	—	—	±20

色标法又有两位有效数字（四环）和三位有效数字（五环）两种，其固定电阻器色环标志数值识别如图 A-2 所示。

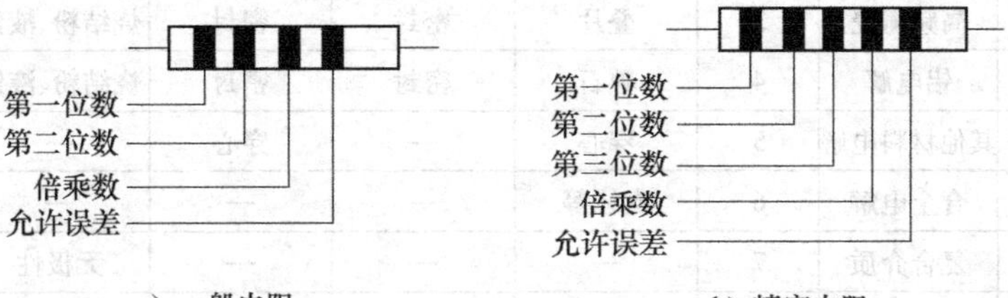

a) 一般电阻　　b) 精密电阻

图 A-2　电阻器的色标法

例如，某电阻器四环颜色依次为红、红、黑、金，则它的电阻值为 $22\times10^0\Omega=22\Omega$，允许偏差为 ±5%。另一电阻器的五环颜色依次为棕、紫、红、金、棕，则它为精密电阻器，其阻值为 $172\times10^{-1}\Omega=17.2\Omega$，允许偏差为 ±1%。

附录 B　电　容　器

B.1　电容器的型号命名方法

根据我国有关标准的规定，我国电容器的型号命名方法如下：

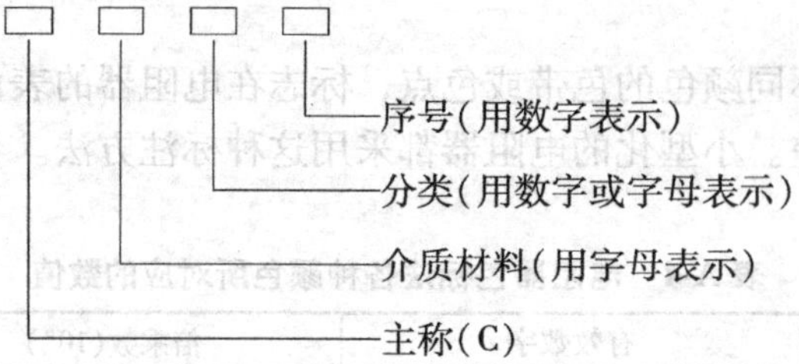

电容器型号各部分的主要含义见表 B-1。

第一部分为主称，用字母 C 表示。

第二部分为介质材料，用字母表示。

第三部分为分类特征，用数字或字母表示。

第四部分为序号，用数字表示，以区别外形尺寸和性能参数等。

还有以上表格中没有包含的电容器类型表示符号。

表 B-1　电容器的型号命名及含义

第一部分 主称		第二部分 介质材料		第三部分 分类特征					第四部分 序号
					含　义				
字母	含义	字母	含义	数字或字母	瓷介电容器	云母电容器	有机薄膜电容器	电解电容器	
C	电容器	A	钽电解	1	圆片	非密封	非密封	箔式	用数字或无数字表示
		B	聚苯乙烯	2	管形	非密封	非密封	箔式	
		C	高频陶瓷	3	叠片	密封	密封	烧结粉、液体	
		D	铝电解	4	独石	密封	密封	烧结粉、液体	
		E	其他材料电解	5	穿心	—	穿心	—	
		G	合金电解	6	支柱等	—	—	—	
		H	复合介质	7	—	—	—	无极性	
		I	玻璃铀	8	高压	高压	高压	—	
		J	金属化纸介	9	—	—	特殊	特殊	
		L	涤纶	G	高功率	—	—	—	
		N	铌电解	W	微调	微调	—	小型	
		O	玻璃膜						
		Q	漆膜						
		S,T	低频陶瓷						
		V,X	云母纸						
		Y	云母						
		Z	纸介						

电容器型号举例：CD11 型铝电解电容器。

C D 1 1

- 1 —— 序号
- 1 —— 分类(箔式)
- D —— 介质材料(铝)
- C —— 主称(电容器)

B.2　电容器的标称容值

为了便于生产和使用，国家统一规定了一系列容量标准，这一系列的容量值叫做电容器的标称值或标称容量。在实际生产工程中，生产出来的电容器容量与标称值之间的偏差，规定了允许范围，即允许偏差。

表 B-2 和表 B-3 列出了一些电容器的标称容量系列及允许偏差。

表 B-2　铝电解电容器的标称容量系列及允许偏差

标称容量/μF	允许偏差(%)	
	专用电容器	一般电容器
1, 2, 2.5, 4, 5, 8, 10, 16, 20, 25, 32, 40, 50, 100, 150, 200, 500, 1000, 2000, 5000	(1) −10 ~ +50 (工作电压:≤500V) (2) −10 ~ +30 (工作电压:>50V)	(1) −10 ~ +100 (工作电压:≤50V) (2) −10 ~ +50 (工作电压:>50V) (3) −20 ~ +50 (工作电压:>50V，标称容量<10μF)

表 B-3　固定电容器标称容量系列及允许偏差

系　列	E_{24}	E_{12}	E_6	E_3
允许偏差(%)	±5	±10	±20	>±20
标称容量/μF	1.0	1.0	1.0	1.0
	1.1, 1.2	1.2	—	—
	1.3, 1.5	1.5	1.5	—
	1.6, 1.8	1.8	—	—
	2.0, 2.2	2.2	2.2	2.2
	2.4, 2.7	2.7	—	—
	3.0, 3.3	3.3	3.3	—
	3.6, 3.9	3.9	—	—
	4.3, 4.7	4.7	4.7	4.7
	5.1, 5.6	5.6	—	—
	6.2, 6.8	6.8	6.8	—
	7.5, 8.2	8.2	—	—
	9.1	—	—	—

B.3 电容器的规格标志方法

1. 直标法

直标法就是将电容器的主要参数和技术指标用字母或阿拉伯数字直接标注在电容器的外表面上。一般次序为商标、型号、工作温度组别、工作电压、标称容量及允许偏差等。上述指标不一定全标出。

例如，某电容器标有

CB41 250V 2000pF ±5%

示例标志内容是：CB41 型精密聚苯乙烯薄膜电容器，其工作额定电压为 250V，标称容量为 2000pF，允许偏差为 ±5%。

2. 文字符号法

文字符号法就是将文字和数字符号按照一定规律组合起来，在电容器表面标志出电容器的主要特性参数。

对于电容器的容量，国际电工委员会推荐使用以下表示方法：

1）用 2 ~4 个阿拉伯数字表示电容器容量有效数字，用字母表示数值的量级 p、n、μ 或 m。

例如：

1p2　　表示 1.2pF

3μ3　　表示 3.3μF

220n　　表示 220nF = 0.22μF

2）用阿拉伯数码表示，一般用三位，前两位是电容器容量的有效数字，第三位是倍乘数，但第三位是 9 时，表示 $\times 10^{-1}$，单位是 pF。

例如：

102　　表示 $10\times10^{2}=1000$pF

104　　表示 $10\times10^{4}=100000$pF = 0.1μF

223　　表示 $22\times10^{3}=22000$pF = 0.022μF

129　　表示 $12\times10^{-1}=1.2$pF

3. 色标法

色标法就是采用不同颜色的色带或色点，按规定标志在电容器的表面上，来表示电容器的标称容量、允许偏差和工作电压等主要参数。标志的颜色符号与电阻器采用的相同，可参见表 A-4 等的规定，其单位是皮法（pF）。

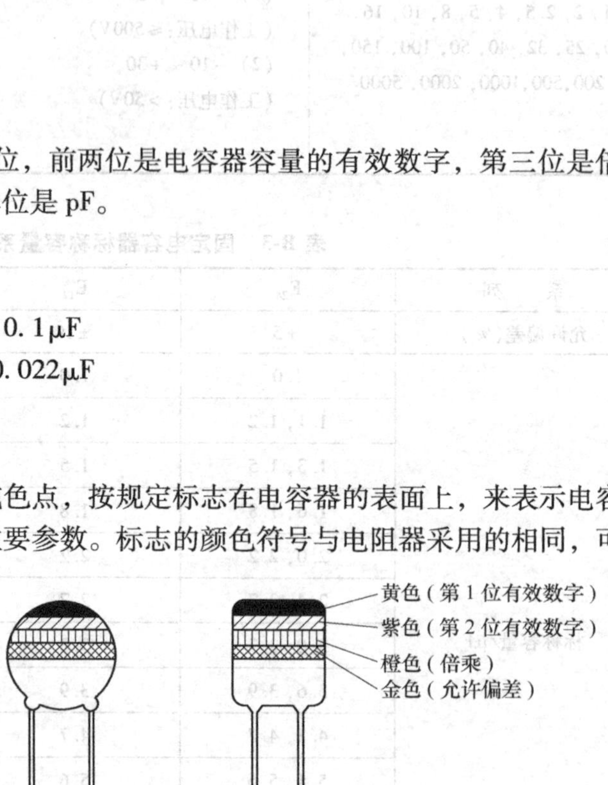

图 B-1　电容器的色标法

电解电容器的工作电压有时也采用色标法，6.3V 用棕色，10V 用红色，16V 用灰色。色点标注在正极。在使用电解电容器时，其正负极性不允许接错，当极性接反时，可能因电解液的反向极化，引起电解电容器的爆裂，影响人身与设备的安全。

电容器的色标示例：标称电容量为0.047μF、允许偏差为±5%的电容器的表示方法如图B-1所示。

附录C　半导体分立器件

C.1　半导体分立器件的命名方法

半导体分立器件二极管和晶体管的命名方法如下，其各部分表示符号及意义见表C-1。

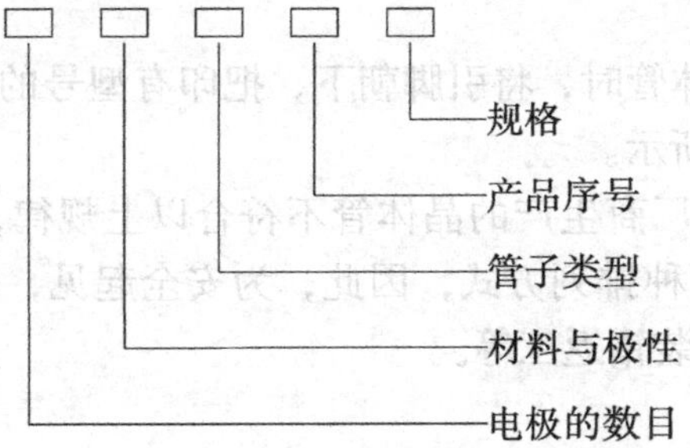

表C-1　半导体分立器件命名方法

第一部分		第二部分		第三部分	
符号	意　义	符号	意　义	符号	意　义
2	二极管	A B C D	N型，锗材料 P型，锗材料 N型，硅材料 P型，硅材料	P V W C Z L S K U X G D A T	小信号管 混频检波管 稳压管 变容管 整流管 整流堆 隧道管 开关管 光电管 低频小功率管 高频小功率管 低频大功率管 高频大功率管 晶闸管
3	晶体管	A B C D	PNP型，锗材料 NPN型，锗材料 PNP型，硅材料 NPN型，硅材料		

C.2　常用半导体分立器件的引脚识别

1. 二极管引脚正负极目测识别方法

1）在二极管外壳上有二极管符号的，二极管正负极与所标符号一致，如图C-1a所示。

2）在二极管外壳上标有银线的一端为正极，另一端为负极，如图C-1b所示。

3）在二极管外壳上标有红点的一端为正极，另一端为负极，如图C-1c所示。

若无有标记，可以用万用表的欧姆挡来判别二极管的正、负极。

2. 晶体管引脚的目测识别方法

1）识别半圆形底面的晶体管时，将引脚朝下，把切面朝向自己，从左至右分别是 E、B、C，如图 C-2a 所示。

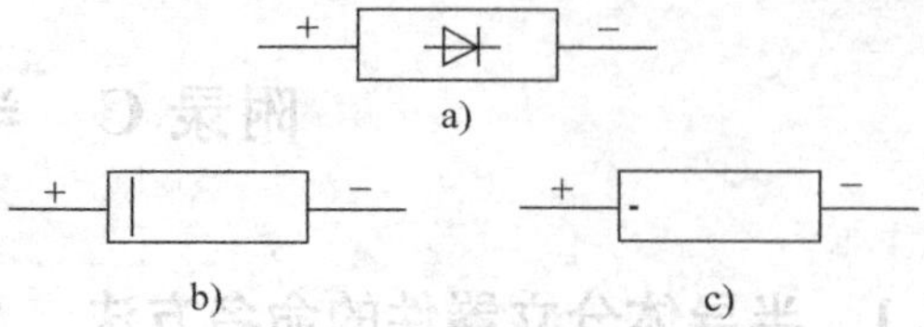

图 C-1　二极管极性的识别

2）识别管体带三角形孔的晶体管时，将引脚朝下，把印有型号的一面朝向自己，从左至右分别是 B、C、E，如图 C-2b 所示。

3）识别顶面带切角的晶体管时，将引脚朝下，把切角朝向自己，从左至右分别是 E、B、C，如图 C-2c 所示。

4）识别带散热片的晶体管时，将引脚朝下，把印有型号的一面朝向自己，从左至右分别是 B、C、E，如图 C-2d 所示。

需要注意的是，有个别厂商生产的晶体管不符合以上规律，比如 9012、9013、9014 和 9015 就有如图 C-3 所示的两种排列方式，因此，为安全起见，在使用晶体管时最好先用万用表来确定引脚排列，避免装错返工等。

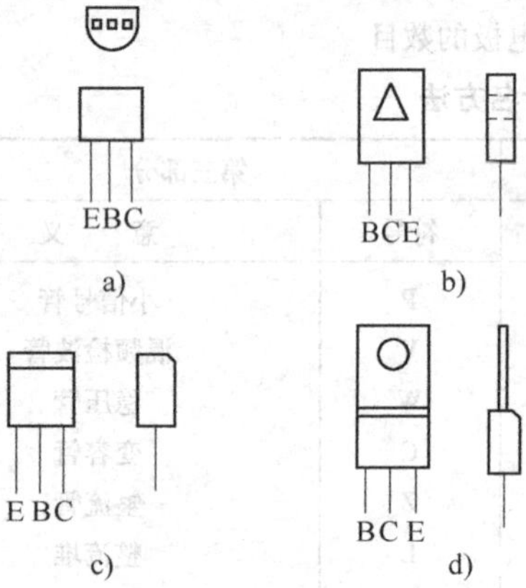

图 C-2　晶体管引脚的识别

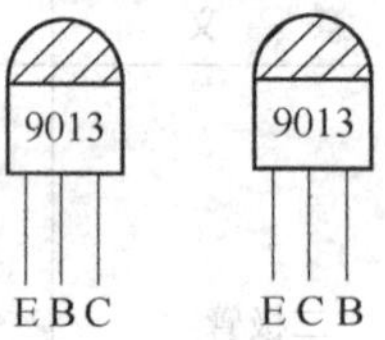

图 C-3　9013 引脚的两种排列

附录 D　半导体集成电路

D.1　半导体集成电路的命名方法

半导体集成电路的命名方法如下，其各部分表示符号及意义见表 D-1。

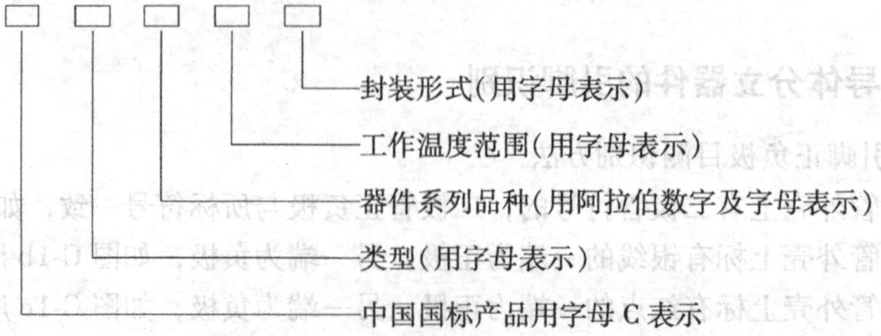

表 D-1 半导体集成电路命名方法

第一部分		第二部分		第三部分	第四部分		第五部分	
符号	意义	符号	意义	器件代号（系列品种）	符号	意义	符号	意义
C	国家标准	T H E C M F W B J AD DA	TTL HTL ECL CMOS 存储器 线性放大器 稳压器 非线性电路 接口电路 A/D 转换器 D/A 转换器		C G L E R M	0 ~ 70℃ -25 ~ 70℃ -25 ~ 85℃ -40 ~ 85℃ -55 ~ 85℃ -55 ~ 125℃	F B H D J P S K T	多层陶瓷扁平 塑料扁平 黑瓷扁平 多层陶瓷双列直插 黑瓷双列直插 塑料双列直插 塑料单列直插 金属菱形 金属圆形

表 D-1 中，数字集成电路 TTL 和 MOS 的子系列见表 D-2。

表 D-2 数字集成电路 TTL 和 MOS 系列

系列	子系列	名 称	型号	速度/ns	功耗/mW
TTL	TTL	标准 TTL	54/74 × × ×	10	10
	HTTL	高速 TTL	54/74H × × ×	6	22
	STTL	肖特基 TTL	54/74S × × ×	3	19
	LSTTL	低功耗肖特基 TTL	54/74LS × × ×	9.5	2
	ALSTTL	先进低功耗肖特基 TTL	54/74ALS × × ×	4	1
MOS	CMOS	互补场效应晶体管	CC4 × × ×	125	0.00125
	HCMOS	高速系列		8	2.5
	HCOMST	兼容 TTL 的高速系列		8	2.5

D.2 双列直插集成电路引脚目测识别方法

双列直插式集成电路的识别标记多为半圆凹口，也有的用金属封装标记或凹坑标记。这类集成电路引脚排列方式是从标记开始，沿逆时针方向依次为 1、2、3、…，如图 D-1 所示。

其他封装形式的集成电路目测识别引脚号的方法如图 D-2 所示。其中，图 D-2a 是圆形结构；图 D-2b、D-2c 是单列直插式；图 D-2d 是扁平封装双列式。

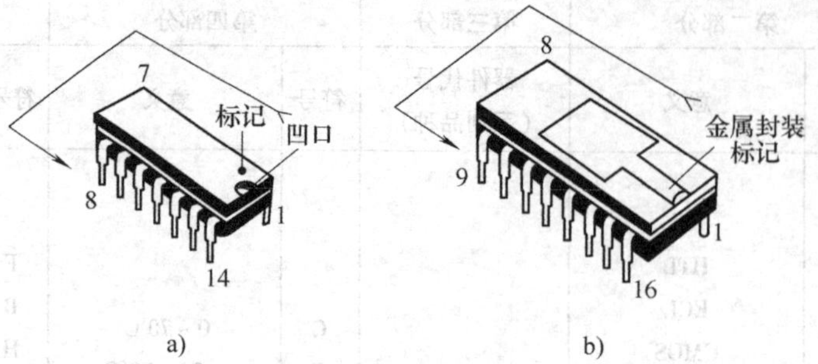

图 D-1　双列直插集成电路引脚目测识别

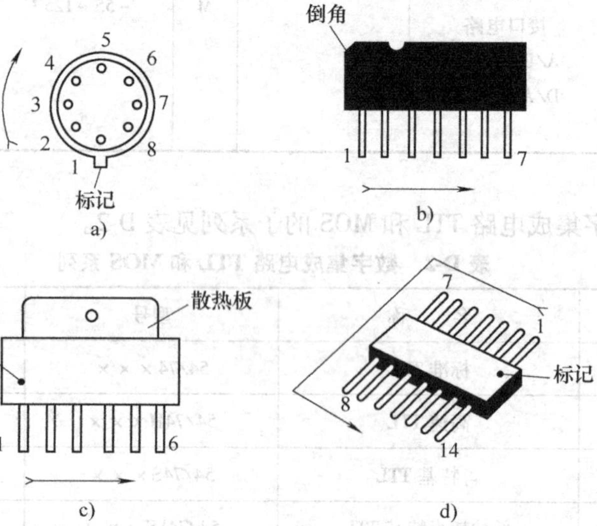

图 D-2　集成电路引脚排列的识别

D.3　常用半导体集成电路引脚

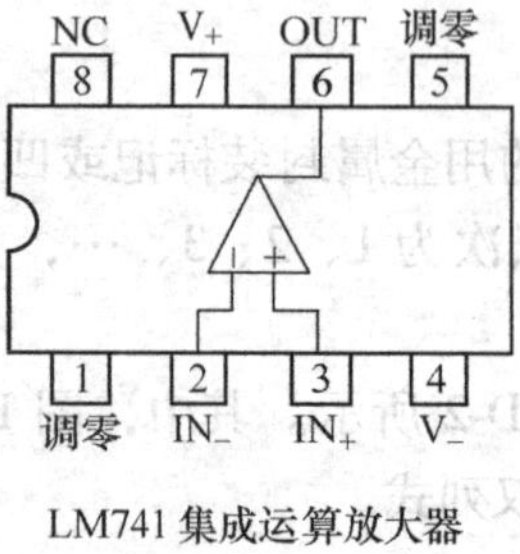

LM741 集成运算放大器

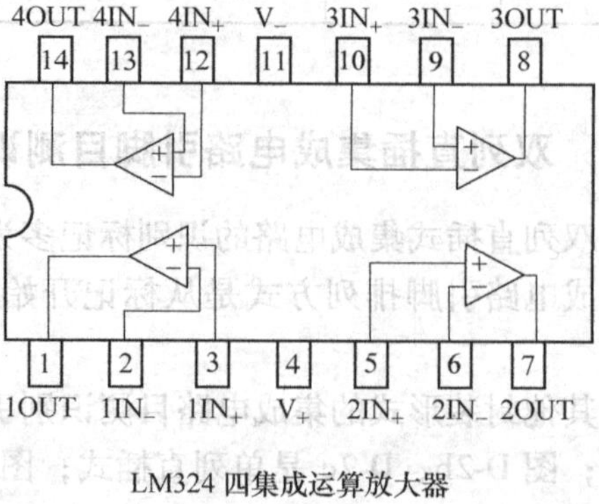

LM324 四集成运算放大器

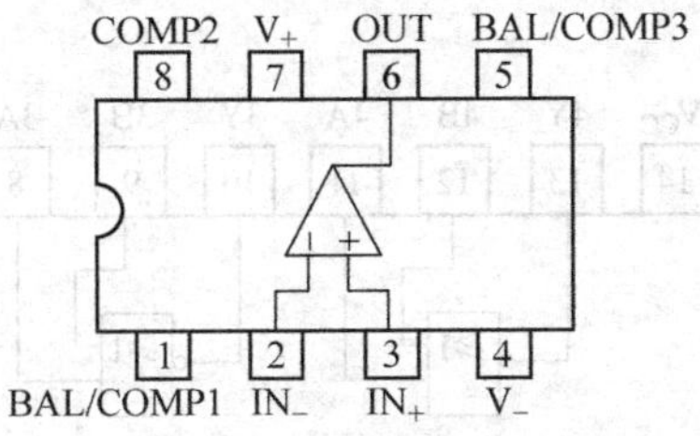

LM318 高速运算放大器

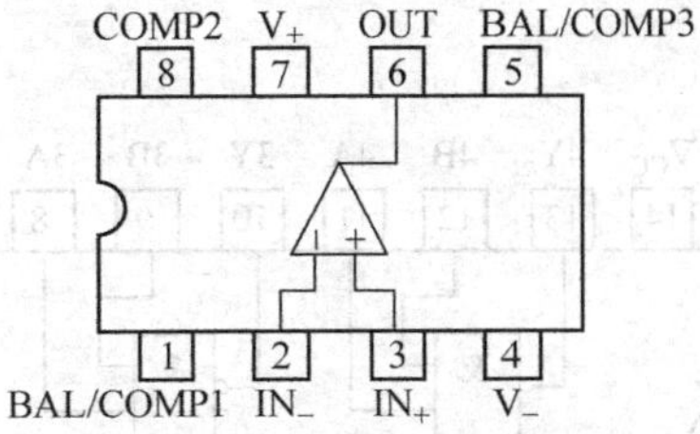

LM118 高速运算放大器

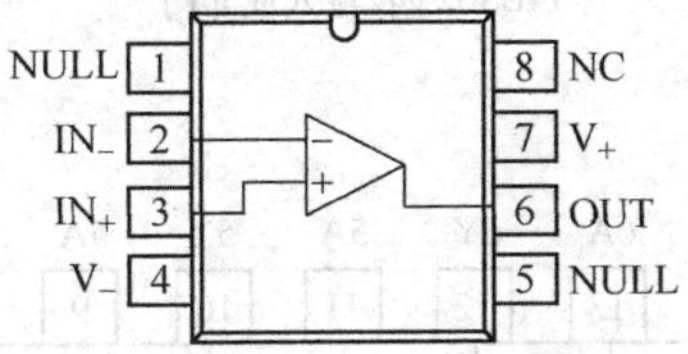

OP113 低噪低漂移集成运算放大器

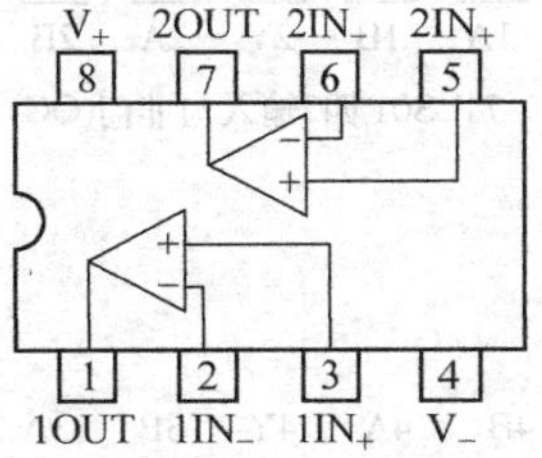

NE5532 双低噪集成运算放大器

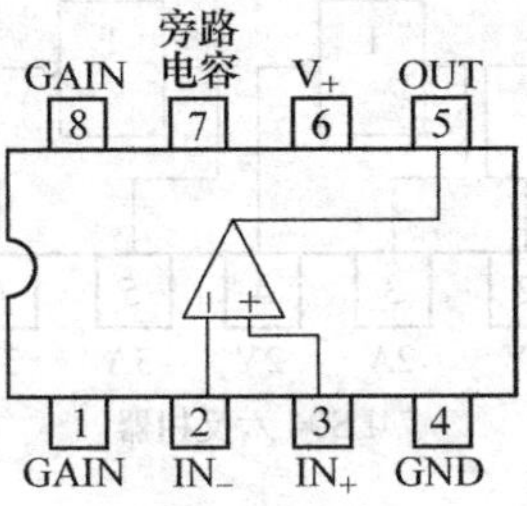

LM386 集成功放

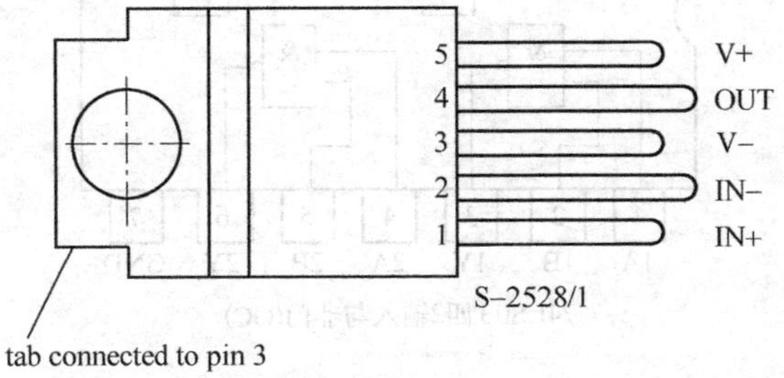

TDA2030A 集成功放

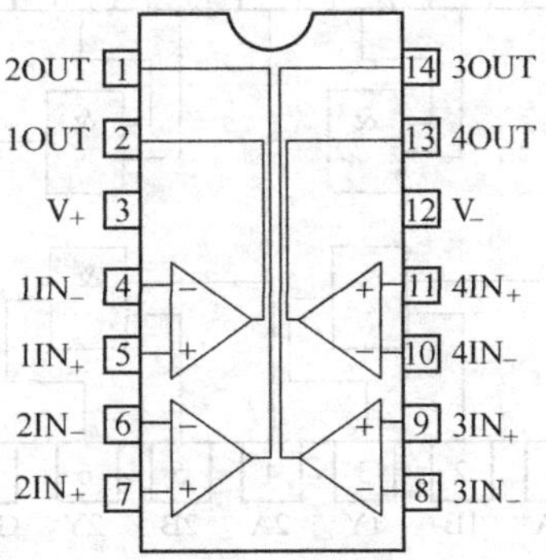

LM339 集成电压比较器

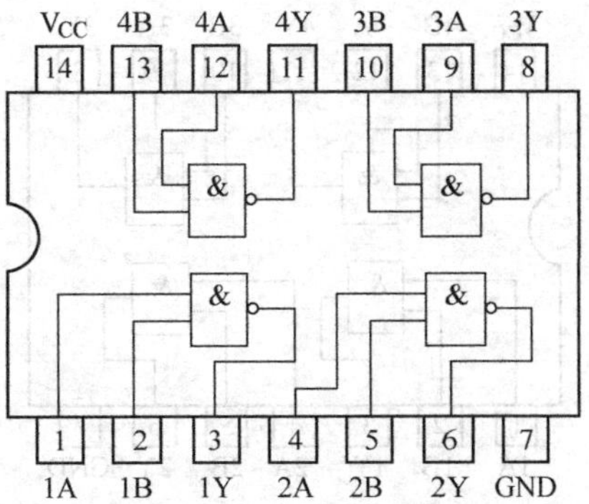

74LS00 四2输入与非门

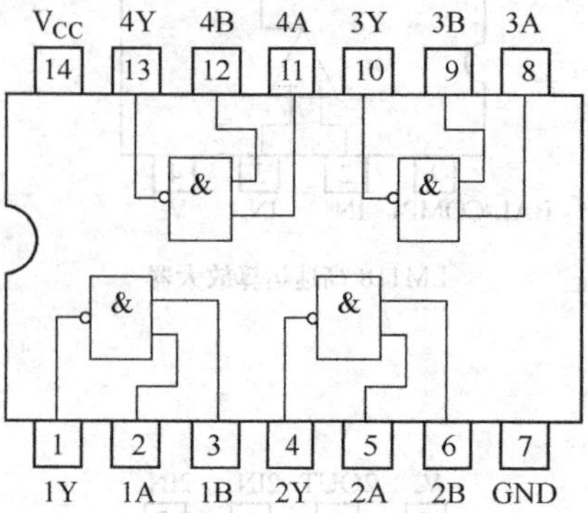

74LS01 四2输入与非门(OC)

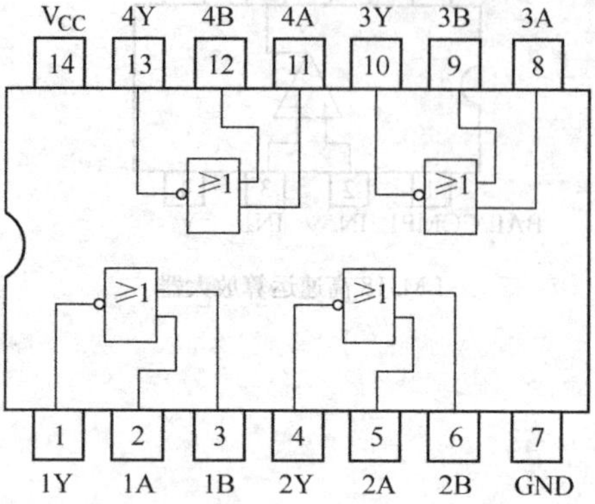

74LS02 四2输入或非门

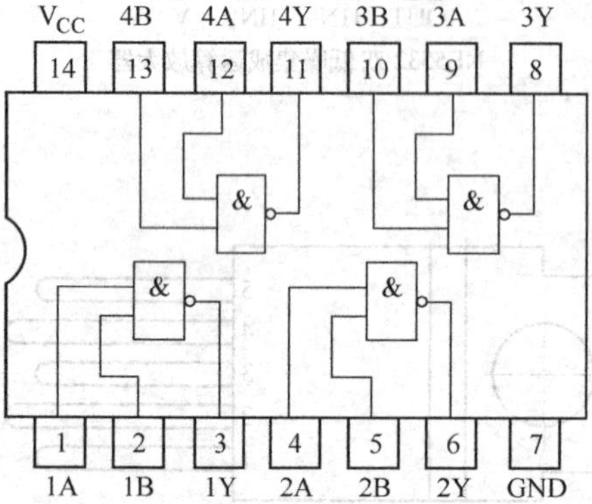

74LS03 四2输入与非门(OC)

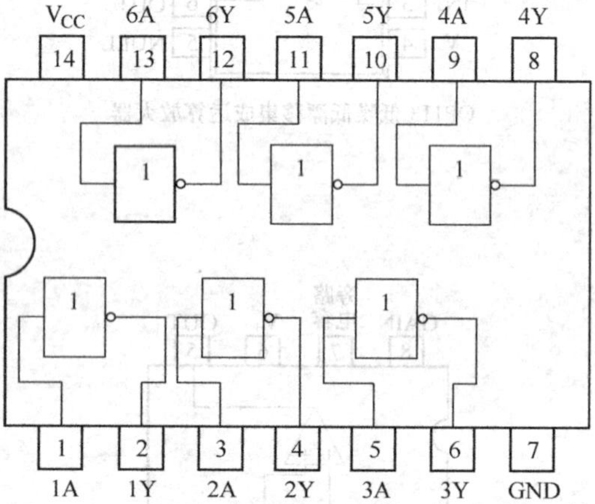

74LS04 六反相器

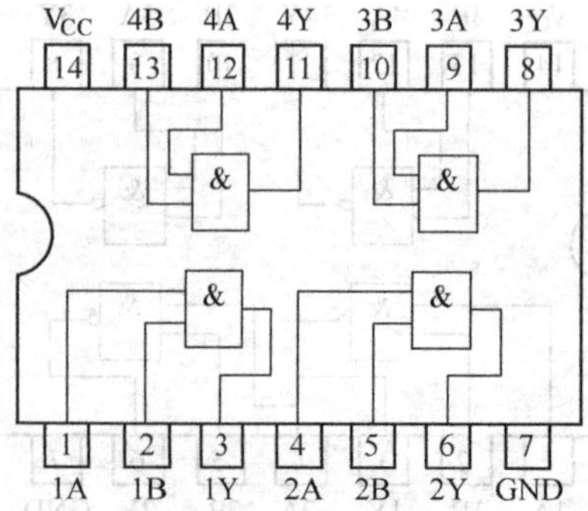

74LS08 四2输入与门

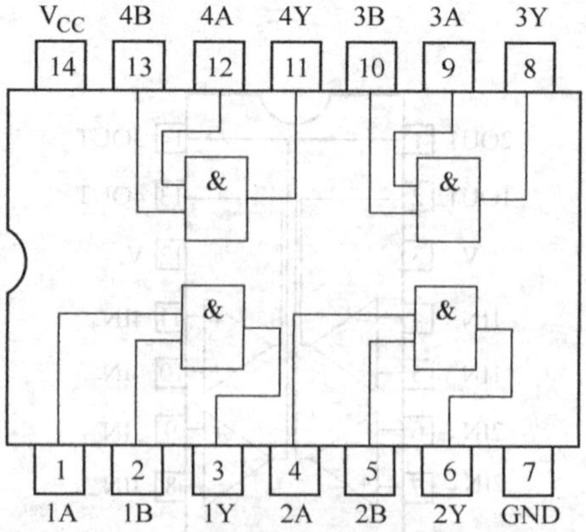

74LS09 四2输入与门(OC)

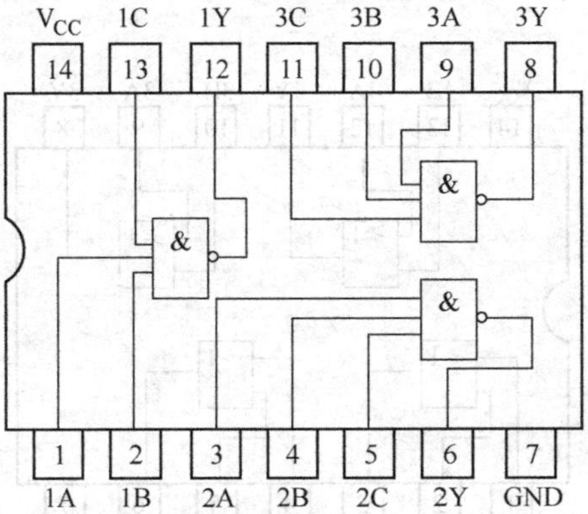

74LS10 三3输入与非门

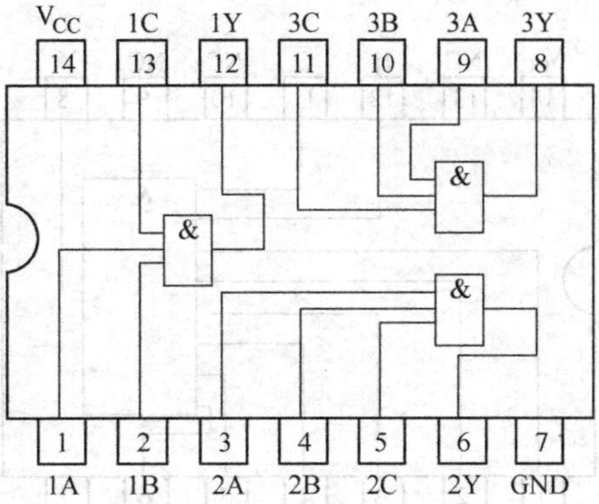

74LS11三3输入与门

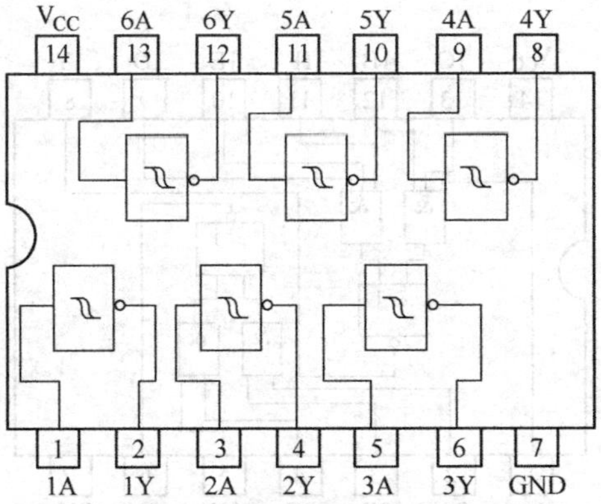

74LS14六施密特触发器

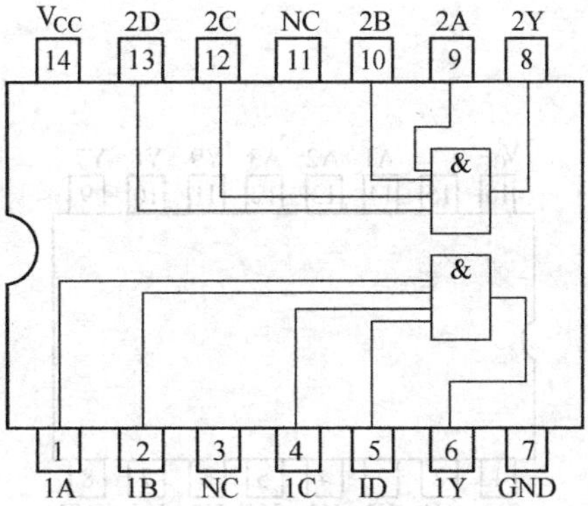

74LS21二4输入与门

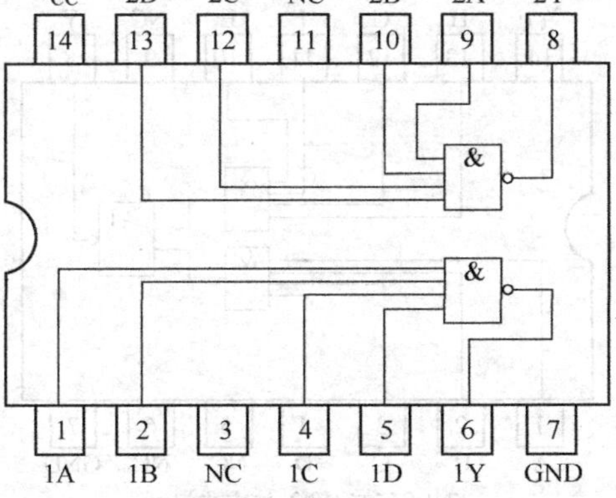

74LS20二4输入与非门

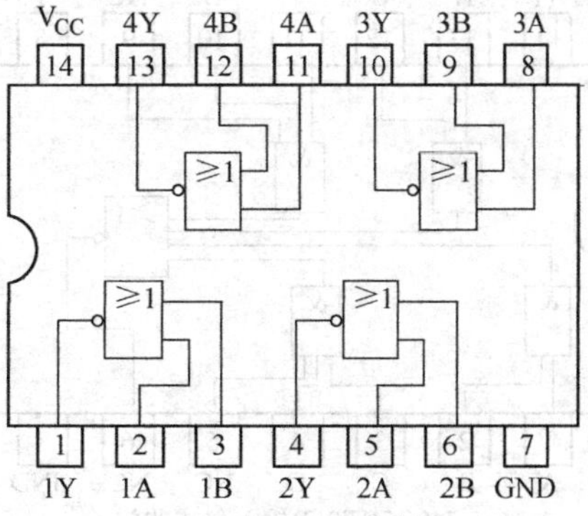

74LS28四2输入或非门

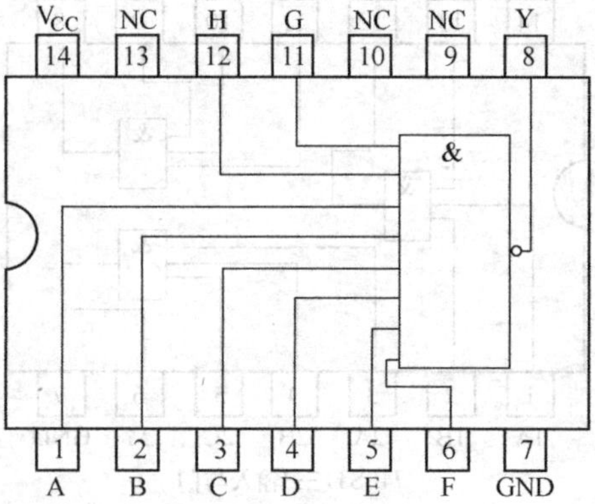

74LS30 .8输入与非门

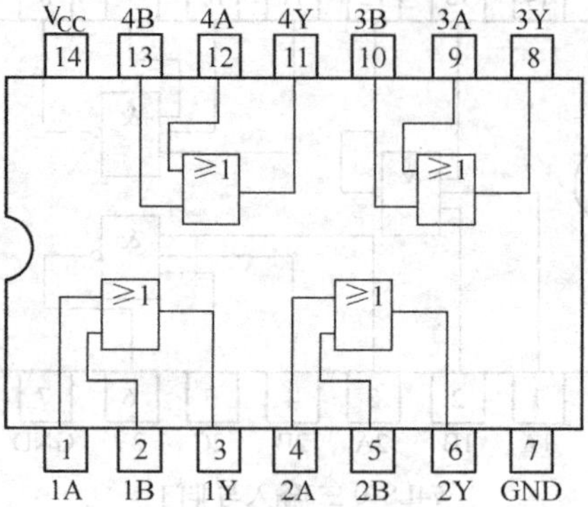

74LS32四2输入或门

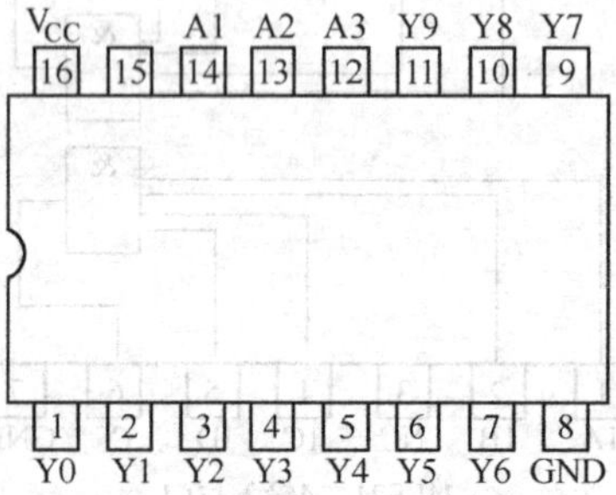

74LS42 4线-10线译码器

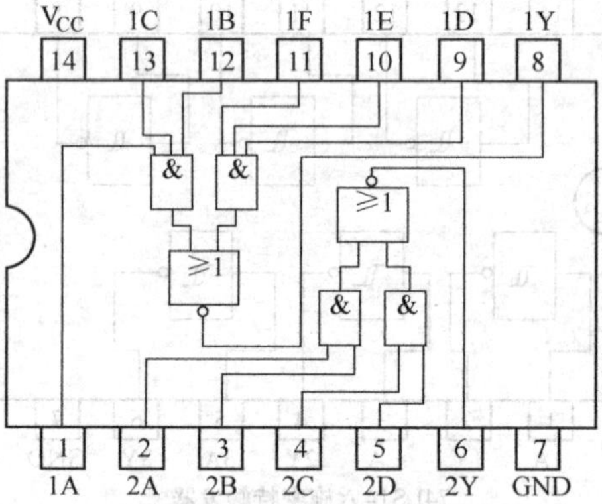

74LS51双2路2(3)输入与或非门

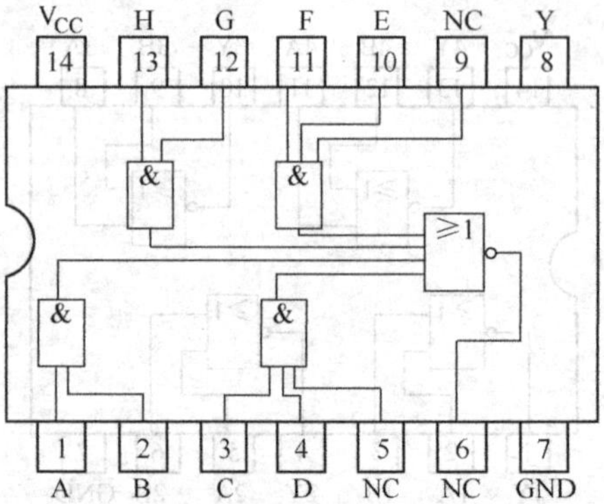

74LS54四2(3)输入与或非门

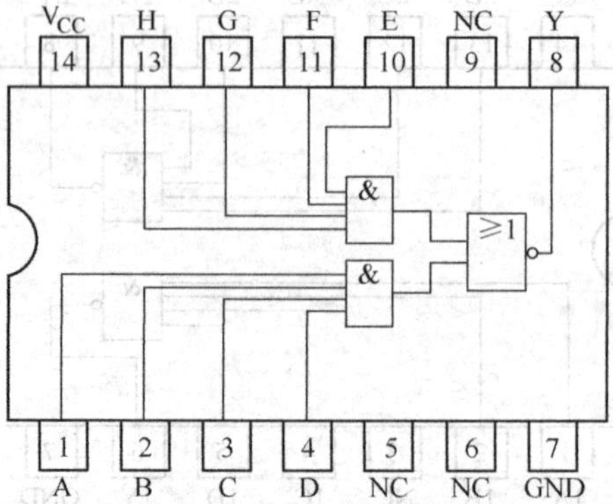

74LS55二.4输入与或非门

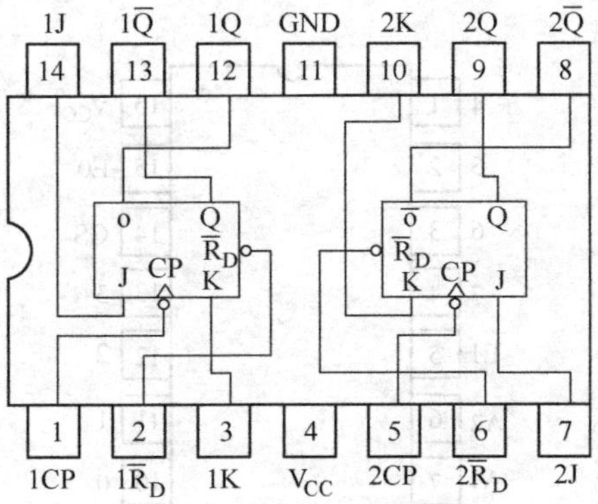

74LS73双JK触发器(清零端)

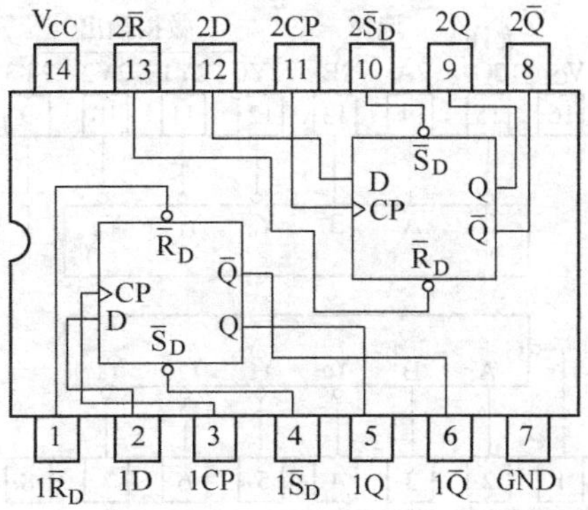

74LS74双上升沿D触发器(带置位和清零端)

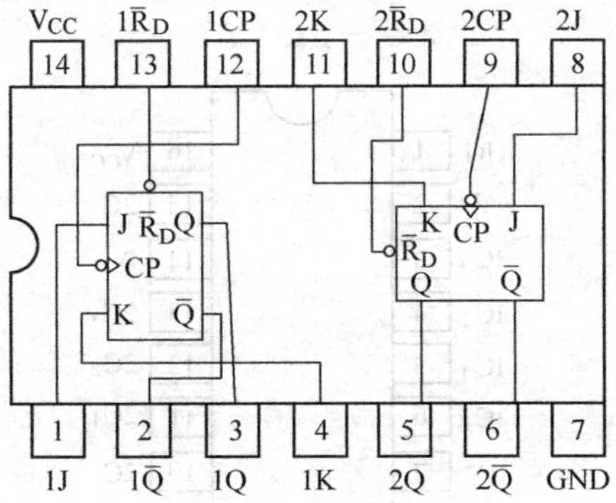

74LS107 双主从 JK 触发器（清零端）

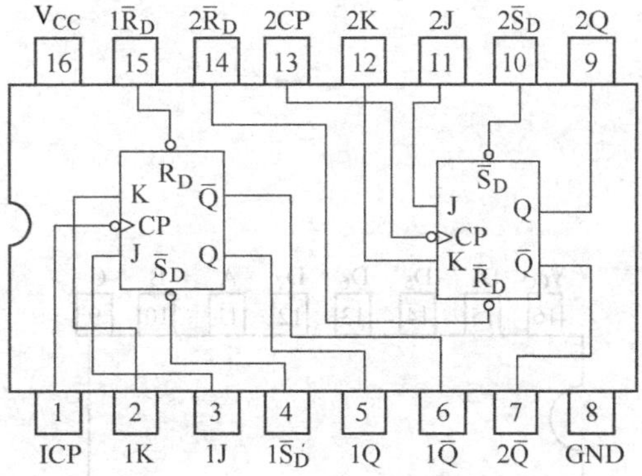

74LS112 双下降沿 JK 触发器（带置位和清零端）

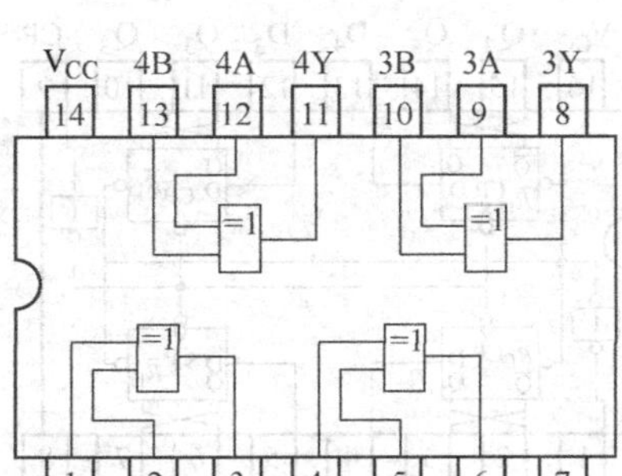

74LS86四2输入异或门

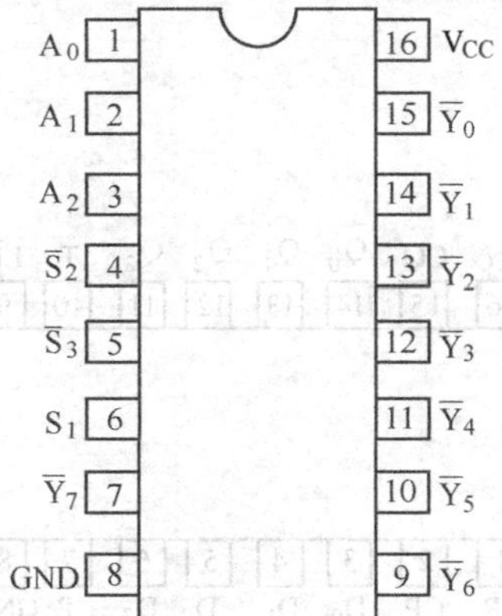

74LS138 3线－8线译码器

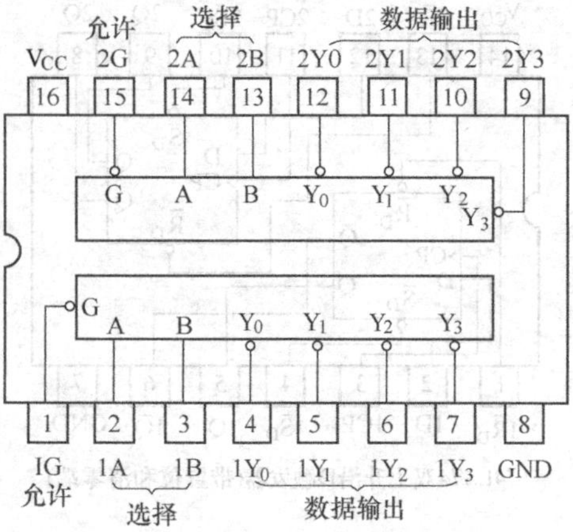

74LS139 二2线－4线译码器

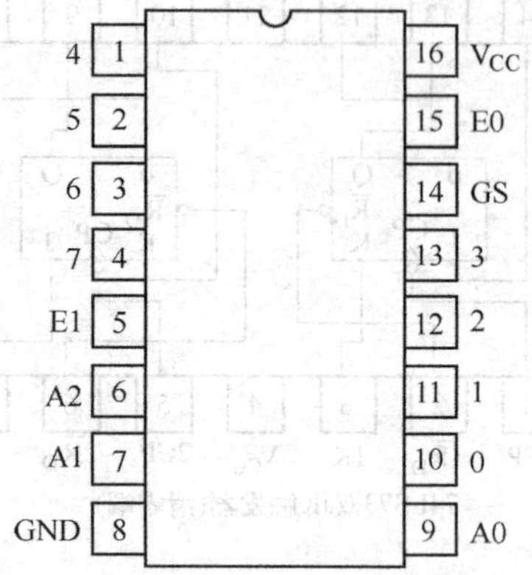

74LS148 8线－3线优先编码器

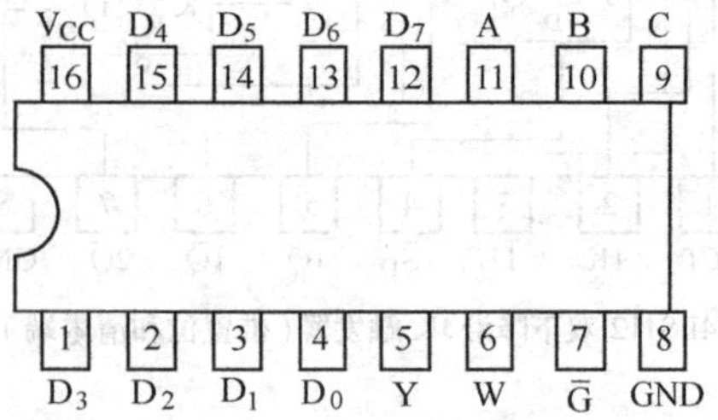

74LS151 8选1数据选择器

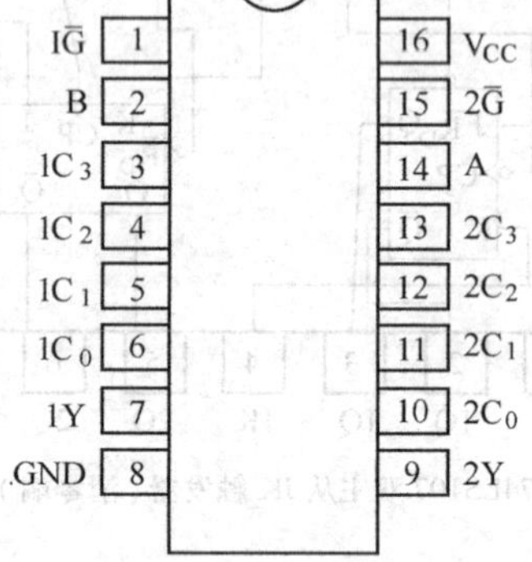

74LS153 二4选1数据选择器

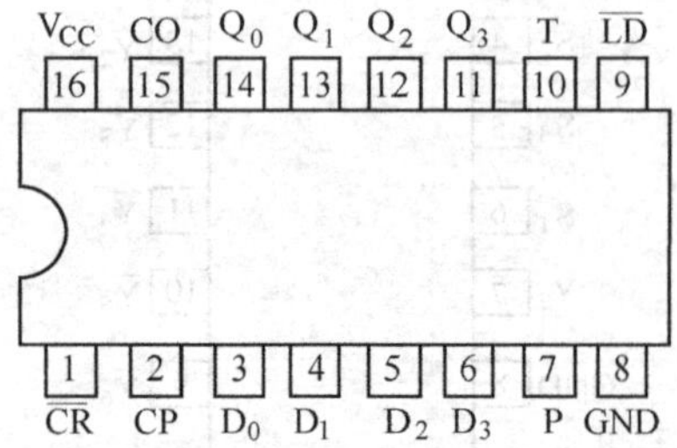

74LS160，74LS162，74LS161计数器

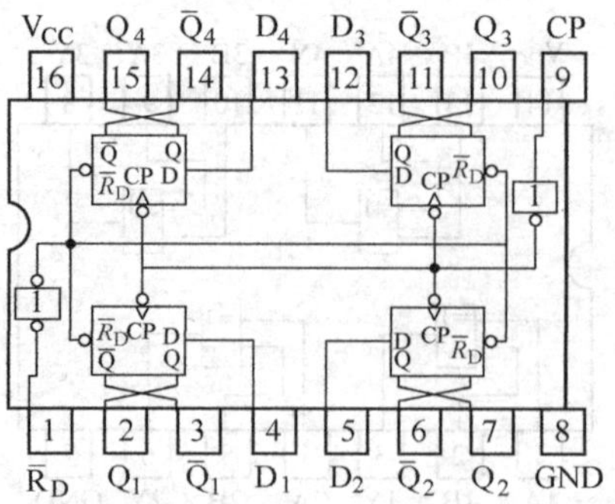

74LS175 四上升沿D触发器

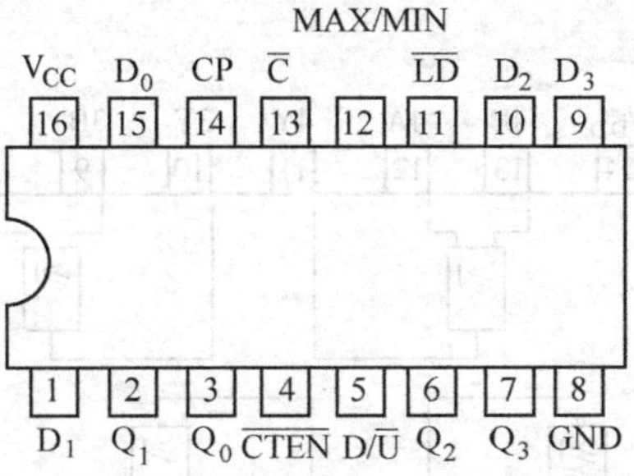

74LS190，74LS191 同步加 / 减计数器

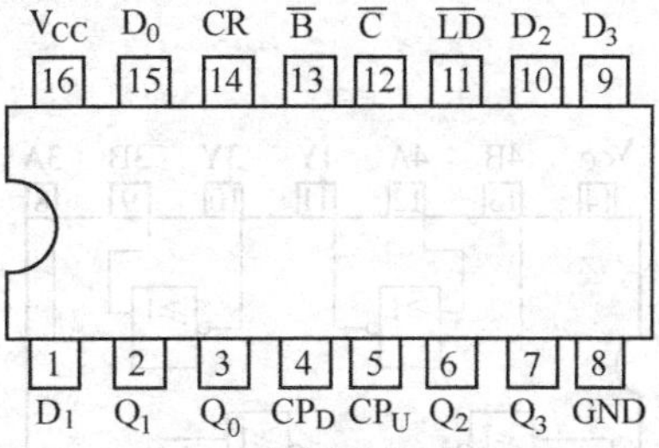

74LS192
十进制同步加/减计数器(双时钟,有清除)

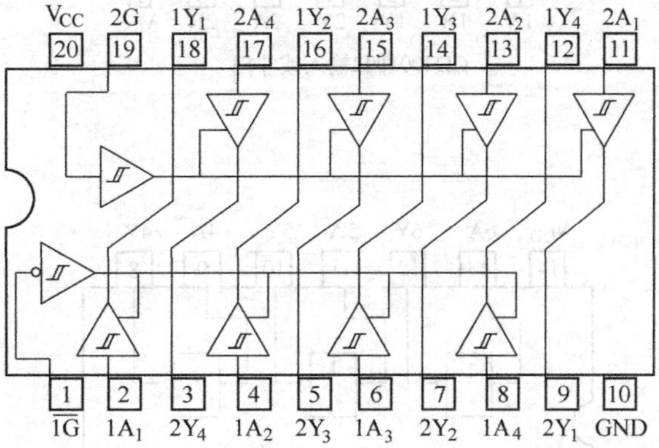

74LS241八缓冲器

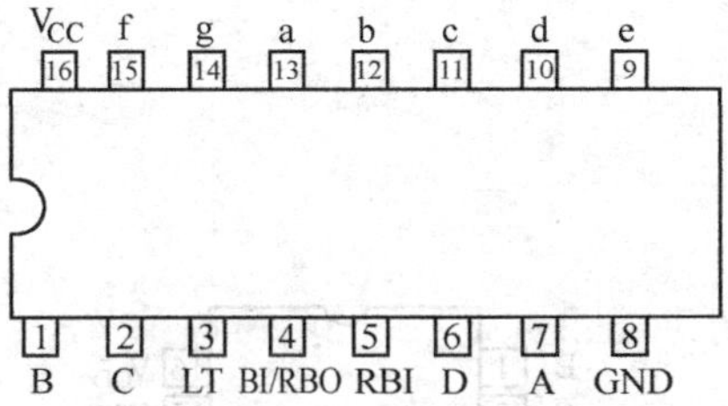

74LS247,74LS248 4线–七段译码器

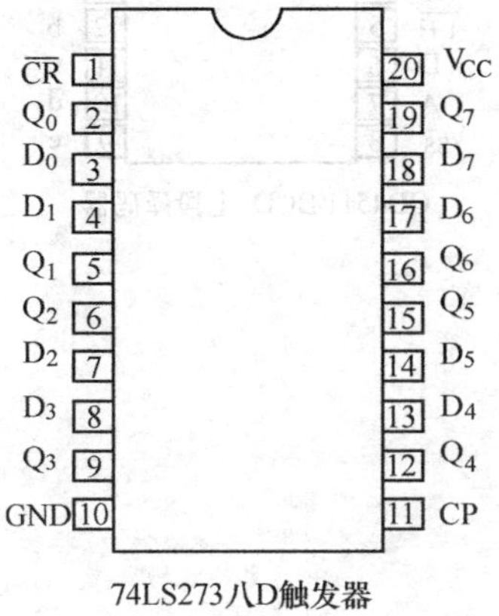

74LS273八D触发器

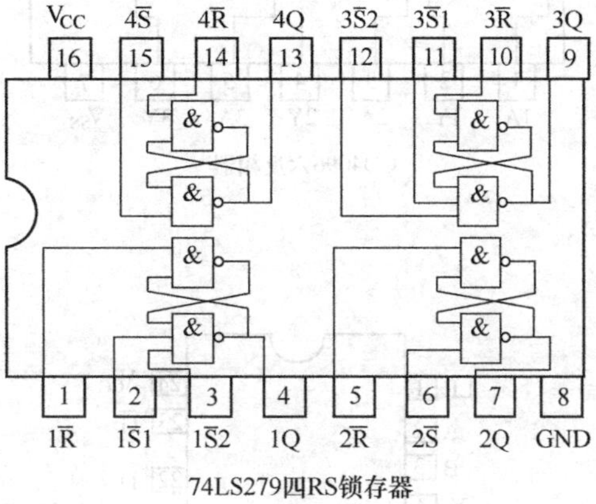

74LS279四RS锁存器

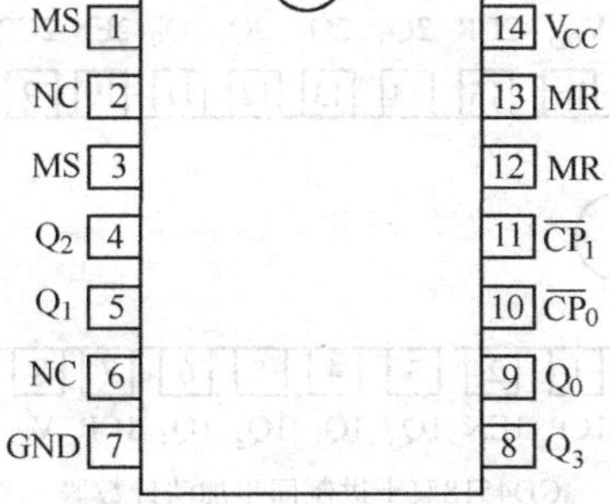

74LS290二—五—十进制计数器

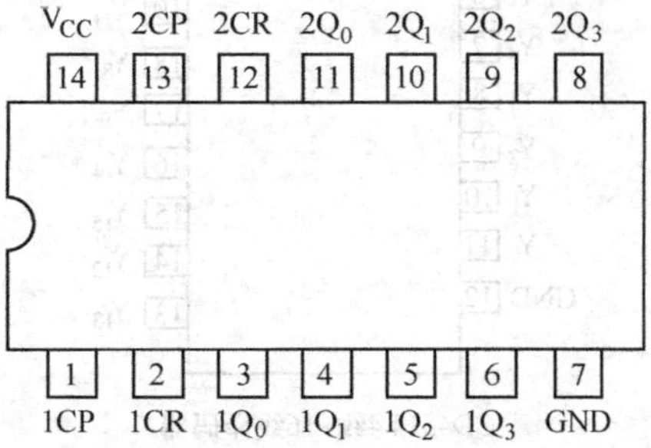

74LS393双4位二进制计数器

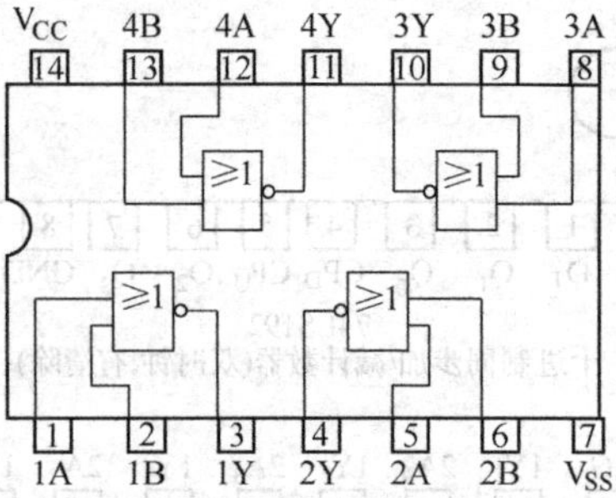

CD4001四2输入或非门

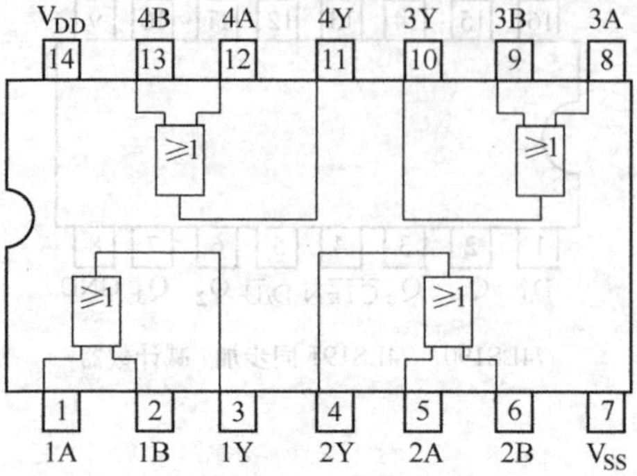

CD4030，CD4070四2输入异或门

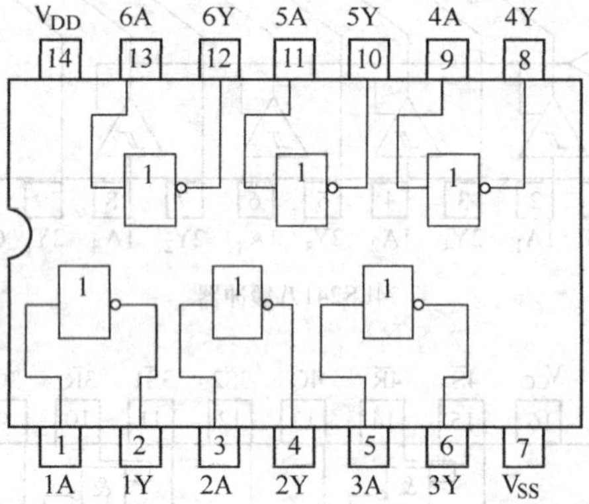

CD4096六反相器

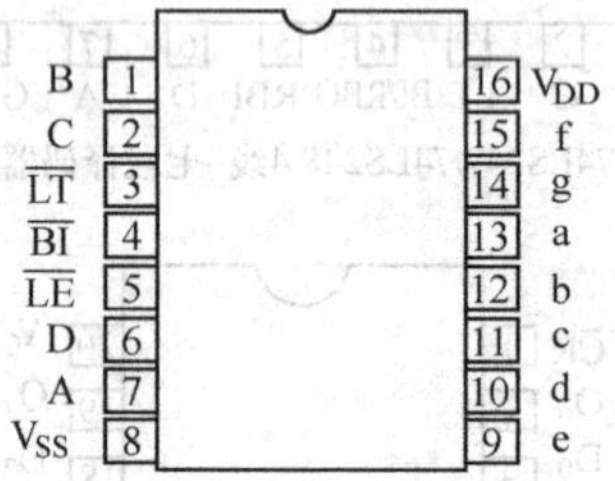

CD4511 BCD–七段译码器

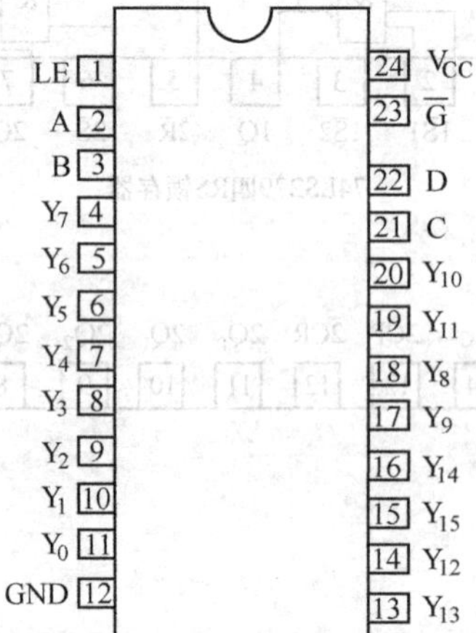

CD4514 4线–16线译码器

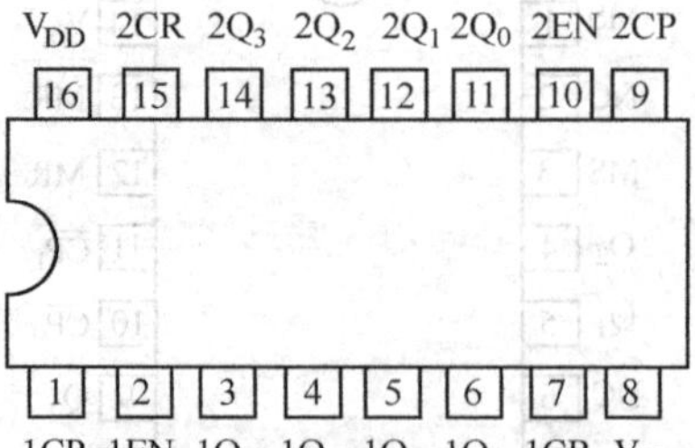

CD4518双十进制同步加法计数器

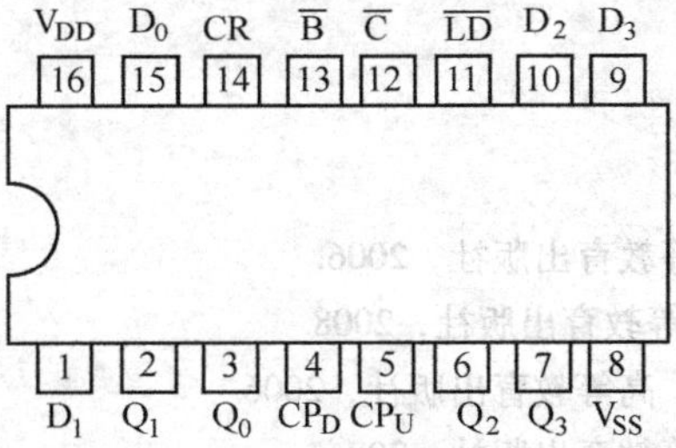

CD40193

四位二进制同步加/减计数器(双时钟，有清除)

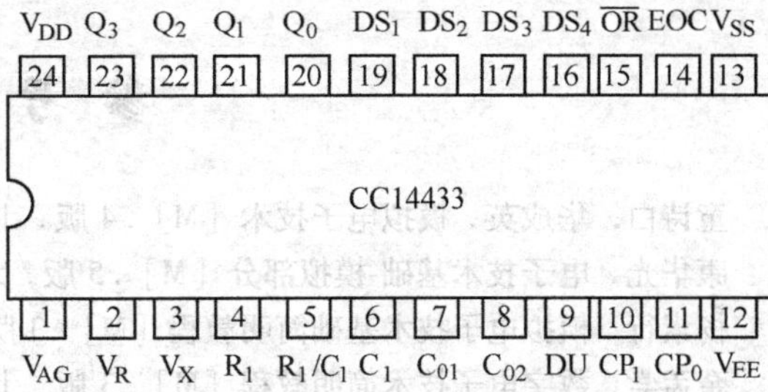

CC14433 $3\frac{1}{2}$位双积分A/D转换器

参 考 文 献

[1] 童诗白，华成英．模拟电子技术［M］.4 版．北京：高等教育出版社，2006.
[2] 康华光．电子技术基础-模拟部分［M］.5 版．北京：高等教育出版社，2008.
[3] 杨素行．模拟电子技术基础简明教程［M］.3 版．北京：高等教育出版社，2006.
[4] 余孟尝．数字电子技术简明教程［M］.3 版．北京：高等教育出版社，2006.
[5] 阎石．数字电子技术基础［M］.4 版．北京：高等教育出版社，2006.
[6] 康华光．电子技术基础-数字部分［M］.5 版．北京：高等教育出版社，2006.
[7] 高吉祥．电子技术基础实验与课程设计［M］.2 版．北京：电子工业出版社，2005.
[8] Thomas L Floyd. The Science of Electronics Analog Devices［M］. 北京：清华大学出版社，2006.
[9] 毕满清．电子技术实验与课程设计［M］.3 版．北京：机械工业出版社，2005.
[10] 赵淑范．电子技术实验与课程设计［M］.3 版．北京：清华大学出版社，2006.
[11] 郭永贞．模拟电子技术实验与课程设计指导［M］．南京：东南大学出版社，2007.
[12] 许小军．数字电子技术实验与课程设计指导［M］．南京：东南大学出版社，2007.
[13] 王远．模拟电子技术［M］.3 版．北京：机械工业出版社，2007.
[14] 陈大钦．电子技术基础实验［M］．北京：高等教育出版社，2000.
[15] 刘润华，李震梅．模拟电子技术［M］．东营：石油大学出版社，2008.
[16] Allan R Hambley. Electronics［M］, 2nd ed. Beijing: Higher Education Press, 2004.
[17] Donald A Neamen. Electronic Circuit Analysis and Design［M］. 2nd ed. Beijing: Publishing House of Electronics Industry, 2004.
[18] Allan R Hambley. Electronics［M］. 2nd ed. Beijing: Higher Education Press, 2004.
[19] Thomas L Floyd, David Buchla. Fundamentals of Analog Circuits［M］. 2nd ed. Beijing: Higher Education Press. 2004.
[20] Richard R Spencer, Mohammed S Ghausi. Introduction to Electronic Circuit Design［M］. Beijing: Publishing House of Electronics Industry, 2004.
[21] Adel S Sedra, Kenneth C Smith. Microelectronic Circuits［M］. 4th ed. Beijing: Publishing House of Electronics Industry, 2004.
[22] 熊伟，侯传教．Multisim7 电路设计及仿真应用［M］．北京：清华大学出版社，2005.
[23] 谭博学，苗汇静．集成电路原理及应用［M］．北京：电子工业出版社，2008.
[24] 王斌．模拟电子技术实验与课程设计［M］．西安：西北工业大学出版社，2006.